测绘工程技术与工程地质勘察研究

CEHUI GONGCHENG JISHU
YU GONGCHENG DIZHI KANCHA YANJIU

李潮雄　田树斌　李国锋　主编

文化发展出版社
Cultural Development Press

图书在版编目（CIP）数据

测绘工程技术与工程地质勘察研究 / 李潮雄，田树斌，李国锋主编． —北京：文化发展出版社有限公司，2019.9

ISBN 978-7-5142-2693-5

Ⅰ．①测… Ⅱ．①李… ②田… ③李… Ⅲ．①工程－测绘－研究②工程地质勘察－研究 Ⅳ．① TB2 ② P642

中国版本图书馆 CIP 数据核字（2019）第 124841 号

测绘工程技术与工程地质勘察研究

主　　编：李潮雄　田树斌　李国锋

责任编辑：张　琪　　　　　　责任校对：岳智勇
责任印制：邓辉明　　　　　　责任设计：侯　铮
出版发行：文化发展出版社有限公司（北京市翠微路 2 号 邮编：100036）
网　　址：www.wenhuafazhan.com　www.printhome.com　　www.keyin.cn
经　　销：各地新华书店
印　　刷：阳谷毕升印务有限公司

开　　本：787mm×1092mm　1/16
字　　数：327 千字
印　　张：17.75
印　　次：2019 年 9 月第 1 版　2021 年 2 月第 2 次印刷
定　　价：48.00 元
ＩＳＢＮ：978-7-5142-2693-5

◆ 如发现任何质量问题请与我社发行部联系。发行部电话：010-88275710

编委会

作　者	署名位置	工作单位
李潮雄	第一主编	中科院武汉岩土力学研究所
田树斌	第二主编	中水珠江规划勘测设计有限公司
李国锋	第三主编	山西省煤炭地质物探测绘院
贺园园	副主编	西安交通工程学院
赖朝福	副主编	江西下垄钨业有限公司
黄军胜	副主编	广西壮族自治区水利电力勘测设计研究院
韩方园	副主编	河南省地质矿产勘查开发局第二地质勘查院
方智慧	副主编	武汉极目楚天测绘地理信息有限公司
王孝辉	编委	贵州金山国土勘测工程有限公司
张兴君	编委	贵州金山国土勘测工程有限公司
代明杨	编委	贵州金山国土勘测工程有限公司

前　言

进行大型工程建设前，必须由测绘工程师测量绘制地形图，并提供其他信息资料，然后才能进行决策、规划和设计等工作；在工程建设过程中，也经常需要进行各种测绘、测量，以确保工程施工严格按照方案进行；工程完工后，还需要对工程进行竣工测量，确保工程质量。

据《2013—2017年中国工程测绘行业市场前瞻与投资战略规划分析报告》数据显示工程测绘行业的上游产业包括测绘仪器行业、计算机信息行业和航空航天行业，这些产业的发展为工程测绘行业提供了仪器、技术和方法；而工程测绘行业的下游产业笼统地说就是基础设施建设，具体地说包括房屋建筑工程行业、矿产勘察开发行业、轨道交通工程行业、公路工程行业、铁路工程行业、水利工程行业、市政工程行业、海洋工程行业等行业。这些行业的发展为工程测绘提供了市场需求。

我国工程测绘行业的业务承揽一般通过招投标方式进行，承揽模式有总承包、分包等形式。随着我国工程测绘行业市场化改革的推进，测绘工程项目的成本核算与控制、项目质量控制越发重要。而且大量的测绘单位是事业单位，在市场经济发展的背景下，他们面临更多的改革问题，如事业单位改制问题。进行合理、及时的改革对部分测绘事业单位的发展来说急迫而关键。工程测绘市场规模增加的同时也给行业带来技术、理念、业务上的转变，测绘单位必须把握趋势，主动应对。

工程地质勘察是研究、评价建设场地的工程地质条件所进行的地质测绘、勘探、室内实验、原位测试等工作的统称，其为工程建设的规划、设计、施工提供必要的依据及参数。工程地质勘察是为了查明影响工程建设的地质因素而进行的地质调查研究工作，所需勘察的地质因素包括地质结构或地质构造、地貌、水文地质条件、土和岩石的物理力学性质，自然（物理）地质现象和天然建筑材料等，这些通常称为工程地质条件。查明工程地质条件后，需根据建设项目的结构和运行特点，预测工程建筑物与地质环境相互作用（即工程地质作用）的方式、特点和规模，并做出正确的评价，为确定保证建筑物稳定与正常使用的防护措施提供依据。根据多年的实践经验，认为地质勘察的内容主要包含以下几个方面：①收集研究区域地质、地形地貌、遥感照片、水文、气象、水文地质、地震等已有资料，以及工程经验和已有的勘察报告等；②工程地质勘察与测绘；③工程地质勘探见工程地质测绘和勘探；④岩土测试和观测见土工试验和现场原型观测、岩体力学试验和测试；⑤资料整理和编写工程地质勘察报告。

工程地质勘察通常按工程设计阶段分步进行，而对于不同类别的工程项目，阶段划分也不一样。对于有一定工程资料的中小型工程和工程地质条件简单，勘察阶段也可适当合并。

为了满足广大测绘工程从事人员和工程地质勘察研究及工作人员的实际要求，作者翻阅大量测绘工程技术、工程地质勘察的相关文献，并结合自己多年的实践经验编写了此书。

由于编写时间和水平有限，尽管编者尽心尽力，反复推敲核实，但难免有疏漏及不妥之处，恳请广大读者批评指正，以便做进一步的修改和完善。

《测绘工程技术与工程地质勘察研究》编委会

目 录
CONCENTS

第一章 大地测量技术研究

第一节 基础知识

一、大地测量技术的基本任务

大地测量学是一门古老而又年轻的科学，是地球科学的一个分支。其基本目标是测定和研究地球空间点的位置、重力及其随时间变化的信息，为国民经济建设和社会发展、国家安全以及地球科学和空间科学研究等提供大地测量基础设施、信息和技术支持。现代大地测量学与地球科学和空间科学的多个分支相互交叉，已成为推动地球科学、空间科学和军事科学发展的前沿科学之一，其范围也已从测量地球发展到测量整个地球外空间。

大地测量学的基本任务是：建立和维护高精度全球和区域性大地测量系统与大地测量参考框架；获取空间点位置的静态和动态信息；测定和研究地球形状大小、地球外部重力场及其随时间的变化；测定和研究全球和区域性地球动力学现象，包括地球自转与极移、地球潮汐、板块运动与地壳形变以及其他全球变化；研究地球表面观测量向椭球面和平面的投影变换及相关的大地测量计算问题；研究新型的大地测量仪器和大地测量方法；研究空间大地测量理论和方法；研究月球和行星大地测量理论和方法。研究月球或行星探测器定位、定轨和导航技术；构建月球或行星坐标参考系统和框架；探测月球和行星重力场。

20世纪70年代以前的大地测量通常称为传统大地测量。70年代以后，空间技术、计算机技术和信息技术飞跃发展，为大地测量学注入了新的内容，形成了现代大地测量，它通常具有六个特点，具体内容见表1-1。

表 1-1 大地测量的特点

特点	内容
高精度	现代大地测量的量测精度相对于传统大地测量而言，已提高了 2 ~ 3 个数量级。例如我国天文大地网是在 20 世纪 60 年代完成的，达到了当时传统大地测量的最高精度，其相对精度约为 3ppm（3×10^{-6}），而目前卫星定位的相对精度一般情况下都可以达到 0.1ppm

特点	内容
实时、快速	传统大地测量的外业观测和内业数据处理是在有相当时间间隔内完成的两个不同的工序。而现代大地测量的这两个工序几乎可以在同一时间段内完成，并且有许多大地测量工作还可以是即实时或准实时地完成，例如静态或动态目标的实时定位（导航）、各种形变的实时监测、地球自转变化的实时测定、地球重力场变化的实时测定、地球大气质量的再分布和地面雪、冰，地下水的变化监测等
长距离，大范围	现代大地测量学所量测的范围和间距，已从原来传统大地测量的几十千米扩展到几千千米，不再受"视线"长度的制约，能提供协调一致的全球性大地测量数据，例如测定全球的板块运动，冰原和冰川的流动，洋流和海平面的变化等，因此过去总在局部地域中进行的传统大地测量现在已扩展为洲际的、全球的、星际的大地测量
"地心"	传统大地测量要以较高精度测定目标的地心三维坐标是很困难的。而现代大地测量的主体，即卫星大地测量所得的位置、高程、影像等成果，是以维系卫星运动的地球质心为坐标原点的三维的测量数据。因此，现代大地测量以地心坐标系为主的这一特点，是卫星大地测量自身的物理特性所决定的
"时间维"	现代大地测量的第四维是时间或历元，能提供在合理复测周期内有时间序列的、高于10^{-7}相对精度的大地测量数据。这些测量成果，必须要以"时间"作为大地测量数据中的第四个坐标（第四维），否则高精度和实时测定在不断运动的物质世界中就没有意义。也就是说，原来的大地测量学的静态测量内容，在当前实时和高精度测量的条件下，必须与它们所相应的时间（历元）相联系。这是现代大地测量学的一个重要特点
学科的融合	现代大地测量学的学术领域在不断扩大，并与其他学科相融合。有一个比较典型的例子，过去传统的看法是，大气折射对所有大地测量中的电磁波测量都是一种误差源，是一种自然的制约因素，而现代大地测量却要利用卫星和地面站之间，或卫星和卫星之间的电磁波定位测量技术，对大气中的电离层和对流层进行连续的、密集的测量，采用求逆技术，实时提供大气最主要物理性质的三维综合影像，这对天气和电离层预报和研究都有一定作用。现代大地测量学除了对大气科学的贡献外，由于它能获得精确的、大量的、在空间和时间方面有很高分辨率的对地观测数据，因此对地球动力学、地球物理学、海洋学、地质学、地震学等地球科学的作用也越来越大。它与地球科学多个分支相互交叉，已成为推动地球科学发展的前沿科学之一

二、大地测量学的作用与服务对象

大地测量学是测绘科学与技术的重要理论基础，是地理信息系统、数字地球、数字中国和数字区域的几何和物理的基础平台，它通过将各种空间信息源统一起来，来重构这些信息源之间的几何和物理的拓扑关联。因此，大地测量是组织、管理、融合和分析地球海量时空信息的一个数理基础，也是描述、构建和认知地球，进而解决地球科学问题的一个时空平台。

任何形式与地理位置有关的测绘都必须以法定的或协议的大地测量基准为基

础。各种测绘只有在大地测量基准的基础上，才能获得统一的、协调的、法定的点位坐标和高程，以及获得点之间的空间关系和尺度。

经济建设：大地测量广泛应用于大范围、跨地区工程的精密测量控制，是确保工程规划放样到实地，确保按设计图纸实施的一种重要技术手段。因此，大地测量在国家基础设施建设、水利水电工程建设、能源枢纽工程建设、交通网络体系建设、国家工程规划和区域工程规划等国民经济建设诸多领域中发挥着重要作用。

大地测量通过实现区域与全球一致的大地测量基准，促进国家宏观经济规划建设、陆海连接工程建设、部门或地方政府建设工程的协调发展，以及大规模、大范围的地球空间信息的规划、探测、海量信息融合与信息服务，为标定国界和领海线、维护国家主权提供一致的信息和技术支持，促进跨地区、跨国工程建设的发展。

资源与环境发展：测定全球和局域重力场及其时变是大地测量的一个重要内容，是勘探地下资源的重要手段，对矿藏和地下水资源的勘查具有重要意义；大地测量形变监测是地壳运动监测不可缺少的技术手段，综合地壳形变和重力场测定的成果，是地震、地质等灾害监测、分析和预报的一种基本技术手段；以空间大地测量技术为基础，可以实时地、无地域制约地提供大气的电离层总电子浓度、对流层可降水分和海平面变化的数据，这些信息对无线电通信、气象、汛情、全球变化的预报预测都有重要作用。

空间技术与航天工程：空间技术与航天工程是关系到国家经济建设与国家安全的一项高新技术。天基（含星基）、地基一体化是卫星和航天工程、新军事体系以及其他空间技术发展的方向，而大地测量（包括卫星定轨、定姿和定位，卫星导航、星－地或星间测控、地球重力场探测等）是天地一体化的航天平台的基础，是各种飞行器的跟踪定轨、导航定位、姿态测量、国防信息化平台的基础设施。

地球自转与地球动力学：大地测量是地球自转和极移的定量及时变测定的主要手段。这些观测数据对研究全球性地球动力学问题具有重要作用。

国防安全与军事信息化：信息化、多兵种与多种武器协作是现代化军事技术的发展方向。大地测量基准是现代信息作战平台和国家侦察防卫体系构建的基本条件，是实现国家军事体系信息化的重要基础。现代军事的高新技术都需要统一的、精确的大地测量基准及其技术的支持。

三、大地测量学的现代发展

20世纪80年代以来，由于空间技术、计算机技术和信息技术的飞跃发展，以电磁波测距、卫星测量、甚长基线干涉测量等为代表的新的大地测量技术的出现，给传统大地测量带来了革命性的变革，形成了现代大地测量学。传统大地测量学主要研究地球的几何形状、定向及其重力场，并关注在地球上点的定位、重力值。现代大地测量已超过原来传统的研究内容，将原来所考虑的静态内容，在长距离、大范围、实时和高精度测量的条件下，和时间（历元）这一因素联系起来。因此，现代大地测量学可以为地球动力学、行星学、大气学、海洋学、板块运动学和冰川学等多学科提供所需的信息，这些信息可能是这些学科领域长期以来很难取得的数值，并有可能解决它们相应的困惑。事实证明现代大地测量学业已形成了具有学科交叉意义的一门科学，它将更深刻地影响和促进地球科学、环境科学和行星科学的发展。

四、大地测量学的学科体系

大地测量学的学科体系可有多种分类方法，而且相互交叉。本书将现代大地测量学分为四个方面的基本内容：实用大地测量学、椭球面大地测量学、物理大地测量学和卫星大地测量学。海洋大地测量学、动力大地测量学以及月球与行星大地测量学主要是利用上述四个方面内容中的有关理论和方法形成的。

第二节　大地测量系统与大地测量参考框架

一、大地测量坐标系统和大地测量常数

大地测量坐标系统规定了大地测量起算基准的定义及其相应的大地测量常数。

大地测量坐标系统是一种固定在地球上，随地球一起转动的非惯性坐标系统。根据其原点位置不同，分为地心坐标系统和参心坐标系统。前者的原点与地球质心重合，后者的原点与参考椭球中心重合（参考椭球是指与某一地区或国家地球表面最佳吻合的地球椭球）。从表现形式上分，大地测量坐标系统又分为空间直角坐标系统、大地坐标系统和球坐标系统三种形式。空间直角坐标用 (x, y, z) 表示；大地坐标用（经度 L，纬度 B，大地高 H）表示，其中大地高 H 是指空间点沿椭球面法线方向高出椭球面的距离。

1. 地心坐标系统

地心坐标系统应满足四个条件，通常表达为：原点位于整个地球（包括海洋和大气）的质心；尺度是国际统一规定的长度因子；定向为国际测定的某一历元的地球北极（Conventional Terrestrial Pole，CTP）和零子午线，称为地球定向参数（Earth

Orientation Parameters，EOP）；满足地球地壳无整体旋转（No NetRotation NNR）的约束条件。

地心空间直角坐标系若从几何方面或通俗的定义中也可以作如下表述（图1-1）：坐标系的原点位于地球质心，z轴和y轴的定向由某一历元的EOP确定，y与x、z构成空间右手直角坐标系。地心大地坐标系统的原点与总地球椭球中心（即地球质心）重合，椭球旋转轴与CTP重合，起始大地子午面与零子午面重合。

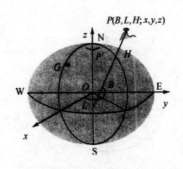

图 1-1　地心直角坐标系示意图

2. 参心坐标系统

参心坐标系统的原点位于参考椭球中心，z轴（椭球旋转轴）与地球自转轴平行，x轴在参考椭球的赤道面并平行于天文起始子午面。

中华人民共和国成立初期，由于缺乏天文大地网观测资料，我国暂时采用了克拉索夫斯基参考椭球，并与前苏联1942年坐标系统进行联测，通过计算建立了我国大地坐标系统，称为北京1954（大地）坐标系统。20世纪80年代，我国采用国际大地测量和地球物理联合会（International Union of Geodesy and Geophysics，IUGG）的IUGG75椭球为参考椭球，经过大规模的天文大地网计算，建立了比较完善的我国独立的参心坐标系统，称为西安1980坐标系统。西安1980坐标系统克服了北京1954坐标系统对我国大地测量计算的某些不利影响。

3. 大地测量常数

大地测量常数是指与地球一起旋转并和地球表面最佳吻合的旋转椭球（即地球椭球）的几何和物理参数。它分为基本常数和导出常数。基本常数唯一定义了大地测量系统。导出常数由基本常数导出，便于大地测量应用。大地测量常数按属性分为几何常数和物理常数。

IUGG分别于1971、1975、1979年推荐了三组大地测量常数，它们对应于大地测量参考系统1967（GRS67）、IUG75、大地测量参考系统1980（GRS80）。我国西安1980大地坐标系统采用IUGG75的大地测量常数。目前，正被广泛使用的常数是 GRS80 定义的。

（1）大地测量基本常数

地球椭球的几何和物理属性可由四个基本常数完全确定，这四个基本常数就是大地测量基本常数。它们是地球赤道半径 a；地心引力常数 GM，其中 G 是万有引力常数，M 是地球的陆、海和大气质量的总和；地球动力学形状因子 J_2；地球自转角速度 ω（图 1-2）。前两个称为大地测量基本几何常数，后两个称为大地测量基本物理常数。

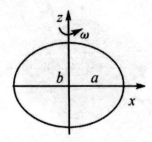

图 1-2　旋转椭球示意图

（2）大地测量导出常数大地测量导出常数比较多，常用的有：

椭球短半轴：$b = a\sqrt{1-e^2}, e = \sqrt{a^2 - b^2 / a}$；

$$几何扁率：f = \frac{a-b}{a}$$

二、大地测量坐标框架

大地测量坐标框架是通过大地测量手段实现的大地测量坐标系统。

1. 参心坐标框架

传统的大地测量坐标框架是由天文大地网实现和维持的，一般定义在参心坐标系统中，是一种区域性、二维静态的地球坐标框架。20 世纪世界上绝大部分国家或地区都采用天文大地网来实现和维持各自的参心坐标框架；我国在 20 世纪 50 ~ 80 年代完成的全国天文大地网，不同时期分别定义在北京 1954 坐标系统和西安 1980 坐标系统中。天文大地控制点（大地点）覆盖我国大陆和海南岛，采用整体平差方法构建了我国参心坐标框架。

2. 地心坐标框架

国际地面参考（坐标）框架（International Terrestrial Reference Frame，ITRF）是国际地面参考（坐标）系统（International Terrestrial Reference System，ITRS）的具体

实现。它以甚长基线干涉测量（Very LongBase Interferometry，VLBI）、卫星激光测距（SatelliteLa-ser Ranging，SLR）、激光测月（LunarLaser Ranging，LLR）、美国的全球定位系统（GPS）和法国的卫星多普勒定轨定位系统（DORIS）等空间大地测量技术构成全球观测网点，经数据处理，得到 ITRF 点（地面观测站）的站坐标和速度场等。目前，ITRF 已成为国际公认的应用最广泛、精度最高的地心坐标框架。

我国的 GPS2000 网是定义在 ITRS2000 地心坐标系统中的区域性地心坐标框架，它综合了全国性的三个 GPS 网观测数据，一并进行计算而得。

三、高程系统和高程框架

点的高程通常用该点至某一选定的水平面的垂直距离来表示，不同地面点间的高程之差反映了地形起伏。

1. 高程基准

高程基准定义了陆地上高程测量的起算点。区域性高程基准可以用验潮站处的长期平均海面来确定，通常定义该平均海面的高程为零。在地面预先设置好的一固定点（组），利用精密水准测量联测固定点与该平面海面的高差，从而确定固定点（组）的海拔高程。这个固定点就称为水准原点，其高程就是区域性水准测量的起算高程。我国高程基准采用黄海平均海平面，验潮站是青岛大港验潮站，在其附近的观象山有"中华人民共和国水准原点"。1987 年以前，我国采用"1956 国家高程基准"。1988 年 1 月 1 日，我国正式启用"1985 国家高程基准"，水准原点高程为72.2604m。"1985 国家高程基准"的平均海平面比"1956 年黄海国家高程基准"的平均海平面高 0.029m。

2. 高程系统

我国的高程系统采用正常高系统。正常高的起算面是似大地水准面（似大地水准面可由物理大地测量方法确定）。由地面点沿垂线向下至似大地水准面之间的距离，就是该点的正常高，即该点的高程。

3. 高程框架

高程框架是高程系统的实现。我国水准高程框架由全国高精度水准控制网实现，以黄海高程基准为起算基准，以正常高系统为水准高差传递方式；水准高程框架分为四个等级，分别称为国家一、二、三、四等水准控制网。框架点的正常高采用逐级控制，其现势性通过一等水准控制网的定期全线复测和二等水准控制网部分复测来维护。高程框架的另一种形式是通过（似）大地水准面来实现。

四、深度基准

1. 深度基准概念

深度基准是指在海洋（主要指沿岸海域）水深测量所获得的水深值，是从测量时的海面（即瞬时海面）起算的。由于受潮汐、海浪和海流等的影响，瞬时海面的位置会随时间发生变化，因此，同一测深点在不同时间测得的瞬时深度值是不一样的。为此，必须规定一个固定的水面作为深度的参考面，把不同时间测得的深度都化算到这一参考水面上去。这一参考水面即称为深度基准面。它就是海图所载水深的起算面，所以，狭义的海图基准面就是深度基准面。

深度基准面通常取在当地平均海面以下深度为 L 的位置（图 1-3）。由于不同海域的平均海面不同，所以深度基准面对于平均海面的偏差因地而异。由于各国求 L 值的方法有别，所采用的深度基准面也不相同。甚至有的国家（如美国），在不同海岸采用不同的计算模型。

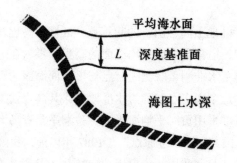

图 1-3　深度基准面与平均海面的关系

2. 我国采用的深度基准面

我国 1956 年以前采用略最低低潮面作为深度基准面。1956 年以后采用弗拉基米尔斯基理论最低潮面（简称理论最低潮面），作为深度基准面。

五、重力系统和重力测量框架

重力是重力加速度的简称。重力测量就是测定空间一个点的重力加速度。重力基准就是标定一个国家或地区的（绝对）重力值的标准。在 20 世纪 50 ~ 70 年代，我国采用波茨坦重力基准，而我国重力参考系统采用克拉索夫斯基椭球常数。20 世纪 80 年代，我国重力基准采用经过国际比对的高精度相对重力仪自行测定，而重力参考系统则采用 IUGG75 椭球常数及其相应的正常重力场。

20 世纪初，我国采用经过国际重力局标定的高精度绝对重力仪和相对重力仪测定我国新的重力基准。我国目前的重力系统采用 GRS80 椭球常数及其相应的正常重力场。

　　国家重力测量框架由分布在全国的若干绝对重力点和相对重力点构成的重力控制网以及用作相对重力尺度标准的若干条长短基线构成。中华人民共和国成立以来，我国先后建立了 1957、1985 和 2000 三个国家重力基本网。目前启用的国家重力测量框架为 2000 国家重力基本网。

第三节　实用大地测量

一、实用大地测量的任务与方法

　　实用大地测量学的基本任务是建立地面大地控制网，即以精确可靠的地面点坐标、高程和重力值来实现大地测量系统。地面大地控制网大体分为平面控制网、高程控制网和重力控制网三类。平面控制网是以一定形式的图形，把大地控制点构成网状，通过测定网中的角度、边长和方位角，推算网点的坐标或者通过卫星定位技术直接测定网点的坐标。进行这些大地测量时，必须事先选定一个（参考）坐标系，将在该大地控制网中所测的全部数据都归算至该参考坐标系，然后进行数据处理，算得控制网点的坐标。为了测制地图，大地控制网还需投影到平面上，即将网点的大地坐标变换为相应投影面的平面直角坐标。

　　高程控制网由连接各高程控制点的水准测量路线组成。通过水准测量，可以测得相邻水准点之间的高差。为传算各水准点的高程，必须选择某一高程起算点，如水准原点，还需通过这一高程起算点规定一个高程起算面。

　　重力控制网是由绝对重力点和相对重力点构成的网，作为一个国家重力基准的实现。平面控制网和高程控制网的观测都与地球重力场相联系，特别是高程控制网与重力的关系更为密切。因此，在建立平面和高程控制网中，重力测量也是其重要的组成部分。

　　地面大地控制网的布设一般遵循"从大到小、逐级控制"的原则，从高级控制网通过几个等级逐步过渡到实际业务工作需要的低级控制网，包括测制地图所需的低级控制网，其精度逐级降低，边长逐级缩短。

　　国家大地控制网是主控制网，是国家所有地理坐标值、高程值、重力值的基础，其精度和可靠性应足以保证国家各类工程和各种测绘的需要。此外，为了满足各类用户的需求，国家大地控制网应覆盖全国国土并有必要的密度。此外，为保证大地控制网的精度和可靠性，保持它的现势性，这些大地网应定期进行复测。

二、国家平面控制网

1. 平面控制测量目的

进行平面控制测量主要目的是完成点位（坐标）的传递和控制。

点位传递的概念是：已知点 A，B 的坐标 X_a 和 X_b，要求传递至待定点 P，即推算 P 点的坐标 X_p（参见图 1-4）。常用的测量方法是在 A，B 两点上测角∠BAP 和∠ABP，并测定 AB 两点间的距离，然后计算出 P 点的坐标。至于在 P 点上测角∠APB，则是为了检核这三个角和的量测值之和是否满足三角形三内角之和的几何条件。此外，也可以用测边长（AB，AP，BP 的长度）的方法，由已知坐标点 A，B 推算 P 点坐标。如今也可以采用卫星定位技术进行点位坐标的传递。

点位控制的概念是：已知 A，B，C 三点坐标 X_a，X_b 和 X_c。要求推算待定点 P 的坐标。由图 1-5 可见，根据点的传递方法，可以从 A，B 点测量和推算 P 点的坐标，得到 P 点的坐标值 X_p；同样也可以从 A，C 点测量和推算 P 点的坐标 X''_p。根据这两者的差值 $X'_p - X''_p$ 可以估计和评价这两次测量（即由 AB 点测定 P 点和由 AC 点测定 P 点）的精确度。取两者的平均值 X_p，即 $X_p = (X'_p + X''_p)/2$，则可提高待定点 P 的坐标 X_p 的精度。

平面控制测量按测量的精度等级高低分为一等至四等 4 个等级的平面控制网。国家在建立平面控制测量网时，必须逐级布测，逐级控制，最终布满全国。

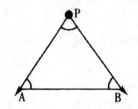

图 1-4　点位的传递示意图

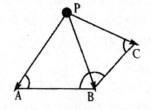

图 1-5　点位的控制示意图

2. 平面控制测量的技术

平面控制测量技术的主要内容，见表 1-2。

表 1-2　平面控制测量的技术

项目	内容
距离测量	为推算平面控制点的坐标，必须在网中选择少量边长作为起始边，并测定其长度，以此确定网的尺度标准。我国平面控制网的起始边大多采用膨胀系数极小的钢瓦基线尺直接丈量或组成基线网推算的。光电测距仪和微波测距仪先后问世后，逐步取代了钢瓦基线尺，成为精密距离测量的主要工具

续表

项目	内容
水平角测量	在平面控制测量中，用于测量水平角的主要仪器是经纬仪。不论是哪种类型的光学经纬仪或电子经纬仪，都是由角度测量、目标照准和归心置平三大装置组成
卫星定位测量	利用卫星定位系统，如美国的全球卫星定位系统 GPS，俄国的全球卫星定位系统 GLONASS，中国的卫星定位系统北斗和今后欧盟的全球卫星定位系统 GALILEO 等，也可以测定和传递控制点的坐标。这是近年来迅速发展的测定点位的新技术
三角高程测量	三角高程测量是在三角网水平角观测的同时，观测相邻两点的垂直角（竖角），并通过三角网的计算求得两点间水平边长或利用测距仪直接测定边长，进而计算两点间的大地高差。三角网的三角高程测量，可实现大地高系统的高程传递

3．大地天文测量

（1）大地天文测量方法。大地天文测量是指用天文观测方法测定天文方位角和天文经纬度。它通过测量天体的天顶角、天体经过某一特定位置的时间或者天体在任意位置的方向等几何和物理量而得到天文方位角和天文经纬度。

常见的天文经纬度和天文方位角测量方法如下：

①津格尔（星对）测时法，又称东西星等高测时法。通过观测对称于子午圈的东西两颗恒星在同一高度上的时刻测定天文经度。

②塔尔科特测纬度法。通过观测南北两颗近似等高的恒星中天时的天顶距差测定天文纬度。

③多星等高法。通过观测均匀分布于各象限内的若干恒星经过同一等高圈的时刻测定天文经纬度。

④北极星任意时角法。通过观测在任意时角的北极星（并记录时刻）和目标对测站的水平角，测定测站到目标的天文方位角。

⑤中天法。通过观测位于中天时刻的恒星来测定天文经度、天文纬度或天文方位角。

由此可见，大地天文测量的仪器应具有测角、守时、计时的功能，还应有接收精密授时信号（一般来自天文台）的功能。

（2）大地天文测量的作用。在传统的一等三角锁中，每个锁段的两端都需测定天文经纬度和天文方位角，以控制锁段的方位角传递误差，使得国家平面控制网的方位控制更加完善。此外，在一等锁和二等网中，每隔一定距离也要测定天文经纬度，以便将地面的观测量，如方向、角度和长度都归算到参考椭球面上。

4．国家平面控制网的布网方案

国家平面控制网根据当时的测绘技术水平和条件，可以采用传统的测量角度、边长的技术，也可以采用卫星定位技术布设平面控制网。

我国的一等三角锁是国家平面控制网的骨干，其作用是在全国范围内建立一个统一坐标系统的框架，为控制二等及以下各级三角网并为研究地球形状和大小提供资料。一等三角锁一般沿经纬线方向构成纵横交叉的网状。两相邻交叉点之间的三角锁称为锁段，锁段长度一般为 200km，纵横锁段构成锁环。三角形平均边长为 30km 左右。

在一等锁环内直接布满二等三角网，它既是地形测图的基本控制，又是加密三、四等三角网（点）的基础，它和一等三角锁网同属国家高级控制点。为了控制大比例尺测图和工程建设的需要，在一、二等锁网的基础上，还需布设三、四等三角网，使大地点的密度与测图比例尺相适应。20 世纪 90 年代，我国采用 GPS 技术布设了约 800 个国家 GPS 平面控制网点。

三、国家高程控制网

国家高程控制网布设的目的和任务有两个：一是在全国范围内建立统一的高程控制网，为地形测图和工程建设提供必要的高程控制；二是为地壳垂直运动、海面地形及其变化和大地水准面形状等地球科学研究提供精确的高程数据。国家高程控制网一般通过高精度的几何水准测量方法建立，因此也称为国家水准网。

1. 国家水准网的布网方案

国家水准网采用从高到低，从整体到局部，逐级控制，逐级加密的方式布设，分为一、二、三、四等水准网。一等水准网是国家高程控制的骨干；二等水准网是国家高程控制的基础；三、四等水准网是直接为地形测图和工程建设提供的高程控制点。

各级水准路线必须自行闭合或闭合于高等级的水准点，以此构成环形或附合形路线，用于控制水准测量系统误差的累积和便于在高等级水准环中布设低等级水准路线。一等闭合环线周长一般为 1000 ~ 1500km；二等闭合环线周长一般为 500 ~ 750km。水准路线附近的验潮站基准点、沉降观测基准点、地壳形变监测基准点以及水文站、气象站等应根据实际需要按相应等级水准进行联测。

2. 国家水准网的观测

水准测量是目前精确测定地面点海拔高程的主要手段，其主要测量设备是水准仪和水准尺。水准仪置平后，其视线将测出当地水平面，根据视线在前后两个直立水准尺上的读数，就可测定两个水准尺零点（底部）之间的高差，从而实现高程传递。

水准仪在斜坡 A、B 两点间进行水准测量。水准仪的水平视线 ab 在置于

A、B 两点的水准尺上的读数分别为 h_A，h_B，则 AB 两点的高差就是 $\Delta h_{AB}=h_A-h_B$（图 1-6）。

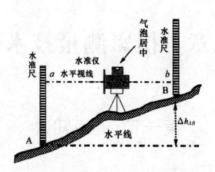

图 1-6　高程控制测量示意图

四、国家重力控制网

同国家平面控制网和高程控制网一样，重力测量控制网也采用逐级控制的方法，在全国范围内建立各级重力控制网，然后在此基础上为各种不同目的再进行加密重力测量。因此在建立国家重力控制网时，应充分考虑到各方面的需要。例如，在大地测量中需要重力测量去研究地球形状和严密处理观测数据；在空间技术中需要重力测量提供地球外部重力场的资料；此外在地球物理、地质勘探，地震、天文、计量和原子物理等部门都需要重力测量。

国家重力测量框架由绝对和相对重力测量方法建立，它提供了其他加密重力测量（包括地面、海洋和航空加密重力测量）的重力起算值（由重力基本点提供）和相对重力测量的尺度（由长短重力基线提供）。相对重力测量是地面加密重力测量的主要技术手段。我国国家重力测量框架也就是我国重力控制网分为二级，即重力基准网和一等重力网。重力基准网是重力控制网中最高级控制，其中包括绝对重力点和相对重力点，前者称为基准重力点，后者称为基本重力点。这些点在全国范围内布设成多边形网，点间距离为 300～1000km。一等重力网是在重力基准网基础上的次一级重力加密控制网。它在全国范围内布设，其网点称为一等重力点，点间距离一般为 100～300km。

第二章 摄影测量技术研究

第一节 基础知识

一、由普通测量理解摄影测量

通过"摄影"进行"测量"就是摄影测量，具体而言，就是通过测量摄影所获得的"影像"，获取空间物体的几何信息。它的基本原理来自测量的交会方法（如图 2-1 所示）。在空间物体前面的两个已知位置（称为测站，为方便起见，假定这两个点位于同一水平面上）放置经纬仪，分别在测站 1、2 照准物体同一个点（A），测定它们的水平角、垂直角，这样就可以根据测站的已知坐标（X_1，Y_1，Z_1，X_2，Y_2，Z_2）与测得的水平角、垂直角（a_1，β_1；a_2，β_2），求得未知点 A 的坐标（X，Y，Z）。（其实它就是平面三角中的两角（a_1、a_2）夹一边（$\overline{12}$）问题。）

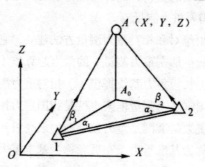

图 2-1 测量技术中用经纬仪进行前方交会测定目标点原理示意图

而摄影测量则是在物体前的两个已知位置（称为摄站）用摄影机摄取两张影像：左影像与右影像，然后在室内利用摄影测量仪器测量定左、右影像上的同名点（空间同一个点在左、右影像上的像点称为同名点）：a_1、a_2 的影像坐标（x_1，y_2；x_2，y_2），交会得到空间点 A 的空间坐标（X，Y，Z）。

摄影测量的前方交会原理如图 2-2 所示，S_1、S_2 为左、右摄站，p_1、p_2 为摄取的左、右影像，a_1、a_2 为左、右影像上的同名点。通过像点（如 a_1）能获得摄影光线 S_1a_1

的水平角 a、垂直角 β。因此它与经纬仪一样，利用两张影像获得的直线与 S_2a_2 也交会空间点 $A(X, Y, Z)$。

由于左、右影像是同一个空间物体的投影，因此利用影像上任意一对同名点都能交会得到一个对应空间点。因此，摄影测量不仅仅可以测量一个空间的点，而且能利用影像重建空间的三维物体的模型。一般而言测量是逐"点"的测量，而摄影测量是"面"（影像）的测量。摄影测量可利用在不同位置对同一物体摄取的多张影像（至少两张影像）构建物体的三维模型，人们就能在室内（而不是在实地）对三维模型（而不是对实物）进行测量。

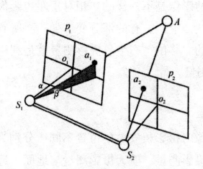

图 2-2　摄影测量交会示意图

二、由人的双眼理解摄影测量

眼睛是人们通过影像来观测他周围环境与物体的感知器官。人的眼睛与照相机一样，它通过晶体（相当于摄影机的物镜）将空间物体成像在视网膜上（相当于数码照相机的 CCD 芯片），然后由视神经传递给大脑。

人（包括动物）多有两只眼睛（双眼），人们也非常习惯于用两只眼睛同时观察物体。但是，人的左、右眼睛所看到的物体是"不一样"的，这可以用手指进行一个非常简单的试验。

将我们的左、右手分别前、后放在眼前（图 2-3（a）），先闭上"右眼"，得到左眼看到左、右手指的图像（图 2-3（b）），然后闭上"左眼"，得到右眼看到左、右手指的图像（图 2-3（c））。比较图 2-3（b）与图 2-3（c），发现左、右手指的相对关系不一样。左眼看到的是：右手指在左手指的左边；而右眼看到的是：右手指在左手指的右边。若以左像、左手指为准，右像上的右手指相对于左手指产生了"向右的移位"，这种移位在客观上反映了左、右手指在空间的前、后（深度）差异。

| (a) 观测前、后放置的双手 | (b) 左眼的观测结果 | (c) 右眼的观测结果 |

图 2-3　人的双眼观测前、后放置的双手示意图

正是这种差异（在摄影测量中称为"左右视差较"）构建了摄影测量的基础，即从不同的角度所获得的影像是不一样的。相对于左边影像而言，右边影像有的部分变"宽"、有的部分变"窄"、有的部分变"少"。所有这些"不同"，都是由于不同视点的影像之间的"移位"产生。摄影测量就是利用立体像对影像之间的移位构建立体模型，进行测量。

三、摄影测量的分类

根据对地面获取影像时摄影机安放的位置不同（分别为高空、中空与地面），摄影测量可以分为航空摄影测量、航天摄影测量与地面（近景）摄影测量。摄影测量主要的摄影对象是地球表面，用来测绘国家各种基本比例尺的地形图，为各种地理信息系统与土地信息系统提供基础数据。

1. 航空摄影测量

航空摄影测量是将摄影机安装在飞机上，对地面摄影，这是摄影测量最常用的方法。图 2-4 表示航空摄影的原理［KoneCny，1984］。摄影时，飞机沿预先设定的航线进行摄影，相邻影像之间必须保持一定的重叠度（称为航向重叠），一般应大于 60%，互相重叠部分构成立体像对。完成一条航线的摄影后，飞机进入另一条航线进行摄影，相邻航线影像之间也必须有一定的重叠度（称为旁向重叠），一般应大于 20%。

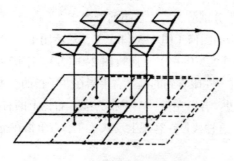

图 2-4　航空摄影的原理图

利用航空摄影测绘地形图，比例尺一般为1∶5万、1∶1万、1∶5000、1∶2000、1∶1000、1∶500等。其中，1∶5万、1∶1万为国家、省级基本地形图，它们常用于大型工程（如水利、水电、铁路、公路）的初步勘测设计；1∶2000、1∶1000、1∶500主要应用于城镇的规划、土地和房产管理；1∶5000、1∶2000一般为大型工程设计用图。

航空摄影测量所用的是一种专门的大幅面的摄影机，称为航空摄影机，影像幅面一般为230mm×230mm。21世纪以来，大幅面的数码航空摄影机开始得到广泛的应用。随着数码技术与数字摄影测量的发展，大幅面的数码航空摄影机将逐步替代传统的光学航空摄影机。

2. 航天摄影测量

随着航天、卫星、遥感技术的发展而发展的摄影测量技术，将摄影机（称为传感器）安装在卫星上，对地面进行摄影。特别是近年来高分辨率卫星影像的成功应用，它已经成为国家基本图测图、城市、土地规划的重要数据源。

用于航空、地面摄影的摄影机一般多为框幅式的（frame camera），如图2-5（a）所示，每次摄影都能得到一帧影像；但是在卫星上应用的多数是由CCD组成的线阵摄影机，如图2-5（b）所示（MikhailE.M等，2001），即每一次只能得到一行影像。

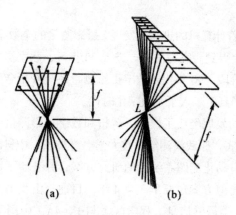

图2-5 框幅式摄影机与线阵CCD摄影机

3. 地面（近景）摄影测量

地面（近景）摄影测量是将摄影机安置在地面上进行测量。地面摄影测量既可以利用测量专用的摄影机（称为量测摄影机）进行，也可以利用一般的摄影机（称为非量测摄影机）进行。地面摄影测量可以用来测绘地形图，也可以用于工程测量。一切用于非地形测量为目标的摄影测量均称为近景摄影测量，它的应用范围很宽，例如工业、建筑、考古、医学测量等。

四、摄影测量的三个发展阶段

若从 1839 年尼普斯和达意尔发明摄影术算起，摄影测量学（Photogrammetry）已有 160 多年的历史。1851～1859 年法国陆军上校劳赛达特提出的交会摄影测量，被称为摄影测量学的真正起点。

从空中拍摄地面的照片，最早是 1858 年纳达在气球上进行的。1903 年莱特兄弟发明了飞机，使航空摄影测量成为可能。第一次世界大战期间，第一台航空摄影机问世。由于航空摄影比地面摄影具有明显的优越性（如视野开阔、快速获得大面积地区的像片等），航空摄影测量成为 20 世纪以来大面积测制地形图最有效的快速方法。从 30 年代到 70 年代，主要测量仪器工厂所研制和生产的各种类型模拟测图仪器多数是针对航空地形的摄影测量。

随着电子计算机的问世，出现了始于 20 世纪 50 年代末的解析空中三角测量（精确测定点位空间三维坐标的摄影测量方法）和解析测图仪与计算机控制的正射投影仪。1957 年，海拉瓦博士提出了利用电子计算机进行解析测图的思想，限于当时计算机的发展水平，解析测图仪经历了近二十年的研制和试用阶段。到了 70 年代中期，电子计算机技术的发展使解析测图仪进入商用阶段，在摄影测量生产中得到广泛的应用。

进入 80 年代，随着计算机的进一步发展，摄影测量的全数字化、完全计算机化、数字摄影测量系统开始得到研究与发展。进入 90 年代，数字摄影测量系统（主要是工作站）进入实用化阶段。90 年代末数字摄影测量系统开始全面替代传统的摄影测量仪器，摄影测量生产真正步入了全数字化时代。

因此，摄影测量的发展经历了模拟、解析和数字摄影测量三个阶段。值得指出的是，早在 1978 年年底，原武汉测绘科技大学名誉校长、中科院资深院士王之卓先生就提出了"全数字自动化测图系统"的研究方案，并开始了数字摄影测量系统的研究，比国际上提出类似方案还要早 3～4 年。目前，由我国研制的数字摄影测量系统 VinuoZo（武汉大学遥感信息工程学院）与 JX-4A（中国测绘科学研究院）已在我国摄影测量中大规模用于生产，并在国际上得到了认可。随着计算机的发展，数字摄影测量正在进入以网络、集群处理为基础的数字摄影测量网格（DPGrid）时代。

五、摄影测量的两个基本组成部分

摄影测量虽然已经完全进入数字摄影测量时代，但是不管摄影测量如何发展，摄影测量所要解决的基本问题只有两个：

（1）被量测的点。在两张（或多张）影像上必须是空间物体上同一个点，即同名点，否则就不能实现正确的交会。在模拟、解析摄影测量时代，这一个要求是由作业员的双眼完成的，并没有列为摄影测量的内容。进入数字摄影测量时代，由计算机自动识别、测定同名点，成为摄影测量的一个重要内容，也是提高摄影测量自动化效率，拓展摄影测量应用领域的关键。

（2）如何恢复影像在摄影瞬间的方位。由影像上的像点坐标确定对应点的空间坐标，即建立影像与空间物体之间的几何或解析关系，自始至终是摄影测量的主要内容。在模拟摄影测量时代，它由精密的光学—机械模拟实现"影像与空间物体"之间的几何关系。进入解析、数字摄影测量时代，则由计算机实现影像与空间物体之间的解析关系。随着计算机自动提取特征、自动识别、测定同名点等理论和方法进入摄影测量，摄影测量解析关系也得到了拓展。

第二节　摄影测量的一些基本原理

一、影像与物体的基本关系

用手指试验可以分析影像与物体的基本关系。图 2-6 为手指试验的一个概念化图形，左、右手指 A、C 在左、右视网膜（影像）的成像为 a_1、c_1；a_2、c_2。

B 为眼睛（摄影机）之间的距离——（眼）基线；

f 为焦距——物镜中心 S_1、S_2，到影像的垂直距离；

H_A、H_C 为深度（航空摄影测量中称为"航高"）——手指到眼基线的距离。

通过 S_2 作 S_1a_1 的平行线，则由图中两个相似三角形可得点 A 的深度与像点的关系：

$$H_A = f \cdot \frac{B}{x'_a - x''_a} = f \cdot \frac{B}{p_a}$$

其中 p_a 为 A 点的左右视差 $p_a = x'_a - x''_a$。按上式，像点的左右视差与深度成反比，左右视差大、则深度小，离眼睛近。已知深度，则由简单的相似三角形，可得空间点 A 的空间坐标（图中，Y 方向没有标出）：

$$X_A = x'_a \cdot \frac{H_A}{f}, Y_A = y'_a \cdot \frac{H_A}{f}$$

上述一组简单的关系式，描述了影像的像点坐标与空间位置坐标的关系。
同理可得 C 的深度：

$$H_B = f \cdot \frac{B}{x'_c - x''_c} = f \cdot \frac{B}{p_c}$$

将 A、C 两点的深度相减，可得它们之间的深度差（高差）：

$$h = H_A - H_C = fB \cdot \frac{p_c - p_a}{p_c \cdot p_a} = fB \cdot \frac{\Delta_p}{p_c \cdot p_a}$$

即

$$h \approx H \cdot \frac{\Delta_p}{p}$$

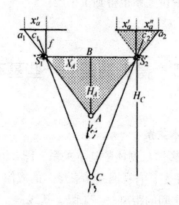

图 2-6　像点与空间的关系示意图

Δp 称为左右视差较。空间两点的左右视差较反映了它们的深度差（高差）。
高差与左右视差较成正比，这就是为什么空间左、右手指的"前、后"之差，在左、
右眼睛中反映为"左、右"的移位。这是"摄影测量"与"计算机立体视觉"的基
本依据。

二、影像与地图的关系

摄影测量的主要目的之一是测绘地形图，显然影像与地形图之间一定存在着密
切的关系。事实上，影像是物体的中心投影（如图 2-7 所示），而地图是地面在水
平面上垂直（正射）投影的缩小，两者是不同的。由此也可以认为，摄影测量是研
究由中心投影（影像）转换为正射投影（地图）、投影变换的科学与技术。

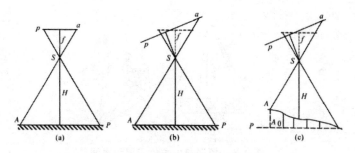

图 2-7 航空摄影时影像与地面的关系

1. 影像图

航空摄影测量中，摄影机在空中对地面进行摄影，摄影机离地面的高度称为航高 H，当地面水平、影像水平（摄影机主光轴垂直于地面）（如图 2-7（a）所示）时，影像就相当于地图。但是，地图用线画表示，而摄影测量由影像表示的图称为影像图，此时影像图的比例尺为：

$1 : m = f/H$

但是，当地面水平（平坦地区）、影像不水平（即主光轴不垂直于水平面）时，如图 2-7（b）所示，就不能将影像视为影像图，只有通过纠正，即将倾斜影像变换为水平影像，才能使它成为影像图；如果地面不水平（地形有起伏），如图 2-7（c）所示，这时只有通过正射纠正才能将影像变换为影像图。

2. 纠正仪、正射纠正仪

纠正仪（属模拟摄影测量仪器），用于将平坦地区的影像纠正为影像图。正射投影仪（属解析摄影测量仪器），用于将不平坦地区（丘陵地区、山区）的影像进行正射纠正为影像图，它又称为正射影像图（DOM）。在当今数字摄影测量时代，纠正、正射纠正都直接由计算机的软件实现。

三、摄影机的内方位元素

利用从摄影机成像几何的观点，我们可以将一个摄影机理解为一个四棱锥体，其顶点就是摄影机物镜的中心 S，其底面就是摄影机的成像平面（影像），如图 2-8 所示。

摄影中心到成像面的距离，称摄影机的焦距 f。摄影中心到成像面的垂足 O，称为像主点，SO 称为摄影机的主光轴。主点离影像中心点的距离 x_0、y_0 确定了像主点在影像上的位置。f、x_0、y_0 为摄影机的内方位元素。

摄影机的内方位元素就是摄影机的内部的方位元素，它与摄影时，摄影机的位置、姿态无关。如图中摄影机倾斜时，摄影机的内方位元素不变。

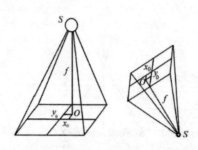

图 2-8　摄影机内方位元素示意图

内方位元素可以通过摄影机检校（计算机视觉中称为标定）获得。测量专用的摄影机在出厂前由工厂对摄影机进行检校，其内方位元素是已知的，则称为量测摄影机，否则称为非量测摄影机。

由于在加工、安装过程中，摄影机的物镜存在一定的误差，使空间平面上直线的影像不是直线，空间一个矩形的影像不是矩形，这种误差称为物镜的畸变差。用于测量的摄影机，检校时必须同时测定畸变差参数。一般量测摄影机的畸变差较小，非量测摄影机的畸变差较大。未经畸变差改正的原始影像，水平线发生弯曲；经过畸变差改正的原始影像，水平线弯曲则得到明显的改善。

四、摄影机的外方位元素

摄影机内方位元素只能确定摄影光线（如图 2-9 的 Sa）在摄影机内部的方位 a、β，它不能确定投影光线 Sa 在物方空间的位置。欲确定投影光线 Sa 在物方空间的位置，就必须确定（恢复）摄取时影像的方位，摄影瞬间的方位称为外方位，它分为摄影机的"位置"与"姿态"两部分（共六个元素）：摄影时摄影机在物方空间坐标系中的位置 X_S、Y_S、Z_S；摄影机的姿态角这六个参数称为摄影机的外方位元素，如图 2-10 所示。

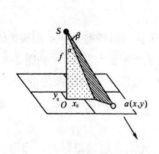

图 2-9　内方位元素的作用

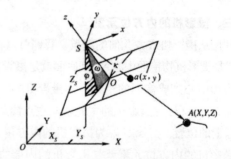

图 2-10　摄影机的外方位元素

在恢复摄影机的内外方位元素后，投影光线 Sa 通过空间点 A。这样：摄影中心 S、像点心空间点 A，三点位于一条直线上，三点共线。

若同时恢复一个立体像对中左、右影像的方位元素，两条投影光线 S_1a_1 与 S_2a_2 就相交于空间点 A，交会得到空间点坐标。

五、立体观测方法

立体观测方法是摄影测量的一个重要手段。利用立体像对与一对浮动测标，进行"立体观测"，测定同名点，是摄影测量的重要方法。下面介绍人造立体与立体观测方法。

1. 天然立体视觉与人造立体视觉

正如前述的手指试验一样，当人们用双眼观测自然界（三维立体环境），如图 2-11 所示，自然界的景物，如 A、B，它们之间有深度差，在左、右眼睛的视网膜上分别产生两个影像，在左眼的影像为 a_1b_1，右眼的影像为 a_2b_2，由于景物的深度不同，使得 $a_1b_1 \neq a_2b_2$ 它们之差就是左右视差较（Δx—parallax）：

$$\Delta p = a_1b_1 - a_2b_2$$

假如人们在人的眼睛处（o_1、o_2）用摄影机对同一景物拍摄两张影像 p_1、p_2，然后将照片放置在双眼前，人们的双眼只能观察到左、右影像（代替直接观测景物），这时眼睛获得的视觉效果与天然立体视觉完全一样（图 2-12），这种立体感觉称为"人造立体"。它不仅是立体摄影测量的基础，也是当今的计算机立体视觉与"虚拟现实"的重要基础。

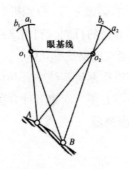 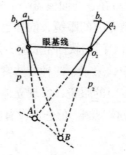

图 2-11　天然立体视觉　　　　图 2-12　人造立体视觉

2. 人造立体观测的条件与立体观测方法

利用两张具有重叠度的影像，获得立体视觉有一定的条件：分像，即左眼只能看左影像，右眼只能看右影像，而不能同时看到；左右影像必须平行眼睛基线，即不能上下岔开，按摄影测量的术语：影像的上下岔开称为上下视差（y-parallax）。

欲满足分像条件，具有各种方法，最常用的方法有：

（1）通过光学系统（如立体反光镜）获得立体视觉，它是通过 4 片反光镜将左右影像分开。大多数的模拟、解析测图仪、坐标仪采用类似的方法实现立体观测，如 BC-2 解析测图仪。这种方法也被应用于简单的数字摄影测量系统中，如 DVP 数字测图仪，人们就是通过一个反光镜进行立体观测。

（2）互补色法（anaglyph），一般采用红、绿两种颜色，这两种颜色互为"补色"，故称为互补色立体观测法。我们通过 Photoshop 软件处理就能获得这种立体效应。具体方法：首先将左影像处理为红颜色，右影像处理为绿颜色，然后将它们叠合在一起。当人们戴上一个由红、绿颜色的滤光片组成的眼镜，就能看出立体。这是由于红色影像（左影像）只能通过红色滤光片到达左眼，绿色影像（右影像）只能通过绿色滤光片到达右眼，从而达到左眼看左像、右眼看右像的分像目的。

（3）同步闪闭法（synchroniz edeyewear），影像在计算机屏幕上以高于 100 帧 /s 频率交替显示，同时通过红外发射器将信号发射给具有液晶开关的眼镜（crystaleye），液晶开关与计算机显示屏上的影像同步"开"与"关"，实现分像、立体观测的目的。

（4）偏振光法（polarizing grasses），偏振光眼镜是立体电影常用的方法。在 DPW 中，需在计算机屏幕前安装偏振光屏，当计算机屏幕上交替显示左右影像时，屏幕前的偏振光屏就会产生不同的偏振方向，因此作业员只要戴一个偏振光眼镜，即能观测到立体。

（5）裸眼立体技术。其基本原理是将左、右影像"按列"分开，合并显示在同一个屏幕上，然后在它前面覆盖一个光栅，将左右影像分开，分别折射到左、右眼睛，这样就不需要戴专门的眼镜，同样也可以达到分像的目的。利用该技术制造的专用的屏幕，配合由专门的软件生成的专门图像，能实现裸眼看立体。

上述方法中，第三、四种方法常用于数字摄影测量系统中，并且前四种方法都需要配戴一副专门的眼镜，实现立体观测，很不方便。而第五种方法不需配戴专门眼镜就能进行立体观测。但它还没有应用于摄影测量。

第三节　恢复（确定）影像方位元素的方法

摄影机的内方位元素是通过摄影机的检校获得，在此我们假定已知摄影机的内方位元素，这样，如何获得影像在摄影瞬间的外方位元素就成为关键。

欲确定影像的外方位元素，必须要利用地面控制点。获得摄影机的外方位元素有很多种方法，但是它们所需要的地面的控制点数量也不同。确定影像的外方位元素方法有：每一张影像单独确定外方位元素；也可以一个立体像对，同时确定两张影像的外方位元素；也可以一次同时确定一条航单、乃至几条航单几十、甚至几百张影像的外方位元素；以及在摄影过程中由 GPS 或 POS 系统直接确定影像的外方位元素。

一、确定单张影像的外方位元素——空间后方交会

普通测量的后方交会是在地面未知点 O 上放置经纬仪（见图 2-13），对三个已知点 A、B、C，分别观测其两个水平角 α、β，求出未知点 0 的平面坐标 (X, Y)。（后方交会在平面三角中是两个圆相交的问题，它们分别是由弦 AB（或 BC）与对应的张角以 a（或 β）所确定的圆，两圆的交点即为未知点 O）。

摄影测量的后方交会是空间后方交会（图 2-14），它需利用地面上（至少三个已知点）$A(X_A, Y_A, Z_A)$、$B(X_B, Y_B, Z_B)$、$C(X_C, Y_C, Z_C)$ 与其影像上三个对应的影响点 $a(x_a, y_a)$、$b(x_b, y_b)$、$c(x_c, y_c)$，解算影像的 6 个外方位元素。因为每个点可以列出 2 个共线方程，三个已知点可以列出 6 个方程，解得 6 个外方位元素 X_S、Y_S、Z_S、ψ、ω、k。由于测量误差，进行空间后方交会一般需要已知地面上至少 4 个已知控制点，然后采用最小二乘法平差求解 6 个外方位元素。

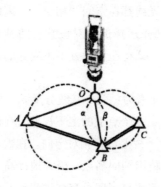

图 2-13　地面后方交会

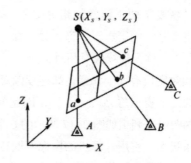

图 2-14　摄影测量的空间后方交会

二、确定两张影像的外方位元素

1. 相对定向

确定两张影像的相对位置称为相对定向。相对定向无需外业控制点，就能建立地面立体模型。相对定向的唯一标准是两张影像上所有同名点的投影光线对对相交，所有同名点光线在空间的交点集合构成了物体的几何模型。确定两张影像的相对位

置的元素称为相对定向元素。

在没有恢复两张相邻影像的相对位置之前，同名点的投影光线 S_1a_1、S_2a_2 在空间不相交，两条光线在空间"交叉"，如图 2-15 所示，投影点 A_1、A_2 与 Y 方向的距离 Q 称为上下视差。因此，消除所有同名点投影光线的上下视差是实现相对定向的标准。

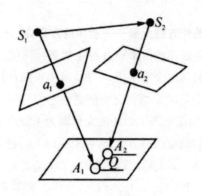

图 2-15　上下视差 Q

确定两张影像的相对位置，没有顾及它们的绝对位置，如图 2-16（a），两个摄影中心 S_1、S_2 的连线——基线是水平的，而图 2-16（b）的基线不是水平的，但是它们都满足相对定向条件，即所有的同名投影光线都在空间"相交"，因此它们都已经恢复了两张影像的相对位置。一般确定两张影像的相对位置有两种方法：①将摄影基线固定水平，称为独立像对相对定向；②将左影像置平（或它的位置固定不变），称为连续像对相对定向。

相对定位有 5 个元素，如连续像对相对定位元素为：两个基线分量 b_X、b_Y 和右影像的三个姿态角 ϕ_2、ω_2、κ_2，因此最少需要测量 5 个点上的上下视差。在模拟、解析测图仪上利用如图 2-17 所示的 6 个点位的上下视差进行相对定向。在数字摄影测量系统中，它用计算机的影像匹配替代人的眼睛识别同名点，极大地提高了观测速度，因此数字摄影测量工作站（DPW）所测定的相对定向点数远远超过 6 个点，它同样用最小二乘法平差求解 5 个相对定向元素。

2. 立体模型的绝对定向

相对定向完成了几何模型的建立，但是它所建立的模型大小（比例尺）不确定、坐标原点是任意的、模型的坐标系与地面坐标系也不一致。为了使其所建立的模型能与地面一致，还需利用控制点对立体模型进行绝对定向。绝对定向是对相对定向所建立的模型进行平移、旋转和缩放。

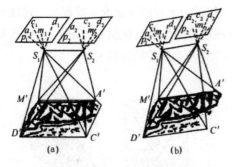

图2-16 两张影像的相对位置

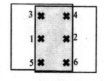

图2-17 相对定向点位

绝对定向元素有7个：X_G、Y_G、Z_G、ϕ、Ω、K、λ，其中 X_G、Y_G、Z_G 为模型坐标系的平移；ϕ、Ω、K 为模型坐标系的旋转；λ 为模型的比例尺缩放系数。

通过相对定向（5个元素）建立立体模型，再通过立体模型的绝对定向（7个元素），可恢复立体模型的绝对方位（7个元素），使模型与地面坐标系一致（5+7=12）。同时也恢复了两张影像的外方位元素（2×6=12个外方位元素），因此，通过相对定向加绝对定向，与两张影像各自进行后方交会恢复两张影像的外方位元素，两者是一致的。

三、航带、区域模型的建立与区域网平差

尽量减少野外测量工作，是摄影测量的一个永恒的主题。而上述的单张影像的空间后交，一张影像就需要4个外业控制点；通过相对定向、绝对定向，两张影像需要4个外业控制点。整个区域能否（几十张、甚至几百张影像）也只需要少量的外业实测控制点就能确定全部影像的外方位元素？是空中三角测量与区域网平差的基本出发点。

1. 模型连接、建立航带模型和空中三角测量

如前所述，航空摄影是由单张影像拼接成航单、多条航单拼接成区域。在一条航带内相邻影像具有60%重叠，相邻的三张影像之间具有20%重叠，这一部分称为"三度重叠区"，如图2-18所示。模型连接就是利用三度重叠区内的公共点实现的。

相对定向可以使得单个模型内同名光线对对相交，建立几何模型，相邻三张影像通过相对定向，可以分别建立两个几何模型，如图2-19所示。但是模型1与模型2的大小（比例尺）不同，它反映在三度重叠区中的公共点不能交于同一点上，而分别交于 A_1、A_2（见图2-19），模型2比模型1小。为了同一模型比例尺，使模型2、模型1的比例尺一致，必须将第三张影像的投影中心 S_3，沿基线 S_2S_3 向外移，使三度重叠区的公共点交于一点（见图2-20），这就是模型连接。

通过相对定向、模型连接可以将整个航带中所有的模型都连接起来，构建成航带模型，如图2-21所示。然后利用布设在航带内少量的控制点（图2-21中表有△的点），进行空中三角测量，就能求得航带内所有影像的方位元素。

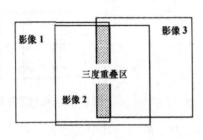

图2-18　三度重叠区

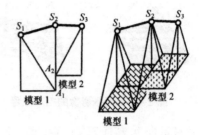

图2-19　两个模型的相对定向

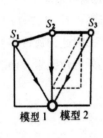

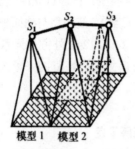

图2-20　模型连接示意图

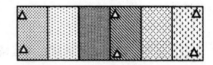

图2-21　航带模型与空中三角测量

2. 区域自由网的建立与区域网平差

由于航带之间有20%的重叠度，航带与航带之间也有公共区，利用相邻航带之间公共区的同名点，就能将单航带模型连接起来，构建成区域模型。没有控制点时构建成的区域模型，称为自由网。一般只需要在区域周边布设控制点，通过空中三角、区域网平差，就能确定整个区域内所有影像的方位元素。

四、GPS空中三角测量与POS系统的应用

GPS辅助空中三角测量是摄影测量的一个重要发展。在航空摄影时需要在地面上设置一个GPS基准站，在飞机上也安置一台GPS，这样就能确定每个影像在摄影瞬间摄影中心的空间坐标，即每张影像外方位元素的三个直线分量（X_s，Y_s，Z_s）。

所谓POS系统，除GPS外，它还应用于IMU（惯导系统）。POS系统可以在航空摄影过程中直接测定6个外方位元素X_S、Y_S、Z_S、ϕ、ω、κ从而可以极大的减少外业工作，从而提高摄影测量的效率。

第三章　地图制图

第一节　地图的基本内容

一、地图的特性

地图以特有的数学基础、地图语言和抽象概括法则来表现地球或其他星球自然表面的时空现象，反映人类的政治、经济、文化和历史等人文现象的状态、联系和发展变化。其特性见表 3-1 中。

表 3-1　地图的特性

性质	内容
直观性	地图符号系统称为地图语言，它是表达地理事物的工具。地图语言由符号、色彩和注记构成，它能准确地表达地理事物的位置、范围、数量和质量特征、空间分布规律以及它们之间的相互联系和动态变化。利用地图可以直观、准确地获得地理空间信息
可量测性	由于地图采用了地图投影、地图比例尺和地图定向等特殊数学法则，人们可以在地图上精确量测点的坐标、线的长度和方位、区域的面积、物体的体积和地面坡度等
一览性	地图是缩小了的地面表象，它不可能表达出地面上所有的地理事物，需要通过取舍和概括的方法只表示出重要的物体，而舍去次要的物体，这就是地图制图综合。地图制图综合能使地面上任意大小的区域缩小制图，正确表达出读图者需要的内容，使读图者能一览无遗

二、地图的内容

地图的内容由数学要素、地理要素和辅助要素构成。

1. 数学要素

数学要素包括地图的坐标网、控制点、比例尺和定向等内容。

2. 地理要素

地理要素根据地理现象的性质，大致可以区分为自然要素、社会经济要素和环境要素等。自然要素包括地质、地球物理、地势、地貌、水系、气象、土壤、植物、动物等；社会经济要素包括政治行政、人口、城市、历史、文化、经济等；环境要素包括自然灾害、自然保护、污染与保护、疾病与医疗等。

3. 辅助要素

辅助要素是指为阅读和使用地图者提供的具有一定参考意义的说明性内容或工具性内容。主要包括图名、图号、接图表、图廓、分度带、图例、坡度尺、附图、资料及成图说明等。

三、地图的分类

地图分类的形式很多，主要有地图的内容、比例尺、制图区域范围、使用方式等。

1. 按内容分类

地图按内容可分为普通地图和专题地图两大类。

普通地图是以相对平衡的详细程度表示水系、地貌、土质植被、居民地、交通网、境界等基本地理要素。专题地图是根据需要突出反映一种或几种主题要素或现象的地图。

2. 按比例尺分类

地图按比例尺分类是一种习惯上的做法。在普通地图中，按比例尺可分为：

大比例尺地图：比例尺 ≥ 1：10 万的地图；

中比例尺地图：比例尺 1：10 万 ~ 1：100 万的地图；

小比例尺地图：比例尺 ≤ 1：100 万的地图。

3. 按制图区域范围分类

地图按自然区划可分为：世界地图、大陆地图、洲地图等。

地图按政治行政区划可分为：国家地图、省（区）地图、市地图、县地图等。

4. 按使用方式分类

桌面用图：能在明视距离阅读的地图，如地形图、地图集等。

挂图：包括近距离阅读的一般挂图和远距离阅读的教学挂图。随身携带地图：通常包括小图册或折叠地图（如旅游地图）。

第二节　地图的数学基础

一、地图投影

1. 地图投影的基本概念

将地球椭球面上的点投影到平面上的方法称为地图投影。按照一定的数学法则，使地面点的地理坐标（λ，ϕ）与地图上相对应的点的平面直角坐标（x，y）建立函数关系为：

$$x=f_1（\lambda，\phi）$$
$$y=f_2（\lambda，\phi）$$

当给定不同的具体条件时，就可得到不同种类的投影公式，根据公式将一系列的经纬线交点（λ，ϕ）计算成平面直角坐标（x，y），并展绘于平面上，即可建立经纬线平面表象，构成地图的数学基础。

2．地图投影变形

由于地球椭球面是一个不可展的曲面，所以将它投影到平面上，必然会产生变形。这种变形表现在形状和大小两方面。从实质上讲，是由长度变形、方向变形引起的。

3．地图投影分类

地图投影的种类繁多，通常是根据投影性质和构成方法分类。

（1）地图投影按变形性质分类

地图投影按变形性质可分为等角投影、等面积投影和任意投影，具体内容见表3-2。

表3-2　地图投影按变形性质分类

类别	内容
等角投影	它是指地面上的微分线段组成的角度投影保持不变。适用于交通图、洋流图和风向图等
等面积投影	它是指保持投影平面上的地物轮廓图形面积与实地相等的投影。适用于对面积精度要求较高的自然社会经济地图
任意投影	它是指投影地图上既有长度变形，又有面积变形。在任意投影中，有一种常见投影即等距离投影。该投影只在某些特定方向上没有变形，一般沿经线方向保持不变形。任意投影适用于一般参考图和中小学教学用图

（2）地图投影按构成方法分类

地图投影按构成方法可分为几何投影和非几何投影。

1）几何投影

以几何特征为依据，将地球椭球面上的经纬网投影到平面、圆锥表面和圆柱表面等几何面上，从而构成方位投影、圆锥投影和圆柱投影。

方位投影：以平面作为投影面的投影。根据投影面和地球体的位置关系不同，有正方位、横方位和斜方位几种不同的投影。

圆锥投影：以圆锥面作为投影面的投影。在圆锥投影中，有正圆锥、横圆锥和斜圆锥几种不同的投影。

圆柱投影：以圆柱面作为投影面的投影。有正圆柱、横圆柱和斜圆柱几种不同的投影。

2）非几何投影

根据制图的某些特定要求，应选用合适的投影条件，用数学解析方法确定平面与球面点与点间的函数关系。按经纬线形状，可将其分为伪方位投影、伪圆锥投影、伪圆柱投影和多圆锥投影。

4. 双标准纬线正等角割圆锥投影

我国 1∶100 万地形图采用双标准纬线正等角圆锥投影。假设圆锥轴和地球椭球体旋转轴重合，圆锥面与地球椭球面相割，将经纬网投影于圆锥面上展开而成。圆锥面与椭球面相割的两条纬线，称为标准纬线。我国 1∶100 万地形图的投影是按纬度划分的，从 0° 开始，纬差 4° 一幅，共有 15 个投影带，每幅经差为 6°。

二、地图定向

1. 地形图定向

为了地图使用的需要，规定在＞1∶10 万的各种比例尺地形图上绘出三北方向。

真北方向：过地面上任意一点，指向北极的方向叫真北。对一幅图，通常把图幅的中央经线的北方向作为真北方向。

坐标北方向：纵坐标值递增的方向称为坐标北方向。大多数地图上的坐标北方向与真北方向不完全一致。

磁北方向：实地上磁北针所指的方向叫磁北方向。它与真北方向并不一致。

其他比例尺地形图都是以北方定向。

一般地图也尽可能地采用北方定向。但是，有时制图区域的形状比较特殊，用北方定向不利于有效利用标准纸张，此时也可以采用斜方位定向。

三、地图比例尺

地图上某线段的长度与实地的水平长度之比，称为地图比例尺，即

$$1/M=1/L$$

式中：M 是比例尺分母，1 是图上线段长度，L 是实地的水平长度。

地图比例尺通常有数字式、文字式和图解式等几种形式。

1. 数字式

可以用比的形式，如 1∶50000，1∶5 万，也可以用分数式，如 1/50000、1/100000 等。

2. 文字式

用文字注释的方法表示，如十万分之一，图上 1cm 相当于实地 1km。

3. 图解式

用图形加注记的形式表示，最常用的是直线比例尺（如图 3-1 所示）。小比例尺地图上，往往根据不同经纬度的不同变形，绘制复式比例尺，又称经纬线比例尺，用于不同地区的长度量算（如图 3-2 所示）。

地图上通常采用几种形式配合表示比例尺的概念，常见的是数字式和图解式的配合使用。

图 3-1 直线比例尺示意图

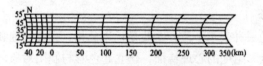

图 3-2 经纬比例尺示意图

第三节 地图语言

客观世界的物体错综复杂，经过分类、分级进行抽象，用特定的符号表示在地图上，不仅能直观地表达物体，而且能反映物体的本质规律。

一、地图符号

地图符号根据空间事物的抽象特征可以分为点状符号、线状符号、面状符号和体积符号，具体内容见表 3-3。

地图符号有形状、尺寸、色彩、方向、亮度和密度六个基本变量。其中，形状、方向、亮度和密度可归纳为图形，地图主要依据符号的图形、尺寸和色彩来反映事物的数量和质量。地图符号尺寸的大小与地图用途、地图比例尺和读图条件有关。

作为挂图用的教学图，符号应粗大些；作为科学参考用的地图，符号应精细些。要充分利用色彩的象征意义，设计地图符号颜色。例如，水系用蓝色，森林用绿色，地貌用棕色。

表 3-3　地图符号根据空间事物的抽象特征分类

类型	内容
线状符号	地图符号所代表的概念是位于空间的线。符号长度与地图比例尺有关。例如，河流、道路等
点状符号	地图符号所代表的概念是位于空间的点。符号的大小与地图比例尺无关但有定位特征，如测量控制点、矿产地等符号
体积符号	地图符号所代表的概念是位于空间体。符号可以表示具有体积特征的物体。例如，等高线表示地势，等温线表示空间气温分布。另外地图符号按比例尺关系可分为不依比例尺符号、半依比例尺符号和依比例尺符号
面状符号	地图符号所代表的概念是位于空间的面。符号的范围与地图比例尺有关。例如水域范围、林地范围等

二、地图色彩

地图色彩作为一种表示手段，主要是运用色相、亮度和饱和度的不同变化与组合，结合人们对色彩感受的心理特征，建立起色彩与制图对象之间的联系。色相主要表示事物的质量特征，如淡水用蓝色，咸水用紫色。亮度和饱和度主要表示事物的数量特征和重要程度。地图上重要的事物符号用浓、艳的颜色，次要的事物符号用浅、淡的颜色。

三、地图注记

地图注记是地图语言的重要组成部分，通常分为名称注记、说明注记、数字注记和图外注记等。名称注记说明各种地物的名称；说明注记说明各种地物的种类和性质；数字注记说明地物的数量特征，如高程、水深、桥长等；图外注记包括图名、比例尺等。地图注记的要素包括字体、字大（字号）、字色、字隔、字位、字向和字顺等，它们使注记具有符号性意义。

根据被注物体的特点，注记有水平字列、垂直字列、雁行字列和屈曲字列四种布置方式。注记布置方式是由字位、字隔、字向和字顺决定的。对点状地物，其注记多以水平字列或垂直字列布置方式；线状地物用水平字列、垂直字列、雁行字列或屈曲字列沿线状地物的中心线排列方式；面状地物则选择中部或沿面状地物伸展的方向，以不同的字列注出。地图注记布置方式能在一定程度上表现被注物体的分布特征。

第四节　普通与专题地图绘制

一、普通地图编制

1. 普通地图要素的表示

（1）海洋要素的表示

海洋要素主要包括海岸和海底地貌。海岸的海岸线通常以蓝色实线表示。低潮线用点线概略地绘出。潮浸地带上各类干出滩在相应范围内填绘各种符号来表示其分布范围和性质。海底地貌用水深注记、等深线、分层设色和晕渲等方法表示。水深注记是水深点深度注记的简称。水深是根据"深度基准面"自上而下计算的。等深线是等深点的连线。分层设色是在等深线的基础上把每相邻两根或几根之间加颜色来表示海底地貌的起伏。通常，用不同深浅的蓝色来区分各层，水深加大，蓝色加深。海底地貌晕渲详见陆地地貌的表示。

（2）陆地水系的表示

陆地上各水系物体总称为陆地水系，简称水系。在编图时，水系是重要的地性线之一，常被看做是地形的"骨架"。水系包括井、泉及贮水池，河流、运河及沟渠，湖泊、水库及池塘、水系附属物等。井、泉及贮水池在地图上一般只能用记号性蓝色符号来表示其分布位置。河流、运河及沟渠在地图上都是用线状符号配合注记来表示。当河流较宽或比例尺较大时，用蓝色的细实线符号（水涯线）表示河流两岸岸线，水域用浅蓝色表示。在小比例尺地形图上，大多数河流用蓝色单线表示，单线的粗细渐变反映河流的流向和形状。运河及沟渠在大比例尺地形图上，用蓝色平行双线表示，水域用浅蓝色。在小比例尺地形图上，用等粗实线表示。湖泊、水库及池塘用蓝色实线配合浅蓝色水部表示，时令湖用蓝色虚线表示。湖水的性质用颜色区分，如用浅蓝色和浅紫色分别表示淡水和咸水。水库根据水域面积的大小分别用依比例尺符号和不依比例尺符号表示。

（3）地貌的表示

地貌的主要表示方法有：晕渲法、等高线法和分层设色法等。晕渲法根据假定光源对地面照射产生的明暗程度，用浓淡的墨色或彩色沿斜坡晕绘阴影，造成明暗对比，显示地貌的起伏、形态和分布特征，这种方法称为地貌晕渲法。

等高线是地面上高程相等点的连线，可以反映地面高程、山体、谷地、坡形、坡度和山脉走向等地貌基本形态。由等高线可量算地面点的高程、地表面积、地面坡度和山体的体积。等高线分为首曲线、计曲线、间曲线和助曲线。首曲线（基本等高线）用细实线表示；计曲线（加粗等高线）用加粗的实线表示，通常每隔 4 条基本等高线加粗 1 条；间曲线（半距等高线）用长虚线表示；助曲线（辅助等高线）用短虚线表示。根据地面高程划分的高程层，逐"层"设置不同的颜色，称为地貌分层设色法。

（4）居民地的表示

在普通地图上可以表示居民地的形状、建筑物的质量、行政等级和人口数等。在大比例尺地形图上，可以区分各种建筑物的质量特征。随比例尺的变小，表示建筑物质量特征的可能性随之减少。表示居民地行政等级的方法主要有两种：用地名注记的字体、字大和注记下方加辅助线表示；用居民地圈形符号形状和尺寸的变化表示。居民地的人口数通常是通过圈形符号形状和尺寸的变化表示，在大比例尺图上用字体和字大表示。

（5）交通网的表示

交通网是各种交通运输的总称。它包括陆地交通、水路交通、空中交通和管线运输等几类，具体内容见表 3-4。

表 3-4　交通网的表示

项目	内容
水路交通	水路交通主要区分为内河航线和海洋航线两种。用短线表示河流通航的起讫点等。海洋航线由港口和航线组成，港口用符号表示，航线用蓝色虚线表示
陆地交通	陆地交通主要包括铁路、公路和其他道路。在大中比例尺地形图上，铁路用黑白相间的花线符号来表示，用尺寸区分窄轨和标准轨。在小比例尺地图上，铁路用黑色实线表示。公路用双线符号，配合符号宽窄、线划的粗细、色彩的变化表示，用说明注记表示路面性质和宽度。其他道路用实线、虚线、点线并配合线画的粗细表示
管线运输	管线运输主要包括运输管道和高压输电线两种。运输管道用线状符号加说明注记表示。高压输电线用线状符号加电压等说明注记表示
空中交通	在普通地图上，空中交通主要表示航空站，一般不表示航空线

（6）境界的表示

境界分为政区境界和其他境界。政区境界包括国界、省界、市界和县界等。其他境界包括地区界、停火线界和禁区界等。境界用不同结构、不同粗细与不同颜色的点线符号表示。

（7）土质、植被的表示

土质泛指地表覆盖层的表面性质；植被是地表植被覆盖的简称。土质和植被是一种面状分布的物体。地图上用地类界、说明符号、底色和说明注记配合表示。地类界是指不同类别的地面覆盖物体的界线，用点线符号表示。

2. 普通地图的制图综合

地图的基本任务是以缩小的图形来表示客观世界。地图只能以概括、抽象的形式反映出制图对象的带有规律性的类型特征，而将那些次要、非本质的物体舍弃，这个过程叫制图综合。

（1）地图制图综合的基本方法

地图制图综合主要有选取和概括两个基本方法。

制图物体的选取：选取是指从大量的制图物体中选出较大的或较重要的物体表示在地图上，而舍掉次要的物体。如选取较大的或较重要的居民地、河流、道路。

选取的顺序是实施正确选取的重要保障。选取的顺序一般为：从主要到次要、从高等级到低等级、从大到小、从整体到局部。

选取的方法通常有资格法和定额法。资格法是按一定的数量或质量指标作为选取的资格而进行选取。如把 6mm 长度作为河流的选取标准，则大于 6mm 的河流均应被选取。定额法规定出单位面积内应选取的物体数量。

制图物体的概括：制图物体的概括主要是对制图物体的形状、数量特征和质量特征作出的概括；制图物体的形状概括就是通过删除、夸大、合并等方法来实现的。

删除：制图物体中的碎部图形，在缩小后图上无法清晰表示时应予删除。如河流、等高线上的小弯曲，居民地、湖泊轮廓上的小弯曲等。

夸大：有时为了显示和强调制图物体的特征，需要夸大一些本来应删除的碎部。如河流、居民地、道路、等高线等物体上的一些特殊弯曲，它们虽然小于选取的标准，但也应夸大表示。

合并：随地图比例尺的缩小，制图物体的图形及间隔缩小到不能区分时，可以采用合并物体细部的方法来反映物体的主要特征，如居民地合并街区等。制图物体数量特征的概括一般表现为长度、密度、高度、深度、坡度、面积等数量标志的改变且变得比较概略。

制图物体质量特征的概括一般表现为类别、等级的减少。通常用合并和删除的方法来减少分类、分级。

（2）地图制图综合模型

随着地理信息科学和技术的发展，地图制图综合模型为自动地图制图综合打下了坚实基础。地图制图综合模型主要有选取指标模型、结构选取模型和图形化简模型，具体内容见表3–5。

表 3-5　地图制图综合模型

型式	内容
选取指标模型	用数学模型确定缩小后的新编地图的地物选取数量，可提高地图制图综合质量和科学性。选取指标模型主要有图解计算法、方根模型、数理统计模型和分形模型
图形化简模型（算法）	对已选取的制图物体的平面图形进行化简，并保持平面图形的主要形状特征的数学模型（算法）。图形化简模型（或算法）主要有数学形态学模型、分形模型、小波模型和道格拉斯（Douglas）算法
结构选取模型	确定选取具体地图制图物体的模型。根据制图物体的结构关系，从大比例尺资料图上的制图物体中寻找出更重要的一部分物体表示在新编地图上。从地物的层次关系（等级关系）、空间关系（毗邻与包含）和拓扑关系（邻接和关联）等方面来解决具体选取哪些物体的问题。结构选取模型主要有等比数列法、模糊数学模型、图论模型和人工神经网络模型

3. 普通地图设计

（1）设计前的准备工作阶段

深入研究新编地图的目的、用途和服务对象。这是决定地图内容详细程度及进行地图设计的主要依据；对国内外同类地图进行分析评价；收集、分析、评价制图资料；认真研究制图区域的地理特征。这是正确进行地图制图综合，准确地表现区域特点的关键。

（2）正式编辑设计工作阶段

明确规定地图的任务和质量要求。

设计地图的数学基础。设计选择地图投影，确定地图比例尺及经纬网密度，计算经纬网交点的平面直角坐标。

地图内容的选择。根据地图的用途、比例尺和区域特点，对地图要表达的内容进行选择确定，并进行分类、分级。

设计地图符号和注记。对地图符号的图形、尺寸、颜色进行设计和试验；对地图注记字体、字大、字色等进行设计和试验。

设计地图制作的工艺方案。主要包括：数据输入，地图的数学基础的建立，资料补充，数据处理，地图符号和注记的配置，数据输出。用框图表示流程。

地图制图综合的规定。规定各要素的选取指标、概括原则和程度。

地图的图面配置设计。图名的位置、字体、字大，图廓的配置方法，附图、移图、图例、比例尺的配置等。

4. 普通地图编制过程

（1）地图设计阶段

为地图编制工作的实施，进行总体设计和地图其他内容设计，包括地图制图资料和数据的收集。

2. 地图制作阶段

地图制作阶段的具体内容，见表3-6。

表 3-6　地图制作阶段的内容

步骤	内容
数据输入	将作为编图的资料如地图资料、影像、照片等进行扫描并输入计算机，或直接将地图数据（包括 GIS 数据库地图数据、野外全数字测量地图数据、全数字摄影测量地图数据，GPS 数据，DLG 数据等）、图像数据（如遥感影像数据）输入计算机
数据处理	通过对数据的加工处理，建立起新编地图的数据。通常在相应的图形软件下，自动生成地图数学基础，并进行缩小输入的地图图像、地图图像和地图数据的匹配，图形数据的矢量跟踪，地图制图综合，如果投影不同，要进行地图数据的投影变换。此外，还要进行一些地理数据的图形表达和图面设计等工作，诸如地图符号、地图注记的配置，添加专题内容，制作图表，处理影像数据、照片和文字，进行色彩填充、图面配置、地图数据的编辑等，最后得到新编地图数据
数据输出	数据输出是将地图数据变成可视的模拟地图形式。地图数据输出有多种方式：①直接在计算机屏幕上显示地图；②将地图数据传输给打印机，打印机喷绘彩色地图；③把地图数据传输给激光照排机发出供制版印刷用的四色软片；④把地图数据传送到数字式直接制版机（Computer-to-Plate，CTP）制成直接上机印刷的印刷版；⑤数字式直接印刷机可直接把地图数据转换成印刷品彩色地图，又称数字印刷（Digital Printing）

二、专题地图编制

专题地图主要由地理基础底图和专题内容构成，地理基础底图显示制图要素的空间位置和区域地理背景，专题内容是专题地图上表本的主题。

1. 专题地图的分类

专题地图按内容可分为自然地图、社会经济地图、环境地图和其他专题地图。

自然地图：反映自然要素或现象的地理分布及其相互关系的地图，如地质图、地球物理图、地势图、地貌图、气象图、水文图、土壤图、动物地理图等。

社会经济地图：反映各种社会经济现象或事物的特征、地理分布和相互联系的地图。如行政区划图、人口图、城市地图、历史地图、文化地图、经济地图等。

环境地图：反映环境的污染、自然灾害、自然生物保护与更新、疾病与医疗地理方面的内容。

其他专题地图：主要有航海图、航空图、宇航图、旅游图和教学图。

2. 专题地图的表示方法

专题地图的主要表示方法有 10 种。

（1）定点符号法

定点符号法用于表示呈点状分布的要素。它是用各种不同图形、尺寸和颜色的符号来表示现象的分布及其数量和质量特征，符号定位于现象所在的位置上。

（2）线状符号法

线状符号用于表示呈线状或带状的要素。如河流、海岸线、交通线断层线等。线状符号用不同的图形和颜色来表示现象的数量和质量特征，也可反映不同时期的变化。

（3）质底法

质底法是用不同的底色或花纹区分全制图区域内各种现象的质量差别，图面被各类面状符号所布满。

（4）等值线法

等值线是专题现象数值相等的各点的连线。如等高线、等温线、等压线等。等值线法是利用一组等值线来表示某专题现象数量特征的一种方法。

（5）定位图表法

定位图表法是将某地的统计资料，用图表形式表示该地某种现象的数量特征及其变化的一种方法。

（6）范围法

范围法是用轮廓线、晕线、注记和符号等表示某种现象在一定范围内的分布状况的方法，如森林的分布、棉花的分布等。

（7）点数法

点数法是用一定大小和形状相同的点来表示现象的分布范围、数量和密度的方法。

（8）分区统计图表法

把制图区域分成若干个区划单位，根据各区划单位的统计资料制成统计图表绘在相应的区划单位内，表示现象的总和及其动态变化的方法称为分区统计图表法（如图 4-16 所示）。

（9）分级统计图法

分级统计图法是按照各区划单位的统计资料，根据现象的相当指标划分等级，然后依据级别填绘深浅不同的颜色，表示各区划单位间数量上的差异的一种方法（如图 4-17 所示）。

（10）运动线法

运动线法是用不同宽度与长度的箭形符号来表示现象的运动方向、路线、数量和结构特征。

3．专题地图的设计与编制

（1）专题地图的设计

专题地图的设计内容主要包括：确定地图的图幅大小、比例尺、地图投影等；资料收集、分析和处理；表示方法的选择、图面配置设计、地图符号和颜色的设计；设计书的编写。

（2）专题地图的编制过程

地图设计阶段：为地图编制工作的实施进行总体设计和地图其他内容设计，包括地理基础底图、作者原图的设计、地图制图资料和数据的收集。

地图制作阶段：

数据输入：将作为编图的资料如作者原图、地理基础地图、照片、影像等扫描输入计算机或直接将地图、图像数据和统计数据输入计算机。

数据处理：在相应的图形软件下，自动生成地图数学基础，输入的地图图像（如作者原图、地理基础地图）、匹配，图形数据的矢量跟踪，地图符号、地图注记的配置、添加专题内容，制作图表；输入影像数据、照片和文字，进行色彩设计、图面配置，得到新编地图数据。

数据输出：计算机将地图数据传输给打印机，打印机喷绘地图；传输给激光照排机发出供制版印刷用的四色软片。同样，可把地图数据传送到数字式直接制版机和数字式直接印刷机。

第五节　卫星影像地图与地图集的编制

一、卫星影像地图编制

在卫星影像上进行平面位置几何纠正和影像增强，再绘制详细的地理要素，称为卫星影像地图。卫星影像地图的制作一般都在计算机或工作站上进行，并配合图像处理系统生成地图。卫星影像地图编制的主要内容，见表3-7。

表 3-7 卫星影像地图编制的内容

项目	内容
卫星数据的几何纠正	以已知控制点的平面坐标与对应像元位置为依据，采用多项式建立变换方程进行数据的几何纠正。一般要选取 6 ~ 10 个控制点，控制点和影像上的同名点位置选择要容易辨认且要分布均匀
像元亮度值的重采样	几何纠正及图像投影变换后，输出像元网格结构发生了变化，即像元的大小、形状、相互几何关系产生变化，所以必须对输出像元亮度值重新分配，即按规格网重新采样，改善和提高影像质量
影像镶嵌	由于相邻卫星图像的辐射特性和时相不同，不同幅影像的亮度值会不一致。当相邻影像镶嵌后，色调会有较大出入，因此要进行像元的线性拉伸或亮度直方图的匹配，消除图像拼接时不协调的色调差异
彩色合成	彩色合成时，选择三个波段的图像，一个赋予红色，一个赋予绿色，一个赋予蓝色，所得结果为假彩色。卫星影像图是一种通用的图像，若选用 TM5—红色、TM4—绿色、TM3—蓝色合成，不仅信息量丰富，且成图后植被为绿色，给人以一种真实感
多种信息复合	不同传感器接收的影像数据，其光谱分辨率和空间分辨率不同，如果将它们的长处结合起来，在位置上相互配准，就可提高地面分辨率，产生高质量图像。复合影像的生成，首先要对多光谱影像进行内插，使它和全色影像具有相同的像元密度，然后进行多项式的几何纠正和对全色影像重采样，最后进行多光谱影像和全色波段的辐射校正和影像灰阶配准
地理要素矢量数据的建立	影像地图主要是将点状、线状的地理要素矢量化后，配置适当数量的注记。卫星影像图的地理要素矢量化是在屏幕上参照地形图进行影像的点状、线状的要素的矢量化。要注意点、线符号的镂空让位，地图数据成图的规律是注记压点、点压线；一般是根据设计书进行地物选取、勾绘，判读影像可根据形状、大小、图形、阴影、位置、纹理、类型等变量进行。影像地图主要的地理要素是道路、境界、地名注记、居民地注记、水系注记、山峰注记等，有时要增加河流要素
卫星影像地图的产品输出	卫星影像地图产品输出的主要形式是喷墨彩色地图、纸质印刷地图。如果需要少量的产品，可通过彩色喷墨绘图仪输出；大批量的卫星影像地图产品，需要用激光照排机输出四色软片，然后再制版印刷

二、地图集编制

地图集是围绕特定的主题与用途，在地学原理指导下，运用信息论、系统论，遵循总体设计原则，经过对各种现象与要素的分析与综合，形成具有一定数量地图的集合体。

1. 地图集的特点

地图集有如下特点：

（1）地图集是科学的综合总结。国家或区域性地图集，是衡量该国家或地区经济、科技发展水平的综合性标志之一。地图集编制质量能反映该国家地图学科的综合水平。

（2）地图集是科学性与艺术性相结合的成果。各类地图在科学性上的要求是共同的，而在艺术处理上，地图集就有更多的空间来体现编图人员的创意。

（3）地图集具有系统、完备的内容。应当紧扣主题，选取必备的、相关的图幅，对不同的专题要作详尽的图形表达。

（4）地图集的内容、形式的统一协调性。地图内容的统一协调，地图投影、比例尺、方法、色彩、注记、图面配置等统一协调。

（5）编图程序及制印工艺复杂。由于地图集的图幅内容、数量及参加编图的人员很多，因此，组织好编图程序，制定科学、合理的制印工艺方案，是十分复杂的。

2. 地图集的分类

地图集可根据制图区域范围、内容特征、用途进行分类。

按制图区域范围不同，地图集可分为世界地图集，洲地图集，国家地图集，省、市地图集。按内容特征不同，地图集可分为普通地图集、专题地图集和综合性地图集。我国的《中华人民共和国国家地图集》就是特大型综合性地图集。

按用途不同，地图集可分为教学地图集、旅游地图集、军事地图集等。

3. 地图集的设计与编制

地图集的设计：设计地图集的开本（确定图幅幅面）；地图集的内容设计与确定；确定地图比例尺；地图集各图幅的编排顺序；设计各图幅的地图类型和表示方法；设计地图投影；设计地理底图；图面配置设计；图式图例设计；地图集的整饰设计。

地图集的编制：地图集的编制过程也分数据输入、数据处理和数据输出等阶段。由于地图集的编制是一项综合性很强的工程，因此要做好统一协调工作。地图集的统一协调工作主要包括：总体设计的统一整体观点；采用统一的原则设计地图内容，对同类现象采用共同的表示方法和统一规定的指标；采用统一协调的制图综合原则、地理基础底图和地图集的整饰。

第六节　电子地图与空间信息可视化

一、电子地图

电子地图是 20 世纪 80 年代利用数字地图制图技术而形成的地图新品种。它以数字地图为基础，并以多种媒体形式显示地图数据的可视化产品。电子地图可以存放在数字存储介质上，如硬盘 CD-ROM、DVD-RoM 等。电子地图可以显示在计算机屏幕上，也可以随时打印输出到纸张上。电子地图均带有操作界面，且界面友好。电子地图一般与数据库连接，能进行查询、统计和空间分析。

1. 电子地图的特点

（1）动态性

电子地图是使用者在不断与计算机的对话过程中动态生成的。使用者可以指定地图显示范围，自由组织地图上要素。

电子地图具有实时、动态表现空间信息的能力。电子地图的动态性表现在两个方面：①用时间维的动画地图来反映事物随时间变化的真动态过程，并通过对动态过程的分析来反映事物发展变化的趋势，如植被范围的动态变化、水系的水域面积变化等；②利用闪烁、渐变、动画等虚拟动态显示技术来表示没有时间维的静态信息，以增强地图的地态特性。

（2）交互性

电子地图的数据存储与数据显示相分离。当数字化数据进行可视化显示时，地图用户可以对显示内容及显示方式进行干预，如选择地图符号和颜色。

（3）无级缩放

电子地图可以任意无级缩放和开窗显示，以满足应用的需求。

（4）无缝拼接

电子地图能容纳一个地区可能需要的所有地图图幅，不需要进行地图分幅，是无缝拼接，利用慢游和平移可阅读整个地区的大地图。

（5）多尺度显示

由计算机按照预先设计好的模式，动态调整好地图载负量。比例尺越小，显示地图信息越概略；比例尺越大，显示地图信息越详细。

（6）地理信息多维化表示

电子地图可以直接生成三维立体影像，并可对三维地图进行拉近、推远、三维慢游及绕 X、Y、Z 三个轴方向的旋转，还能在地形三维影像上叠加遥感图像，逼真地再现地面。运用计算机动画技术，可产生飞行地图和演进地图。飞行地图能按一定高度和路线观测三维图像，演进地图能够连续显示事物的演变过程。

（7）超媒体集成

电子地图以地图为主体结构，将图像、图表、文字、声音、视频、动画作为主体的补充融入电子地图中，通过各种媒体的互补，来弥补地图信息的缺陷。

（8）共享性

数字化使信息容易复制、传播和共享。电子地图能够大量无损失复制，并且通过计算机网络传播。

（9）空间分析功能

用电子地图可进行路径查询分析、量算分析和统计分析等空间分析。

2. 电子地图的技术基础

电子地图涉及的技术众多，其中硬件技术发展非常迅速，要充分利用新的硬件技术；在软件方面，综合应用数字地图制图技术、地理信息系统技术和计算机技术，实现数字地图信息在多硬件平台上的传输与显示。电子地图的技术基础的主要内容，见表3-8。

表3-8 电子地图的技术基础

名称	内容
导航电子地图技术	导航电子地图是在普通的电子地图上增加了 GPS 信号处理、坐标变换和移动目标显示功能。导航电子地图的特点是加入了车船等交通工具，这样的移动目标，使得电子地图的表示要始终围绕交通工具的相关位置显示进行；关注区域、参考框架、比例尺等随着交通工具的位置的移动而改变
多维信息可视化技术	数字地图制图技术使地图的三维化和动态化成为可能。三维地图首先表现为地形的立体化，其次是符号、注记等的立体化。透视三维和视差三维是地图立体化的两种表现形式，前者通过透视和光影效果来达到三维效果。动态地图有时间动态和空间动态两种。时间动态是同一区域在时间上的动态发展表现效果；空间动态是区域上观察视点移动产生的动态效果
多媒体电子地图技术	多媒体电子地图在以不同详细程度的可视化数字地图为用户提供空间参照的基础上，表示空间实体的空间分布，通过链接的方式同文字、声音、照片和视频等多媒体信息相连，从而为用户提供主体更为生动和直接的信息展现
网络电子地图技术	网络电子地图是地图信息的一种新的分发和传播模式。它的出现使地图能够摆脱地域和空间的限制，实现远距离的地图产品实时共享
嵌入式电子地图技术	嵌入式软件开发技术是基于 WindowCE 等掌上型电脑操作系统的软件开发技术。基于该项技术可开发基于掌上计算机（个人数字助理 PDA）的电子地图。嵌入式电子地图携带方便，与现代通信及网络联系密切。本身具有数据量小、占用资源少的特点，可将电子地图及软件存储在闪卡上，也可通过网络下载；它与 GPS 结合，还具有实时定位和导航的功能

3. 电子地图种类

选择适当的硬件平台及系列软件的支持，即可形成不同形式的电子地图产品。

单机或局域网电子地图：存储于计算机或局域网系统的电子地图，一般作为政府、城市管理、公安、交通、电力、水利、旅游等部门实施决策、规划、调度、通信、监控、应急反应等的工作平台。

CD-ROM 或 DVD-ROM 电子地图：主要用于国家普通电子地图（集）、省市普通电子地图（集）、城市观光购物电子地图，旅游观光电子地图、交通导航电子地图等。

触摸屏电子地图：主要用于机场、火车站、码头、广场、宾馆、商场、医院等公共场所及各级政府和管理机构的办公大楼，为人们提供交通、旅游、购物和政府办公办文信息。

个人数字助理（PDA）电子地图：个人数字助理（PDA）电子地图携带方便，具备 GPS 实时定位、导航、无线通信网络功能，目前显示出其广阔的应用前景。

互联网电子地图：互联网电子地图在国际互联网上发布电子地图，供全球网络使用者查询阅读，广泛用于旅游。

4. 电子地图设计

电子地图的用途不同，所反映的地理信息也有差异；具备地图资料的差异和所使用工具的不同，都会影响电子地图的设计。但是，电子地图的设计仍然应遵循一些原则。电子地图设计的基本原则是内容的科学性、界面的直观性、地图的美观性和使用的方便性。因此，电子地图应重点从界面设计、图层设计、符号设计和色彩设计等方面来考虑。

界面设计。界面是电子地图的外表，一个专业、友好、美观的界面对电子地图是非常重要的。界面友好主要体现在其容易使用、美观和个性化的设计上。界面设计应尽可能简单明了，增加操作提示以帮助用户尽快掌握地图的基本操作，通过智能提示的方式简化操作步骤。

图层显示设计。电子地图的显示区域较小，如果不进行视野显示控制和内容分层显示，读图者很难得到有用信息。一般来说，重要信息先显示，次要信息后显示。随着比例尺的放大与缩小而自动显示或关闭某些图层，以控制图面载负量，使图面清晰易读。

符号与注记设计。电子地图符号设计要遵循精确、综合、清晰和形象的原则，要体现逻辑性与协调性。符号的尺寸要根据视距和屏幕分辨率来设计，一般不随着地图比例尺的变化而改变大小。合理利用敏感符号和敏感注记，减少图面载负量。特别重要的要素可以使用闪烁符号。

色彩设计。电子地图的色彩设计主要是色彩的整体协调性。地图内容的设色以浅淡为主时，界面的设色则应用较暗的颜色，以突出地图显示区；反之，界面的设色以浅淡的颜色。点状符号和线状符号必须用较强烈的色彩表示。注记色彩应与符号色彩有一定的联系，可以用同一色相或类似色，尽量避免对比色。在深色背景下注记的设色可浅亮些，而在浅色背景下注记的设色要深一些。

二、空间信息可视化

可视化是一种将抽象数据转化为几何图形的计算方法，以便研究者能够观察其模拟和计算的过程与结果。可视化包括图像的理解和综合，用来解释输入计算机中的图像。它主要研究人和计算机怎样协调一致地接受、使用和交流视觉信息。

空间信息可视化是运用计算机图形学、地图学和图像处理技术，将空间信息输入、处理、查询、分析以及预测的数据和结果，用符号、图形、图像，结合图表、文字、表格、视频等可视化形式显示，并进行交互处理的理论、方法和技术。空间信息可视化为人们提供了一种空间认知工具，在提高空间数据复杂过程分析的洞察效果、多维多时相数据显示等方面，将有效地改善和增强空间地理环境信息的传播能力。空间信息可视化形式主要有地图、多媒体地学信息、三维仿真地图和虚拟环境等。

1. 地图可视化

地图有纸质地图、电子地图等形式。纸质地图是由空间数据库中提取数据制作国家基本比例尺地形图和各种地图、地图集；根据社会经济统计数据经加工处理制作的统计地图也属于纸质地图。电子地图是空间数据最主要的一种可视化形式，通常显示在屏幕上。电子地图具有纸质地图的形式，便于用户使用，其最大特点是动态化和可交互性。动态的可视化，确实比静态图面更生动，用动态地图反映不同时刻的某一主题现象的变化，让读者自己形成动态的心象，认识发展的内在规律。交互可以改变比例尺、视角、方向，使图形发生变化。

2. 多媒体地学信息可视化

多媒体地学信息是使用文本、表格、声音、图像、图形、动画、视频等各种形式逻辑地联结并集成为一个整体概念，综合、形象地表达空间信息。多媒体形式能够真实地表示空间信息某些特定方面，是表示空间信息的重要形式。

3. 三维仿真地图可视化

三维仿真地图是基于三维仿真和计算机三维真实图形技术而产生的三维地图。三维仿真地图是表示地质体、矿山、海洋、大气等地学真三维数据场的重要手段。

4. 虚拟环境

虚拟环境是利用虚拟现实技术在空间数据库支持下构建虚拟地理环境(图4-20)。虚拟现实是通过头灰式的三维立体显示器、数据手套、三维鼠标、数据衣、立体声耳机等，使人完全沉浸在计算机生成创造的一种特殊三维图形环境中，并且可以操作控制三维图形环境，实现特殊的目的。虚拟现实技术将用户与计算机视为一个整体，通过各种直观的工具将信息可视化，使用户直接置身于这种三维信息空间中自由地操作各种信息。虚拟现实向人们提供一个与现实生活世界极为相似的虚拟世界。多感知性（视觉、听觉、触觉、运动等）、沉浸感、交互性、自主感是虚拟现实技术的四个重要特征。由于虚拟环境的可交互、可测量和可感知的特点，它在国民经济建设、国防、教育、科研和文化等方面得到广泛的应用。利用空间信息可视化技术可将时空数据的空间分析过程和分析结果直观、形象地传递给用户，增强分析过程和结果的可理解性，为空间行为决策提供科学依据。

第七节　地图的应用与地图制图的发展趋势

一、地图的应用

1. 常规地图的应用

地图在经济建设、国防军事、科学研究、文化教育等领域都得到了广泛的应用，已成为规划设计、分析评价、预测预报、决策管理、宣传教育的重要工具。

（1）在国民经济建设方面的应用

各种资源的勘测、规划、开发和利用；各项工程建设的选址、选线、勘察、设计和施工；国土整治规划、环境监测、预警与治理；各级政府和管理部门将地图作为规划和管理的工具；城市建设、规划与管理；交通运输的规划、设计与管理；水利、工业、农业、林业等其他领域的应用。

（2）在国防建设方面的应用

地图是"指挥员的眼睛"，各级指挥员在组织计划和指挥作战时，都要用地图研究敌我态势、地形条件、河流与交通状况、居民情况等，确定进攻、包围、追击的路线，选择阵地、构筑工事、部署兵力、配备火力等；国防工程的规划、设计和施工；利用数字地图对巡航导弹制导；空军和海军利用地图确定航线，寻找打击目标；炮兵利用地图量算方位、距离和高差进行发射。

（3）在科学研究方面的应用

地学、生物学等学科可以通过地图分析自然要素和自然现象的分布规律、动态变化以及相互联系，从而得出科学结论和建立假说，或作出综合评价与进行预测预报。例如，我国地质学家根据地质图分析，确定石油地层，从而找到大庆油田；地震工作者根据地质构造图、地震分布图等作出地震预报；土壤工作者根据气候图、地质图、地貌图、植被图研究土壤的形成；地貌工作者根据降雨量图、地质图、地貌图研究冲击平原与三角洲的动态变化；地质和地理学家利用地图开展区域调查和研究工作。

（4）在其他方面的应用

旅游地图和交通地图是人们旅行不可缺少的工具；是国家疆域版图的主要依据；可利用地图进行教学、宣传，传播信息；利用地图进行航空、航海、宇宙导航；利用地图分析地方病与流行病，研究发病制定防治计划。

2．电子地图的应用

作为信息时代的新型地图产品，电子地图不仅具备地图的基本功能，在应用方面还有其独特之处。电子地图的应用的主要内容，见表3-9。

表3-9　电子地图的应用

项目	内容
在规划管理中的应用	电子地图不仅能覆盖其规划管理的区域，而且内容的现势性很强，并有与使用目的相适宜的多比例尺的专题地图。可在电子地图上进行距离、面积、体积、坡度等量算分析，可进行路径查询分析和统计分析等空间分析，能满足现代规划管理的需要
在导航中的应用	电子地图可帮助人们选择行车路线，制定旅行计划。电子地图能在行进中接通全球定位系统（GPS），将目前所处的位置显示在地图上，并指示前进路线和方向。在航海中，电子地图可将船的位置实时显示在地图上，并随时提供航线和航向。船进港口时，可为船实时导航，以免触礁或搁浅。在航空中，电子地图可将飞机的位置实时显示在地图上，也可随时提供航线、航向
在军事指挥中的应用	电子地图与卫星系统链接，指挥员可从屏幕上观察战局变化，指挥部队行动。电子地图系统可安装在飞机、战舰、装甲车、坦克上，随时将自己所在的位置实时显示在电子地图上，供驾驶人员观察、分析和操作，同时将自己所在的位置实时显示在指挥部电子地图系统中，使指挥员随时了解和掌握战局情况，为指挥决策服务。电子地图还可以模拟战场，为军事演习、军事训练服务
在旅游交通中的应用	电子地图可将旅游交通的有关的空间信息通过网络发布给用户，也可以通过机场、火车站、码头、广场、宾馆、商场等公共场所的触摸屏电子地图，为人们提供交通、旅游、购物信息。通过多媒体电子地图可了解旅游点基本情况，帮助人们选择旅游路线，制定最佳的旅游计划
在防洪救灾中的应用	防洪救灾电子地图可显示各种等级堤防分布、险段分布和交通路线分布等详细信息，为各级防汛指挥部门布置具体抗洪抢险方案，如物资调配、人员安排、分洪区群众转移、安全救护等提供科学依据
在其他领域的应用	农业部门可用电子地图表示粮食产量和各种经济作物产量情况，各种作物播种面积分布，为各级政府决策服务。气象部门将天气预报电子地图与气象信息处理系统相链接，把气象信息处理结果可视化，向人们实时地发布天气预报和灾害性的气象信息，为国民经济建设和人们日常生活服务

二、地图制图学的发展趋势

1. 数字地图制图技术的发展

数字地图制图技术是 20 世纪 90 年代随着计算机和激光技术的发展而产生的新技术。数字地图制图技术以地图、统计数据、实测数据、野外测量数据、数字摄影测量数据、GPS 数据、遥感数据等为依据，以电子出版系统为平台，使地图制图与地图印刷融为一体，给地图生产带来了革命性变化。

研究多数据源的地图制图技术方法，设计制作各种新型数字地图产品（如真三维地图），采用数字地图制图技术与地理信息系统技术编制国家电子地图集，建立国家地图集数据库与国家地图集信息系统是今后的主要发展方向。

2. 地图学新理论的不断探索

近年来，信息论、模型论、认知论等理论引进地图学，使地图学理论有了很大发展，形成了许多地图学新理论。地图信息论是研究以地图图形显示、传输、转换、存储、处理和利用空间信息的理论。地图传输论是研究地图信息传输过程和方法的理论。地图模型论是用模型论方法来认识地图的性质，解释地图的制作和应用的理论。地图符号论是研究地图符号系统及其特性与使用的理论。地图感受论是研究地图视觉感受的基本过程和特点，分析用图者对地图感受的心理、物理因素和地图感受效果的理论。地图认知论是研究人类如何通过地图对客观环境进行认知和信息加工，探索地图设计制作的思维过程，并用信息加工机制描述、认识地图信息加工处理的本质。

3. 地图自动制图综合的发展趋势

地图自动制图综合是世界地图科学研究的难题之一，其研究重点主要表现在以下几个方面。

（1）地图制图综合的智能化。对地图制图综合的机理和基本理论的解释，直到现在还没有明确的答案，这是由于地图制图综合问题包含了太多艺术性和集约性，使得专家的知识和技术很难用数学模型和算法描述。人工神经元网络可以通过训练学会地图制图综合的机理和基本理论，有可能为解决自动地图制图综合提供一个直接的途径。

（2）基于现代数学理论和方法的空间数据的多尺度表达。分形理论、小波理论和数学形态学等现代数学理论和方法，能有效地描述图形形状及其复杂程度的变化，建立图形形状变化与尺度变化数量关系，为地图制图综合过程的客观性和模型化提供数学依据。

（3）集模型、算法、规则于一体的自动制图综合系统。多年的研究结果表明，单纯用模型、算法或规则来解决自动地图制图综合问题是无济于事的。在现有基础上，以模型作为宏观控制的基础；用算法组织地图制图综合的具体过程；规则在微观上作为基于算法制图综合的补充，在宏观上对模型和算法的运用起智能引导的作用。

4. 空间信息可视化的发展趋势

空间信息可视化是地图制图学的新拓展点，将来研究主要集中在以下几个方面。

（1）运用动画技术制作动态地图，用于涉及时空变化的现象的可视化分析。

（2）运用虚拟现实技术进行地形仿真，用于交互式观察和分析，提高对地形环境的认知效果；用于空间数据的质量检测，运用图形显示技术进行空间数据的不确定性和可靠性的检查。

（3）可视化技术用于视觉感受及空间认知理论的研究，空间信息可视化可对知识发现和数据挖掘的过程和结果进行图解验证，选择恰当的视觉变量和图解方式将其表现出来，供研究者形成心象和视觉思维。

（4）运用虚拟环境来模拟和分析复杂的地学现象过程，支持可视和不可视的地学数据解释、未来场景预见、虚拟世界主题选择与开发、虚拟世界扩展及改造规划、虚拟社区设计与规划、虚拟生态景观规划、虚拟城市与虚拟交通规划、人工生命与智慧体设计、虚拟景观数据库构建、虚拟景观三维镜像构建、大型工程和建筑的设计、防灾减灾规划、环境保护、城市规划、数字化战场的研究和作战模拟训练、协同工作和群体决策等，同时它也可以用于地理教育、旅游和娱乐等方面。

第四章 工程测量技术研究

第一节 工程建设各阶段的测量工作

一、规划设计阶段

每项工程建设都必须按照自然条件和预期目的进行规划设计。在这个阶段中的测量工作，主要是测绘各种比例尺的地形图，另外还要为工程、水文地质勘探以及水文测验等进行测量。对于重要工程（如某些大型特种工程）或地质条件不良地区（如膨胀土地区）的工程建设，则还要对地层的稳定性进行观测。

这里以长江三峡水利枢纽工程为例进行说明。该工程规模之大、技术之复杂、综合效益之显著、历时之久都堪称世界之最。大坝总长 2309.47m，最大坝高 181m，总混凝土工程量约 1600 万 m^3，库容 393 亿 m^3，装机 26 台，总功率 1820 万 kW。永久船闸是目前世界上规模最大、水头最高的双线连续 5 级船闸，年单向通过能力为5000 万吨，船闸人工边坡的最大坡高达 170m。茅坪溪防护坝顶长 1062m，最大坝高 104m。

对于像三峡水利枢纽工程这样的超级大型建设，规划设计阶段的测量历时长达数年或更长，除了大坝选址需要做许多测量供方案比选外，还要做数千千米的水库淹没调查与测量，计算不同设计坝高下的库容、淹没面积、搬迁人口等，还要进行河道比降、纵断面、横断面测量，流速、流量、水深等水文测量，区域和局部的地质测量。对大坝选址的比选区和库区的不良地质区段，要做地形变监测。

工程规划设计阶段所用的地形图一般比例尺较小，可直接使用 1∶1 万 ~ 1∶10万的国家地形图系列。对于一些大型工程，往往需要专门测绘区域性或带状性地形图，一般采用航空摄影测量方法测图。而对于 1∶1000 ~ 1∶5000 比例尺的局部地形图或带状地形图，大多采用地面测量的模拟法白纸成图或机助法数字成图。工程测量中的地形测绘还包括水下（含江、河、库、湖、海等）地形测绘和各种纵横断面图测绘。

二、施工建设阶段

工程建设的设计经过论证、审查和批准之后，即进入施工阶段。这时，首先要根据工地的地形、地质情况、工程性质及施工组织计划等，建立施工测量控制网；然后，再按照施工的要求，采用不同的方法，将图纸上所设计的抽象几何实体在现场标定出来，使之成为具体几何实体，这就是常说的施工放样。施工放样的工作量很大，是施工建设阶段最主要的测量工作。施工期间还要进行施工质量控制，对于施工测量来说，主要是几何尺寸的控制，如高耸建筑物的竖直度、曲线、曲面型建筑的形态、隧道工程的断面等。为了监测工程进度，测绘人员还要做土、石方量测量，还要进行竣工测量，变形观测以及设备的安装测量等，其中，机器和设备的安装往往需要达到计量级精度，为此，往往需要研究专门的测量方法和研制专用的测量仪器和工具。施工中的各种测量是施工管理的耳目，监控着工程质量、工程加固措施的制定乃至施工设计的部分改变都需要测量来提供实时、可靠的数据。

仍以三峡水利枢纽工程为例，它的施工测量控制网最先采用边角网，在施工期间要进行多次重复观测。高程控制采用一等水准测量将国家高程引测到坝区。工作基点通常为离建筑物较近或在基础部位设置的深埋双金属标或测温钢管标。软弱夹层等地质缺陷监测也是通过设置钢管标组来实现的。永久性建筑物采用一等水准测量精度施测垂直位移。大坝的上下游一个相当大的范围都要测绘1∶1000～1∶500乃至更大比例尺的地面和水下地形图，供技术、施工、设计之用。从大坝进出及坝区交通布设、导流围堰施工、大坝基础开挖，厂房、溢洪闸、船闸、副坝施工，到后勤管理及生活区建设，无不需要经常而繁杂的施工测量工作。起重机、闸门、水轮机发电机组以及升船机等大型机器设备的安装、调校，需要精密工程测量来保障。每天的挖填土石方、浇筑混凝土方都需要准确地测量计算；在施工建设阶段，为全面、准确地掌握工程各建筑物（含基础与边坡岩体）及近坝区岸坡在施工、蓄水过程中的性状变化和安全状态，要建立三峡工程安全监测系统并做包含高边坡、建筑物及基础两大部分的各种变形监测，以及近坝区地壳形变监测与滑坡监测。外部要布设变形监测网，在重要部位布置变形监测目标点，进行周期性的观测。三峡工程水平位移监测全网、简网均为一等边角网，其设计精度为位移量中误差不大于±2mm，网点和目标点均采用带强制归心的砼墩。内部布设了纵横交错的多层观测廊道，安置了包括测量水平位移、垂直位移、坝体挠度、坝基倾斜，接缝和裂缝开合度的成千上万的各种仪器和传感器。在工程进行的中后期，需要做竣工测量，绘制竣工图。

三、运行管理阶段

在工程建筑物运营期间，为了监视工程的安全和稳定的情况，了解设计是否合理，验证设计理论是否正确，需要定期地对工程的动态变形，如水平位移、沉陷、倾斜、裂缝以及震动、摆动等进行监测，即通常所说的变形观测。为了保证大型机器设备的安全运行，要进行经常性的检测和调校。为了对工程进行有效的维护和管理，要建立变形监测系统和工程管理信息系统。

以三峡水利枢纽工程为例，其变形观测的内容、方法和仪器包括：

（1）混凝土建筑物及基础变形：正、倒垂线。

（2）大坝和永久船闸闸墙水平位移：引张线与正、倒垂线联合，真空激光位移测量系统（其中坝顶一套全长 2005m，测点 99 个）。

（3）茅坪溪防护土石坝的坝面水平位移：视准线法（经纬仪小角法）。

（4）高边坡深层岩体（排水洞监测支硐）的水平位移：伸缩仪、专门的精密量距带尺。

（5）岩体深部重要断层、裂隙的错动：活动式钻孔倾斜仪。

（6）永久船闸高边坡变形，水平向多点位移计。

（7）垂直位移：用精密水准测量建立基准点和工作基点，用液体静力水准测量监测建筑物基础的垂直位移，设置竖直传高仪器将高程从坝面传递到坝腰、坝基，从永久船闸闸面传递到基础。

（8）挠度与倾斜 / 转动：采用一线多测站式正垂线。

（9）裂缝和接缝：测缝计。

（10）其他测量方法：全球定位系统（GPS）、测量机器人（Georobot）。

第二节　工程测量的仪器和方法

工程测量最基本的任务可概括为两点：一是确定现实世界中被测对象任意一点在某一坐标系中用二维或三维坐标来描述的位置，二是将设计的或具体的物体根据已知数据安置在现实空间中的相应位置。前者称为测量，后者称为放样或测设。测量和放样都是使用工程测量的仪器和方法通过获取角度、距离、高差等观测量来实现的。

一、工程测量仪器

工程测量仪器是测量角度、边长、高差等几何量和空间位置（坐标）的常规测量仪器。是现代测量仪器以及专用仪器的总称。

1. 角度测量仪器

角度是测量的最基本元素之一，包括水平角和竖直角。水平角是一点到两个目标点的方向线垂直投影在水平面上所构成的角度；竖直角是一点到目标点的方向线与水平面的夹角，若方向线在水平面之上，竖直角为正，称仰角；否则，竖直角为负，称俯角。竖直角也称垂直角或高度角。方向线与铅垂线的夹角称为天顶距。天顶距与垂直角的起始方向相差 90°。方向线与真北方向之间的夹角为方位角，方位角的起始方向为真北方向在水平面上的投影。

角度测量的仪器主要是经纬仪，经纬仪分为光学经纬仪和电子经纬仪两大类；测量方位角的仪器称陀螺经纬仪。目前，光学经纬仪逐渐被电子经纬仪所取代，单纯的电子经纬仪也较少了，主要把电子测角和测距集成在一起，称电子全站仪。测量机器人是电子全站仪的极品，具有自动识别和照准目标的功能，可实现测量和数据处理的自动化，将测量机器人安置在观测房内，可实现持续、全自动化的变形监测。把陀螺经纬图 5-4 电子全站仪与全站仪集成在一起，称陀螺全站仪。

2. 距离测量仪器

距离是最基本的观测量元素之一。距离分两点间的连线距离（斜距）、两点间连线在水平面上的投影（平距）、一点到一平面（或一条直线）的垂直距离（偏距）等。一般是指斜距，这种距离测量主要有三种方法：直接丈量法、视距测量法和物理测距法。直接丈量法就是用皮尺、钢尺或钢瓦线尺直接在地面上丈量两点间的距离，精度有高有低；视距测量法是利用装有视距丝装置的测量仪器（如经纬仪、水准仪等）配合标尺，利用相似三角形原理，间接测定两点间距离，这种方法的精度较低。物理测距法是利用光波或电磁波的波长与时间的关系来测定两点间的距离。例如，应用最多的电磁波测距法，是通过电磁波的传播速度和测定电磁波束在待测距离上的往返传播时间来计算待测距离的。利用光的干涉原理研制的双频激光干涉仪是目前距离测量仪中精度最高的一种，它能在较差的环境中达到 5×10^{-7} 左右的测量精度，测程可达数十米，适合于高精度工程测量以及对测距仪、电子全站仪的检测。三维激光扫描仪本质上也是一种测角和距离测量的仪器，可对被测对象在不同位置进行扫描，通过极坐标测量原理快速地获取物体在给定坐标系下的三维坐标，经坐标转换和建模，可输出被测对象的各种图形和数字模型，还能直接转换到 CAD 成图。车载、机载激光扫描仪将成为 21 世纪地面数据采集的主要手段。

全球定位系统（GPS）是距离测量的最大法宝，用 GPS 技术可测量地球空间中任意两点间的距离。这两点可在地面上，也可在空中（如飞机上），从数米（或更小）到数千千米（或更大）。更有甚者，还可确定两点间的方向。

两点间连线在水平面上的投影（平距）一般要同时测量斜距和高度角通过计算

得到，最常用的仪器是经纬仪和全站仪。

一点到一平面（或一条直线）的垂直距离（偏距）在许多精密工程测量的实践中遇到。这种偏距测量工作的特点是垂直距离一般较小，一般不超过几米，绝对精度很高，可以达到几十个微米。测量偏距的仪器有用带探测器的尼龙丝准直系统、带有跟踪接收机的激光准直系统等。

3. 高程测量仪器

高程测量，即高差测量，主要有几何水准测量、液体静力水准测量和电磁波测距以及三角高程测量等方法。两点间的高差及其变化也可以用倾斜仪测量。目前倾斜仪的种类很多，大体可以分为"短基线"倾斜仪和"长基线"倾斜仪两种。前者一般用垂直摆锤或水准管气泡作为参考线；后者一般根据静力水准测量的原理做成。

4. 坐标测量仪器

电子全站仪、激光扫描仪和 GPS 接收机能获取被测点在某一给定坐标系下的坐标。

5. 其他测量设备

上面是最主要的测量仪器，其中大部分为通用仪器。在工程测量中还有许多专用仪器，可用于微小角度，距离和高差及其变化量的测量，也可测量平行度、光滑度、铅直度、厚度、倾斜度、水平度等。此外还有一些与测量值的改正、计算和处理有关的其他量需要获取，如温度、气压、湿度、水位、渗流、渗压、应力、应变等。除测量仪器外，还有各种各样的配套设备，如强制对中装置、基座、照准标志和棱镜等。

二、工程测量方法

1. 常规测量方法

指用常规的或现代的测量仪器测量方向（或角度）、边长和高差等观测量所采用方法的总称。通过由方向（或角度）、边长等观测量连接的，由三角形、大地四边形、中点多边形、边角同测的多边形环构成的各种平面网，在确定的坐标系下，可根据已知点坐标按严密的平差方法解算得到未知点的平面坐标。最常用的方法有：极坐标法、直角坐标法、交会法、网平差法以及由基本方法派生的其他各种方法；通过由高差观测量连接的，由结点和环线构成的高程网，可根据已知点高程按严密的平差方法解算得到未知点的高程。

2. 摄影测量方法

摄影测量方法主要用于三维工业测量和特殊的工程测量任务，其精度主要取决于像点坐标的量测精度和摄影测量的几何强度。前者与摄影机和量测仪的质量、摄影材料质量有关，后者与摄影站和变形体之间的关系以及变形体上控制点的数量和分布有关。在数据处理中采用严密的光束法平差，将外方位元素、控制点的坐标以及摄影测量中的系统误差如底片形变、镜头畸变作为观测值或估计参数一起进行平差，可以进一步提高变形体上被测目标点的精度。目前，像片坐标精度可达 2 ~ 4μm，目标点精度可达摄影距离的十万分之一。

3. 特殊测量方法

作为对常规大地测量方法的补充或部分代替，这些特殊测量方法特别适合于工业测量中的设备安装、调校和变形监测。这些方法的特点是：操作特别方便简单，精度特别高（许多时候是精确地获取一个被测量值的变化，而对被测量值本身的精度要求不是很高）。下面仅择几种典型方法予以说明。

（1）短距离测量方法

对于小于 50m 的距离，由于电磁波测距仪的固定误差所限，根据实际条件可采用机械法。如 GERICK 研制的金属丝测长仪，是将很细的金属丝在固定拉力下绕在铟瓦测鼓上，其优点是受温度影响小，在上述测程下可达到优于 1mm 的精度。对于建筑预留缝和岩石裂缝这种更小距离的测量，一般采用预埋内部测微计和外部测微计方法。测微计通常由金属丝或铟瓦丝与测表构成，其精度可优于 0.01mm。

（2）准直测量法

水平基准线通常平行于被监测物体，如大坝、机器设备的轴线。偏离水平基准线的垂直距离测量称准直测量。基准线可用光学法、光电法和机械法产生。

光学法是用一般的光学经纬仪或电子经纬仪的视准线构成基准线，也采用测微准直望远镜的视准线构成基准线。若在望远镜目镜端加一个激光发生器，则基准线是一条可见的激光束。光学法准直测量有测小角法、活动觇牌法和测微准直望远镜法。

光电法是通过光电转换原理测量偏距的，最典型的是三点法波带板激光准直。激光器点光源中心、光电探测器中心和波带板中心三点在一条直线上，根据光电探测器上的读数可计算出波带板中心偏离基准线的偏距。

机械法是在已知基准点上吊挂钢丝或尼龙丝（亦称引张线）构成基准线，用测尺游标、投影仪或传感器测量中间的目标点相对于基准线的偏距。

（3）铅直测量法

以过基准点的铅垂线为垂直基准线，沿铅垂基准线的目标点相对于铅垂线的水平距离（称偏距）可通过垂线坐标仪、测尺或传感器得到。与水平基准线一样，可以用光学法、光电法或机械法产生。例如，两台经纬仪过同一基准点的两个垂直平面的交线即为铅垂线。用精密光学垂准仪可产生过底部基准点（底向垂准仪）或顶部基准点（顶向垂准仪）的铅垂线。光学法仪器中加上激光目镜，则可产生可见铅垂线。机械法主要是克服风和摆动的影响，最常用的机械法是正、倒垂线法，具体内容见

表 4-1。

表 4-1 常用的机械法

方法	内容
正垂线法	主要包括悬线装置、固定与活动夹线装置、观测墩、垂线、重锤、油箱等。固定夹线装置是悬挂垂线的支点，应安装在人能到达之处，以便于调节垂线的长度或更换垂线。支点在使用期间应保持不变。活动夹线装置为多点夹线法观测时的支点。垂线是一种直径为 1 ~ 2.5mm 的高强度且不生锈的金属丝。重锤是用金属制成砝码形式的使垂线保持铅垂状态的重物。油箱的作用是保持重锤稳定
倒垂线法	它是利用钻孔将垂线一端的连接锚块深埋到基岩之中，从而提供了在基岩下一定深度的基准点，垂线另一端与一浮体箱连接，垂线在浮力的作用下拉紧，始终静止于铅直的位置，形成一条铅直基准线。倒垂线的位置与工作基点相对应，利用安置在工作基点上的垂线坐标仪可测定工作基点相对于倒垂线的坐标，比较其不同观测周期的值，可求得工作基点的位移

（4）液体静力水准测量法

该方法基于伯努利方程，即对于连通管中处于静止状态的液体压力满足伯努利方程。按该原理制成的液体静力水准测量仪或系统可以测两点或多点之间的高差，其中的一个观测头可安置在基准点上，其他观测头安置在目标点上，进行多期观测，可得各目标点的垂直位移。这种方法特别适合建筑物内部（如大坝）的沉降观测，尤其是适用于用常规的光学水准仪观测较困难且高差又不太大的情况。目前，液体静力水准测量系统采用自动读数装置，可实现持续监测，监测的目标点可达上百个，同时也发展了移动式系统，测量的高差可达数米。

（5）倾斜测量法

挠度曲线是相对于水平线或铅垂线（称基准线）的弯曲线，曲线上某点到基准线的距离称为挠度。例如，在建筑物的垂直面内各不同点相对于底点的水平位移就称为挠度。大坝在水压作用下产生弯曲，塔柱、梁的弯曲以及钻孔的倾斜等，都可以通过正、倒垂线法或倾斜测量方法获得挠度曲线。高层建筑物在较小的面积上有很大的集中荷载，从而导致基础与建筑物的沉陷，其中不均匀的沉陷将导致建筑物倾斜，局部构件发生弯曲而产生裂缝。这种倾斜和弯曲将导致建筑物的挠曲。建筑物的挠度可由观测不同高度处的倾斜来换算求得，大坝的挠度可采用正垂线法测得。

两点之间的倾斜也可用测量高差或水平位移方法，通过两点间距离进行计算间接获得。用测斜仪可直接测出倾角。测斜仪包括摆式测斜仪、伺服加速度计式测斜仪以及电子水准器等。采用电子测斜仪可进行动态观测。

（6）振动（摆动）测量法

对于塔式建筑物，在温度和风力荷载作用下，其挠曲会来回摆动，从而需要对建筑物进行动态观测——振动（摆动）观测。对于特高的房屋建筑，也存在振动现象，如美国的帝国大厦，高102层，观测结果表明，在风荷载下，最大摆动达7.6cm。为了观测建筑物的振动，可采用专门的光电观测系统，该方法的原理与激光准直相似。

第三节　工程控制网的布设

一、控制网的坐标系

对于平面来说，工程控制网中采用的坐标系有国家坐标系、城市坐标系和工程坐标系。国家坐标系一般是1954北京坐标系或1980西安坐标系，已知点的坐标是某3°或6°地带的高斯平面直角坐标。城市坐标系所采用的椭球不一定是参考椭球，中央子午线也不一定是国家3°地带的中央子午线。工程测量中的工程坐标系采用最多的是独立平面直角坐标系，即选一个自定义投影带，采用与测区平均高程面相切且与参考椭球面相平行的椭球面，通过测区中部的子午线作为中央子午线，所建立的工程控制网是不与大地测量控制网相联系的专用网。

二、控制网的作用和分类

工程控制网的作用是为工程建设提供工程范围内统一的参考框架，为各项测量工作提供位置基准，满足工程建设不同阶段对测绘在质量（精度、可靠性）、进度（速度）和费用等方面的要求。工程控制网具有控制全局、提供基准和控制测量误差积累的作用。工程控制网与国家控制网既有密切联系，又有许多不同的特点。工程控制网分类如下：

（1）按用途分：测图控制网、施工测量控制网、变形监测网、安装测量控制网；

（2）按网点性质分：一维网（或称水准网、高程网）、二维网（或称平面网）、三维网；

（3）按网形分：三角网、导线网、混合网、方格网；

（4）按施测方法划分：测角网、测边网、边角网、GPS网；

（5）按基准分：约束网、自由网；

（6）按其他标准划分：首级网、加密网、特殊网、专用网。

下面按用途介绍各类工程控制网。

1. 测图控制网

测图控制包括平面控制和高程控制两部分。测图平面控制网的作用在于控制测量误差的累积，保证图上内容的精度均匀和相邻图幅正确拼接。测图控制网的精度是按测图比例尺的大小确定的，通常应使平面控制网能满足 1：500 比例尺测图精度要求。四等及以下各级平面控制的最弱边边长中误差不大于图上 0.91mm，即实地的中误差不大于 5cm。测图控制网一般应与国家控制点相连。对于小型或局部工程，也可将首级测图控制网布成独立网。测图高程控制网，通常采用水准测量或电磁波测距三角高程的方法建立。

2. 施工控制网

施工平面控制网应根据总平面设计和施工地区的地形条件布设。目前，大多数施工平面控制网都采用 GPS 技术建立。对于建立特高精度的网，则采用地面边角网或与 GPS 网相结合的办法，使两者的优势互补。

相对于测图控制网来说，施工平面控制网具有以下特点：

（1）控制的范围较小，控制点的密度较大，精度要求较高。

（2）使用频繁。对控制点的稳定性、使用的方便性以及点位在施工期间保存的可能性等有更高的要求。

（3）受施工干扰大。

（4）控制网的坐标系与施工坐标系一致。

（5）投影面与工程的平均高程面一致。

（6）有时分两级布网，次级网可能比首级网的精度高。

图 4-1 是隧道洞外 GPS 平面控制网的例子，长隧道（洞）一般可近似作为直线型处理，在进、出口线路中线上布设进、出口点（J、C），进、出口再各布设 3 个定向点（J_1、J_2、J_3 和 C_1、C_2、C_3），进、出口点与相应定向点之间应通视。取独立的工程平面直角坐标系，以进口点到出口点的方向为 X 方向，与之相垂直的方向为 Y 方向。贯通面位于隧道中央且与 Y 方向平行。

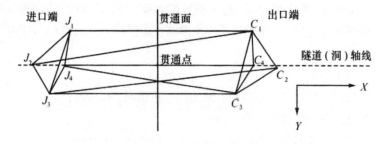

图 4-1　隧道洞外 GPS 平面控制网布设示意图

施工高程控制网通常也分为两级布设。首级高程控制网采用二等或三等水准测量施测，加密高程控制网则用四等水准测量。

对于起伏较大的山岭地区（如水利枢纽地区），平面和高程控制网通常单独布设。对于平坦地区（如工业场地），平面控制点通常兼作高程控制点。

3. 变形监测网

变形监测网由参考点和目标点组成。一个网可以由任意多个网点组成，但至少应由一个参考点、一个目标点（确定绝对变形）或两个目标点（确定相对变形）组成。参考点应位于变形体外，是网的基准，目标点位于变形体上。变形体的变形由目标点的运动描述。变形监测网分一维网、二维网和三维网。

变形监测网的坐标系和基准的选取应遵循以下原则：变形体的范围较大且形状不规则时，可选择已有的大地坐标系统。将监测网与已有的大地网联测或将大地控制网点直接作为参考点。由于变形监测网的精度有时高于国家大地控制网的精度，与大地网点连接时，为了不产生尺度上的紧张，应采用无强制的连接方法，即一维网只固定一个点，二、三维网再固定一个定向方向。

对于那些具有明显结构性特征的变形体，最好采用基于监测体的坐标系统。该坐标系统的坐标轴与监测体的主轴线重合、平行或垂直，这时目标点的变形恰好在某一坐标方向上。

图 4-2 是一个大坝变形监测网。网中有五个目标点（9，10，11，12，13）布设在拱坝的背水面上，1，2，3，4，5 五个点为工作基点，6，7，8 三个点为具有保护作用的基准点。目标点、工作基点和基准点构成网，通过周期观测可得到目标点相对于基准点的位移。

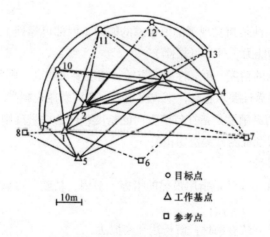

图 4-2　大坝变形监测网示意图

4. 安装测量控制网

安装测量控制网通常是大型设备构件安装定位的依据，也是工程竣工后建筑物和设备变形观测及设备调整的依据。它们一般在土建工程施工后期布设。控制网点的密度和位置应能满足设备构件的安装定位要求，点位的选择不受地形、地物、图形强度等的影响，而要考虑设备的位置和数量、建筑物的形状、特定方向的精度要求等。安装测量控制网通常是一种微型边角网，边长较短，一般从几米至一百多米。整个网由形状相同、大小相等的基本图形组成。

对于直线形的建筑物，可布设成直伸形网；对于环形的地下建筑物，可布设成各种类型的环形网，如直接在环形隧道内建立微型四边形构成的环形网或测高环形三角形网；对于大型无线电天线，可布设成辐射状控制网。

三、控制网的设计

1. 网的质量准则

网的质量准则主要包括精度、可靠性、建网费用。对于变形监测网，它还包括灵敏度。

精度准则常采用的有点位精度、相对点位精度、特征值以及主元等指标。实际应用中，只需计算点位精度和相对点位精度就足够了。点位精度与基准的位置有关，对于独立网来说，最好是将最靠近网的重心的点作为已知点，以通过该点的最接近中心线的方向作为起始方向，这样可保证点位精度在数值上达到最小。实际上，应将相对点位精度或最弱边精度作为精度准则，因为它们是与基准的位置无关的不变量。无论是独立网还是约束网，只有在相同的基准下进行精度比较才有意义。

控制网的可靠性是指发现观测值粗差的能力（内部可靠性）和抵抗观测值粗差对平差结果影响的能力（外部可靠性）。

建网费用与网的精度、可靠性要求有关：精度要求越高，则所用仪器设备越贵，建网费用越高；可靠性要求越高，则观测越多，建网费用也越高。

变形监测网的灵敏度是指在特定方向的精度；网的质量准则与网的图形、观测值种类、精度和数量观测方案密切相关。

2. 网的优化设计

工程控制网优化设计是指用最优的指标（费用、精度、可靠性、灵敏度等）达到目的、满足要求。

网的优化设计方法有两种：解析法和模拟法。

解析法适用于各类设计，它是通过数学方程的表达，用最优化方法解算。零类设计采用 S- 变换法；一类设计中的最佳点位的确定常采用变量轮换法、梯度法等；二类和三类设计主要采用数学规划法。

模拟法优化设计是借助测量工作者的实践经验和专业知识，为了得到最优化解，要多次进行网的模拟，其过程为：

——提出设计任务和经过实地踏勘的网图。

——从一个认为可行的起始方案出发，用模拟的观测值进行网平差，计算出各种精度和可靠性值，需要时用图形显示出来。

——对成果进行分析，找出网的薄弱部分，并对观测方案进行修改。某些情况下要增加新点和新的观测方向，还要结合实地踏勘确定。

——对修改的网再作模拟计算、分析、修改，如此重复进行。

对于上述的模拟优化过程，只需适当的平差程序即可进行。由于重复计算量大，中间计算结果应尽可能直观，最好采用人机交互方式进行。

网的优化设计是一个迭代求解过程，它包括以下内容：提出设计任务；制定设计方案；方案评价；方案优化。设计任务必须由测量人员与应用单位共同拟订。通常是后者提出要求，测量人员再将这些要求具体化。每一个优化任务指标都必须表示为数值上的要求，如对于控制大面积的测图控制网，必须提出单位面积上应布设的控制点点数和尽可能均匀的精度；而对于施工控制网和变形监测网，通常要求在某些方面上具有较高的精度，而点的分布则需根据某些边界条件来考虑。

设计方案包括网的图形和观测设计方案，观测设计方案系指每个点上所有可能的观测。它是通过室内设计和野外踏勘制定的。制定时需考虑参加的人员、使用的仪器以及测量的时间，须作经济核算，整个花费不能超过与业主单位所达成的总经费。

方案评价按精度和可靠性准则进行，还应考虑费用和灵敏度。对于费用较高的网应从多方面进行评价；方案优化主要是对网的设计进行修改，以期得到一个接近理想的优化设计方案。

四、控制网的数据处理

控制网的数据处理内容包括：控制网的优化设计、控制测量内外业作业的一体化及数据处理自动化中的外业数据采集、检查、数据传输、数据转换、内业数据处理、观测值粗差探测与剔除、方差分量估计、控制网平差和控制网的数据管理，此外还包括闭合差计算、贯通误差影响值估算、网图显绘、报表打印以及叠置分析等。

控制网平差除了求坐标未知数的最佳估值外，还包括总体精度、点位精度、相对点位精度以及未知数函数精度的计算、坐标未知数协方差阵的谱分解、主分量分析、网的内部和外部可靠性计算，以及变形监测网灵敏度计算等。

第四节　施工放样与设备安装测量

一、施工放样基础

施工放样的任务是将图纸上设计的建（构）筑物的平面位置和高程，按设计要求、以一定的精度在实地标定出来，作为施工的依据。施工放样包括平面位置和高程放样，又分直线放样、曲线放样、曲面放样和形体放样，即点、线、面、体的放样。其中，点放样是基础，放样点必须满足特定的条件，如在一条给定的直线或曲线上，或在已知曲面上且空间形状符合设计要求。放样与测量的原理相同，使用的仪器和方法也相同，只是目的不一样。测量是把具体物体或目标点的位置用坐标的形式确定下来，需要时标示在图上，而放样是把图上设计的物体按确定的尺寸或坐标在实地标定下来。放样方法分直接放样法和归化放样法。直接放样法是根据放样点的坐标计算放样元素，用逐渐趋近法把放样点的位置在实地标定下来；归化放样法是先用直接放样法作近似放样，再用测量的方法测出放样点的坐标，将计算的放样点的理论坐标与实测坐标相比较，由差值可归化改正到理论位置。归化法是一种精密的放样方法。两种放样方法都包括以下各种方法：极坐标法、直角坐标法、各种交会法（如方向交会、距离交会、方向距离交会）、偏角法、偏距法、投点法等。采用的仪器除常规的光学经纬仪、电子经纬仪、光学水准仪、电子水准仪以及电子全站仪外，还有一些专用仪器，目前 GPS 技术也可用于工程的施工放样。

1. 直接放样方法

（1）高程放样

可采用几何水准法或电磁波测距三角高程法放样，一般用水准仪或电子全站仪进行。如图 4-3 所示，用电子全站仪放样 B 点的高程，在 O 处架设全站仪，后视已知点 A（目标高为 l），测得 OA 的距离 S_1 和垂直角 a_1，从而得出全站仪中心的高程为：

$$H_0 = H_A + l - \Delta h_1$$

然后测得 OB 的距离 S_2 和垂直角，从而得出 B 点（目标高也为 l）的高程为：

$$HB = H_0 + \Delta h_2 - l = H_A - \Delta h_1 + \Delta h_2$$

将测得的 B 点高程与设计值比较，可得到放样高程点 B。

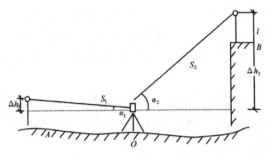

图4-3　全站仪法示意图

（2）角度和距离放样

放样角度实际上是从一个已知方向出发放样到另一个方向，使它与已知方向间的夹角等于预定角值。用经纬仪或电子全站仪可以很容易地进行角度放样；距离放样是将图上设计的已知距离在实地上标定出来，即按给定的一个起点和方向标定出另一个端点。它可根据要求精度用量尺丈量或用光电测距仪、电子全站仪方便地进行。

（3）点位放样

工程建筑物的形状和大小常通过其特征点在实地标示出来，如矩形建筑的四个角点、线型建筑物的转折点等，因此点位放样是建筑物放样的基础。点的平面位置放样是最常用的，主要方法是极坐标法、交会法、直接坐标法。放样点位时应有两个以上的控制点，且放样点的坐标是已知的，通过距离和角度来放样待定点。

1）极坐标法

如图4-4所示，设 A、B 为已知点，P 为放样点。在 A 点上架设经纬仪，先放样角 β，在角的方向上标定 P' 点，再从 A 点出发沿 AP' 放样距离 S，即得放样点 P。

2）交会法

距离交会法如图4-5所示。需要先根据坐标计算放样元素 S_1、S_2，然后在现场分别以两个已知点为圆心，以相应的距离 & 和 & 为半径用钢尺作圆弧，两弧线的交点即为放样点的位置。

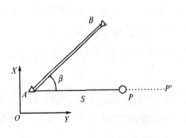

图4-4　极坐标法示意图

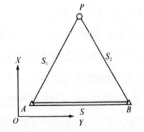

图4-5　距离交会法示意图

角度（方向）交会法如图 4-6 所示。放样元素是两角度 β_1、β_2，它们可按已知点和待放样点的设计坐标计算得到。放样时，在两个已知点上分别架设经纬仪，分别放样到相应的角度，两经纬仪视线的交点即待放样点 P 的平面位置。

3）坐标法

极坐标法放样需要事先根据坐标计算放样元素，而坐标放样法不需要事先计算放样元素，只要提供坐标就行。坐标放样可采用电子全站仪或 GPS 接收机的实时动态定位法 GPSRTK 进行。

将电子全站仪架设在已知点 A 上，只要输入测站已知点 A、后视已知点 B 和待放样点 P 的坐标，瞄准后视点定向，按下反算方位角键，则仪器自动将测站与后视的方位角设置在该方向上。然后按下放样键，仪器自动在屏幕上用左右箭头提示，将仪器往左或往右旋转，可使仪器到达设计的方向线上。接着通过测距离，仪器将自动提示棱镜前后移动，直到放样出设计的距离，就完成了点位的放样。

在实际工作中，往往采用自由设站法进行放样，这时全站仪不必架设在已知点上，而是架设在一个便于观测的地方，如图 4-7 所示的 S 点，通过对已知点 A、B、C 的方向后方交会、距离后方交会或方向距离后方交会，可得到 S 点的坐标，输入待放样点 P 的坐标，可按前述方法完成放样点 P 的标定。

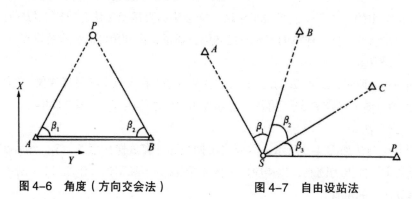

图 4-6　角度（方向交会法）　　　　图 4-7　自由设站法

GPS RTK 适合顶空障碍小的空旷地区，需要一台基准站接收机、一台流动站接收机和用于数据传输的电台。将基准站的相位观测数据及坐标信息传送给流动站，经实时差分处理可得流动站实时坐标，与设计值相比较可得到放样点的位置。

（4）直线和铅垂线放样

直线放样非常简单，可用经纬仪或电子全站仪采用正、倒镜法（盘左、盘右）进行，可放样出直线。在高层和高耸建筑物或地下的建筑物施工中，为保证建筑物的垂直度而经常采用铅垂线放样。一般包括以下几个方面。

（1）经纬仪加弯管目镜法：卸下经纬仪的目镜，装上弯管目镜，使望远镜的视线指向天顶，通常使照准部每旋转90°向上投一点，这样就可得到四个对称点，中点即为铅垂线的点。

（2）光学铅垂仪法：光学铅垂仪是专门用于放样铅垂线的仪器，仪器有上、下两个目镜和两个物镜，可以向上或向下作垂直投影，垂直精度为1/40000。

（3）激光铅垂仪：高精度激光铅垂仪可以同时向上或向下发射垂直激光，用户可以很直观地找到它的垂直激光点，垂直精度为1/30000。

2．归化法放样

归化法放样也包括角度放样、点位放样、直线放样等，这里介绍一种构网联测的归化放样方法。在高精度的施工放样中，施工控制点通常采用带有强制对中盘的观测墩。通过构网联测平差后，可将控制点归化到某一特定的方向或特定位置，便于架设仪器直接放样；也可以将控制点与用直接放样法得到的粗略放样点一起构网联测，平差后，可求得各粗略放样点的归化量，再将放样点归化改正到设计位置。

3．特殊施工放样方法

对于一些特殊的工程，如建造大佛，就需要采用摄影测量的方法；对超长型跨海大桥，其定位必须采用网络RTK法放样；而对某些不规则的建筑物，可综合一些常规技术进行放样。

三、曲线测设

将设计的曲线从图纸放样到地面的工作称曲线测设。曲线包括圆曲线、缓和曲线、复曲线和竖曲线等。圆曲线又分单曲线和复曲线两种。单曲线具有单一半径；复曲线具有两个或两个以上不同半径。最常见的是带缓和曲线的圆曲线。铁路的曲线测设要求精度较高，常用的方法有偏角法、切线支距法、坐标法和极坐标法等。

四、三维工业测量

为了进行工业设备的安装和检校，测量人员的主要任务是根据设计和工艺的总要求，将大量的工艺设备构件按规定的精度和工艺流程的需要安置到设计的位置、轴线、曲面上，同时在设备运转过程中进行必要的检测和校准，上述测量工作称三维工业测量。

工业设备的安装大到高能粒子加速器磁铁安装准直、大型水轮发电机组安装调试、民用客机整体安装、飞船对接，小到一般工业部件的组装等，涉及的服务领域多、部门广，工艺和精度要求也各不相同，因此对工程测量的服务提出了很高的要求。针对不同的服务对象，安装测量涉及的测量仪器、设备和方法也不相同，特别是需要使用一些专用的测量工具，在测量难易程度和测量时间长短方面也存在很大的差异。有些安装测量精度可以达到计量的极限，安装工作伴随工程建设的全过程，有时甚至需要几年的时间。

工业测量系统按硬件一般分为经纬仪交会测量系统、极坐标测量系统（包括全站仪测量系统、激光跟踪测量系统、激光雷达/扫描测量系统）、摄影测量系统、距离交会测量系统和关节式坐标测量机五大类。其测量原理分别为极坐标、角度前方交会、距离前方交会和空间支导线。

经纬仪交会测量系统是由两台以上高精度电子经纬仪构成的空间角度前方交会测量系统。它是在工业测量领域应用最早和最多的一种系统。极坐标测量系统的硬件是全站仪、激光跟踪仪和激光扫描仪。测量原理为极坐标方法，只需要测量一个斜距和两个角度就可以得到被测点的三维坐标。

摄影测量系统在工业测量中的应用一般称为近景摄影测量、非地形摄影测量等。它经历了从模拟、解析到数字的变革，硬件也从胶片/干版相机发展到数字相机。近景摄影测量是通过两台高分辨率的相机对被测物同时拍摄，得到物体的2个二维影像，经计算机图像匹配处理后得到精确的三维坐标。距离交会测量系统是通过距离交会测量得到三维坐标的系统。距离测量可以得到更高的精度，而且纯距离测量的仪器结构设计要简单一些，因此基于距离测量的坐标测量方法在中、长距离上有突出的优越性。由于其测量原理与GPS相近，在工业厂房内应用时，也称之为室内GPS系统（Indoor GPS）。

关节式坐标测量机是利用空间支导线的原理实现三维坐标测量功能的。它也是非正交系坐标测量系统中的一类。

工业测量系统软件是工业测量系统的重要组成部分和系统应用的关键。针对不同的测量系统，国内外已有多个商业化的系统软件。虽然各系统硬件不同，应用领域有所区别，但软件的基本功能大部分是相同的。

五、竣工测量

在工业与民用建筑新建或扩建、改建以及运营管理的过程中，往往需要进行竣工测量。竣工测量要描述工程建筑场地的地形地物情况，标示地上（包括架空）和地下各种建（构）筑物的相关位置，形成竣工现状图和有关资料，目的是要让设计、施工和生产管理人员掌握工程建筑场地及全部建（构）筑物的现状。竣工测量资料既是工程的技术档案，又是生产管理和将来改、扩建的重要依据。一般在下述情况下，需要作竣工测量：

（1）原有工程改、扩建时，若无原有工程建（构）筑物的竣工测量资料，则必须重新取得其平面及高程位置，为改、扩建工程设计提供依据。

（2）对新建工程，为了检验设计的正确性，满足生产管理和变形观测的需要，须提交竣工图。若为分期施工，则每一期工程竣工后，应提交该期工程的竣工图，以便作为下期工程设计的依据。有的工程建筑（如地下管线）则需要在施工过程中及时测定。

竣工测量必须考虑以下原则：坐标系统应与原有坐标系统保持一致；充分利用已有的设计、施工和测量资料，保证前后衔接；要有足够的精度。

竣工现状图的内容：要求标示出地面、地下和架空的各建（构）筑物的位置，标示工程建筑场地的地形地物情况，还要在图上标示出重要细部点的坐标、高程等元素。当1：500比例尺图难以标示时，可作分图或更大比例尺的辅助图。

施测竣工现状图的要求：

图幅大小主要取决于实际需要，一般多采用50cm×50cm的图幅。可采用实测现状或以复制、转绘、透写等手段作总图编绘；图的比例尺主要应考虑图面负荷、用图方便及图解精度，一般选择1：500的比例尺，与设计总平面的比例尺一致；竣工图的坐标和高程系统应与原有的系统保持一致。

在实测数据不完善的情况下，应根据已有的设计资料、施工测量资料逐步形成竣工总图。对于正在施工的新建工程而言，应编绘竣工总图。

第五节　工程变形监测分析与预报

一、变形监测的目的和内容

1. 变形监测基础

变形监测是指被监测对象（变形体）的空间位置随时间发生变化的形态和特征。工程的变形则是由于修建工程而发生的建筑物本身及环境的变化。变形体一般包括工程建筑物、技术设备以及其他自然或人工对象，如古塔与电视塔、桥梁与隧道、船闸与大坝、大型天线、车船与飞机、油罐与储矿仓、崩滑体与泥石流、采空区与高边坡、城市与灌溉沉降区域等。变形可分为变形体自身或内部的伸缩、错动、弯曲和扭转变形，以及变形体的整体平移、转动、升降和倾斜变形四种。变形又分非周期变形、周期变形两类，可用静态变形、似静态变形、运动变形以及动态变形模型描述。

变形监测是对被监视的对象或物体进行测量以确定其空间位置随时间变化的特征。变形分析分为变形的几何分析和物理解释。几何分析在于确定变形量的大小、方向及其变化，即变形体形态的动态变化。物理解释在于确定引起变形的原因，确定变形的模式。实际变形分析中可将两种方法结合起来进行综合分析预报。对于工程的安全来说，监测是基础，分析是手段，预报是目的。同时，变形监测属于多学科的交叉领域，涉及测绘、工程、地质、水文、应用数学、系统论和控制论等学科的知识。

2.变形监测的目的

变形监测的目的主要为以下三个方面：

（1）安全保证。通过重复或持续监测，发现异常变化，以便及时处理，防止事故发生。

（2）积累资料。检验设计是否合理，作为以后修改设计方法、制定设计规范的依据。

（3）为科学试验服务。

为了能达到上述目的，对变形监测的精度要求很高，要求达到当时仪器、方法、技术的最高精度。

3.变形监测的内容

变形监测的内容包括：工程建筑物的水平位移、垂直位移、倾斜、挠度、接缝与裂缝、地形形变（如滑坡）监测等。

二、变形监测方案设计

1.变形监测网设计

变形监测网由参考点和目标点组成。网的布设，坐标系和基准的确定，各目标点在变形体上的位置以及精度要求等，是变形监测网设计要考虑的重要问题。监测网都要作多期重复观测，所以要求每一期的观测方案、观测方法（如所使用的仪器乃至观测员）和精度保持不变，这样可以抵消各周期所存在的系统误差影响。中途改变测量方法和观测方案时，应在一个观测周期同时使用新旧方法，以确定两种方法间的系统性差别。

2.变形监测方案设计

变形监测方案设计包括：测量方法的选择、监测网布设、测量精度和观测周期的确定等。测量方法选择应考虑的内容见表4-2。

表4-2　测量方法选择应考虑的因素

项目	内容
测量精度的确定	对于监测网而言，确定出各目标点坐标或坐标差的要求精度后，由于不能直接测量坐标，因此，要通过模拟计算将坐标精度转化为观测值的精度。确定观测元素（如方向、距离、高差、GPS基线边长等）的测量精度。为偏于安全，模拟计算时要留有余地，测量精度应有一定富余
观测周期和一个周期内观测时间的确定	观测周期及观测周期数的确定取决于变形的类型、大小、速度及观测的目的。在工程建筑物建成初期，变形速度较快，观测周期应多一些，随着建筑物趋向稳定，可以减少观测次数，但仍应坚持长期观测，以便能发现异常变化。一个周期内观测时间的确定，表示一周期中所有的测量工作须在允许的时间间隔内完成，否则观测周期内的变形将被歪曲
监测费用的确定	总的监测经费可分成以下几方面：建立监测系统的一次性花费；每一个观测周期的花费；维护和管理费
其他考虑和选择	在监测时，变形体不能被触及，更不准人在上面行走，否则将影响其变形形态，在这种情况下，许多测量方法都不能采用；只有在一定的时候才能到达变形体，而大多数时间在变形体上工作都有特别的危险性，许多测量方法也不能采用；当变形量达到一定量值时，将对变形体本身和环境造成巨大危害，但这种危害可通过事先报警而避免或减小时，宜采用自动化的持续监测系统；有的变形监测实施时有极高的技术要求，可能造成其他工作的停顿，从而将造成经济损失，这一点在选择测量方法时可能起决定性的作用；有的变形监测任务仅在于将变形体的原始状态保存下来，一旦该监测对象发生了变化，须通过测量来比较和证明所发生变化的情况，这时宜采用摄影测量方法

三、变形观测数据处理

变形观测数据可分为两种：一种是监测网的周期观测数据处理；另一种是各监测点上的某一种特定监测数据的处理，如某一方向上的位移值，该点的沉降值、倾斜值以及其他与变形监测有关的量（如气温、体温、水温、水位、渗流、应力、应变等）。变形观测数据处理方法分统计分析法和确定函数法。统计分析法基于大量的观测数据，具有后验性质；确定函数法将变形与受力结合起来，具有后验性质。有时需要将两种方法结合起来，以取长补短。

1. 监测网数据处理

变形体的位移由其上离散的目标点相对于参考点的变化来描述，参考点和目标点之间通过边角或高差观测值连接。由参考点组成的网称参考网。对参考网进行周期观测的目的在于检查参考点是否都是稳定的。通过检验，选出真正的稳定点作为监测网的固定基准，从而可确定监测体上目标点的变形，以及确定其他特征监测点（如倒垂点、引张线或坝内导线端点）变形的时间和空间特性。参考点稳定性分析、目标点位移量计算，变形模型的建立、检验以及参数估计，是监测网数据处理的重要内容。其中，参考点稳定性分析方法主要有平均间隙法、最大间隙法以及卡尔曼滤波法。

2. 监测点上特定监测数据的处理

绘制变形过程曲线法。通过对用各种方法获取的观测值进行完整性、可靠性检查，剔除粗差，处理离群观测值后，采用绘制变形过程曲线的方法作变形的趋势分析与预报。

回归分析法。回归分析是处理变量之间相关关系的一种数理统计方法。将变形体当做一个系统，各目标点上所获取的变形（称为效应量，如位移、沉陷、挠度、倾斜等）为系统的输出，影响变形体的环境量（称为影响因子，如水压、温度等）作为系统的输入。输入称自变量，输出称因变量。只要对它们进行了长期大量的观测，则可以用回归分析方法近似地估计出因变量与自变量，即变形与变形影响因子之间的函数关系。根据这种函数关系，解释变形产生的主要原因，即变形受哪些因子的影响最大；同时也可以进行预报，即自变量取预计值时因变量就是变形的预报值。回归分析同时也给出估计精度。

其他方法。如时间序列分析法、频谱分析法、卡尔曼滤波法、有限元法、人工神经网络法、小波分析法和系统论方法等，在此不一一叙述。

四、变形观测资料整理和成果表达

1. 资料整理

变形观测资料包括自动采集或人工采集的各种原始观测数据。对原始观测资料进行汇集、审核、整理、编排，使之集中化、系统化、规格化和图表化，并刊印成册，称为观测资料整理。其目的是便于应用分析、向使用单位提供资料和归档保存。资料整理的主要内容包括搜集资料、审核资料、图表整理和编写成果说明等。

2. 成果表达

表格是一种最简单的表达形式，可用它直接列出观测成果或由之导出的变形。表格的设计编排应清楚明了，一般可按建筑阶段或观测周期编排。变形值与同时获取的其他影响量（如温度、水位等数据）可一起表达。表格和图形应配合得当，表达的形式取决于变形的种类和研究的目的。应结合实际情况设计具有特色的最好表达形式。

第六节　不动产测绘

不动产测绘是测绘学科的重要组成部分，其测绘成果具有法律效力，按行业来看，从事不动产测绘与管理的部门和人员最多。不动产测绘所采用的理论、技术与方法和工程测量学的基本相同，如果学了工程测量学，应该完全能理解和胜任不动产测绘的各项工作。本节主要概括地介绍不动产测绘的一些基本概念和主要内容。

一、不动产测绘的概念

不动产（俗称房地产）是指具有权属性质的地块和其上建（构）筑物的总称。不动产与地籍有非常密切的关系。不动产测绘一般称地籍测绘。"地籍"一词的原意为"国家为征收土地税而建立的土地登记册簿"，它的严格定义是：对国家监管的、以权属为核心、以地块为基础的土地及其附着物的权属、位置、数量、质量和利用现状等用数据、图表表示的基本信息的集合。地籍有地理性功能、经济功能、产权保护功能、土地利用规划和管理功能、决策与管理功能。按发展阶段可划分为税收地籍、产权地籍和多用途地籍（也称现代地籍）。按特点和任务可划分为初始地籍和日常地籍。初始地籍是指在某一时期内，对其行政辖区内全部土地进行全面调查后，最初建立的册簿和地籍图。日常地籍是对土地分布、数量、质量、权属及其利用的动态变化进行修正和更新。按土地的分布可划分为城镇地籍和农村地籍。城镇地籍的对象是城镇，农村地籍的对象是城镇郊区及农村。前者一般采用 1：500 的大比例尺地籍图，后者一般采用 1：2000 比例尺的地籍图。

我国和埃及、希腊、罗马等文明古国都存在古老的地籍记录。当时的地籍是一种以土地为对象的征税簿册，这也就是税收地籍阶段。到了 18 世纪，土地利用更加多元化，出现了农业、工业、居民地等用地类型。测量技术的发展，使地块的精确定位、面积计算和图形描述成为可能。地籍的内容包含了土地及其上附着物的权属、位置、数量和利用类别。19 世纪，出现了城市地皮紧张和土地交易兴隆的状况，产生了在法律上保护产权的要求，地籍又担当起产权保护的任务，产生了产权地籍。进入 20 世纪，由于人口增长及工业化等因素，地籍涉及房地产管理、土地开发整理、法律保护、财产征税等各种规划设计和政府决策，于是形成了多用途地籍。

二、不动产测绘的内容

1. 地籍调查

地籍调查是对土地及其附着物的位置、权属、数量、质量和利用现状等基本情况进行的技术性工作。地籍调查的内容主要有：土地权属调查、土地利用现状调查、土地等级调查和房产调查。地籍测量是地籍调查的最重要的技术手段。地籍调查应遵循以下原则：实事求是、符合地籍管理、符合多用途，符合国家土地、房地产和城市规划等有关法律的原则。地籍调查的程序包括调查准备，调查的组织方案和技术方案；收集资料；外业测量；内业工作；检查验收和成果整理。

土地权属调查。土地权属调查包括土地所有权调查和土地使用权调查。调查内容有宗地位置、界线、四至关系、权属性质、行政界线以及相关地理名称等。具体还包括土地权属来源，权属主名称，取得土地时间，土地位置、利用状况和级别，填写调查表，绘制宗地草图等。地籍调查中，地块是指一个连续的区域，并可辨认出同类属性的最小的土地空间。在我国，习惯用"宗地"来描述土地权属主的用地范围。宗地是一个"地块"，其空间位置是固定的，边界是明确的。

土地利用现状调查。土地利用现状调查是指在全国范围内，为查清现状用地的数量及其分布而进行的土地资源调查，分概查和详查两种。土地利用现状与土地分类体系有关。我国土地利用现状采用两级分类,如城镇土地分为一级10类,二级24类。

土地等级调查。土地等级调查包括对土地的质量、性状和等级进行评价。土地质量是土地相对于特定用途表现效果的优良程度，为了正确反映土地质量的差异，采用"等"和"级"两个层次的划分体系。土地性状调查是指对土地自然属性及土地利用的社会经济属性的调查。城镇土地分等定级方法主要有：多因素综合评定法；级差收益测算评定法；地价分区定级方法。农用土地采用自然和经济评定综合法，即按土地的自然条件计算土地的潜力，用土地利用系数将土地潜力转化为现实产出水平，最后用土地经济系数衡量土地收益差异。

房产调查。房产调查主要是对房屋情况的调查，包括房屋的权属、位置、数量、质量和利用现状。房屋的权属包括权利人、权属来源、产权性质、产别、墙体归属、房屋权属界线草图等项。房屋的位置包括房屋的坐落、层次。房屋的质量包括层数、建筑结构、建成年份。房屋的数量包括建筑占地面积、建筑面积、使用面积、共有面积、产权面积、宗地内的总建筑面积（简称总建筑面积）、套内建筑面积等。房屋的利用现状指房屋现在的使用状况。房产调查时要进行房产要素编号，共有面积的分摊，建筑面积计算等。在现场调查中，要在草图中记上门牌号、街坊名称、业主（单位）名称、四至业主名称、幢号、房屋结构、层数，并注明界墙归属，门窗装修等情况。非城市住宅区中毗连成片的私人住宅房，应调查其四墙归属，并按四墙归属丈量其建筑面积。

2. 地籍测绘

地籍测绘主要包括地籍控制测量、界址点测量和地籍图测绘。其技术与方法与工程测量学中的控制测量和地形图测绘基本相同。

地籍控制测量。地籍控制测量遵循从整体到局部、由高级到低级布设的原则，可分为基本控制测量和加密控制测量。基本控制测量分一、二、三、四等，可布设相应等级导线网和 GPS 网。地籍控制网的建立方法与工程控制网的相同，可采用常规地面测量方法、卫星定位方法以及卫星和地面测量技术的综合方法。

界址点测量。界址点是宗地的轮廓点。界址点坐标的精度可根据测区土地经济价值和界址点的重要程度加以选择。在我国，对界址点精度的要求也分为不同等级，最高为 $\pm 5cm$。界址点测量方法可采用工程测量学中的各种测量方法，也可用摄影测量方法。

地籍图测绘。地籍图是按一定的投影方法、比例关系和专用符号描述地籍及有关地物、地貌要素的图，是地籍的基础资料之一。地籍图覆盖整个国土，具有国家基本图的特性。我国地籍图比例尺系列一般规定为：城镇地区地籍图的比例尺可选用 1：500、1：1000、1：2000，其基本比例尺为 1：1000；农村地区地籍图的比例尺可选用 1：5000、1：10000、1：25000 万或 1：50000。城镇地籍图分幅有两种方法：正方形分幅，图幅大小均为 50cm×50cm，图幅编号按图廓西南角坐标公里数编号，X 坐标在前，Y 坐标在后，中间用短横线连接。矩形分幅，图幅大小均为 40cm×50cm。图幅编号方法同正方形分幅。

农村地籍图（包括土地利用现状图和土地所有权属图）按经纬度分幅编号。农村居民地地籍图的分幅，如采用统一坐标的正方形分幅，其编号仍按西南角坐标编排。若是独立坐标系统，则是县、乡（镇）、行政村、组（自然村）给予代号排列而成。

地籍图上有地籍要素、地物要素和数学要素。地籍要素包括各级行政境界、地籍区（街道）与地籍子区（街坊）界、宗地界址点与界址线、地籍号注记、宗地坐落、土地利用分类代码按二级分类注记、土地权属主名称和土地等级等。地物要素和数学要素同地形图。地形图的测绘包括分幅地籍图和宗地图的测绘，测绘方法都可用于地籍图的测绘。一般有白纸平板仪测图法、摄影测量法、编绘法和地面数字化成图法。也可以利用已有地形、地籍图制作地籍图。

3. 房产图测绘

房产图是全面反映房屋基本情况和权属界线的专用图件，也是房产测量的主要成果。按管理需要，分为房产分幅平面图（简称分幅图）、房产分宗平面图（简称分宗图）和房产分户平面图（简称分户图）。

房产分幅平面图。房产分幅平面图是全面反映房屋及其用地的位置和权属等状况的基本图，是测制分宗图和分户图的基础资料。分幅图可以在已有地籍图的基础上加房产调查成果制作，也可以以地形图为基础测制，还可以单独测绘。分幅图上主要标示的地籍要素和房产要素有：控制点、行政境界、宗地界线、房屋、房屋附属设施和房屋维护物、宗地号、幢号、房产权号、门牌号、房屋产别、结构、层数、房屋用途和用地分类等。

分宗图。分宗图是绘制房产权证附图的基本图。分宗图是分幅图的局部图件，其坐标系与分幅图的坐标系一致。比例尺可根据宗地图面积的大小和需要在 1：100 ~ 1：1000 选用，可在聚酯薄膜上测绘，也可选用其他图纸。分宗图的测绘精度一般要求是分宗图地物点相对于邻近控制点的点位误差不超过 0.95mm。

分户图。分户图是在分宗图的基础上绘制局部图，以一户产权人为单位，表示房屋权属范围内的细部图，以明确异产毗邻房屋的权属界线，供核发房屋产权证的附图使用。

4. 面积量算

地籍测量中的土地面积量算是一种多层次的水平面积测算。例如，一个行政管辖区的总面积、图幅面积、街坊（或村）面积、宗地面积、各种利用分类面积以及土地面积的汇总等。土地面积量算方法有两种，即解析法与图解法。

解析法是根据实测的数值计算面积的方法，主要是坐标法，即按地块边界拐点的坐标计算地块面积。其坐标可以在野外直接实测得到，也可以是从已有地图中图解得到，面积的精度取决于坐标的精度。当地块很不规则，甚至某些地段为曲线时，可以增加拐点，测量其坐标。曲线上加密点越多，就越接近曲线，计算出的面积越接近实际面积。

图解法是从图上直接量算面积的方法，主要有膜片法、求积仪法、沙维奇法等。膜片法是指用伸缩性小的透明的赛璐珞、透明塑料、玻璃或摄影软片等制成等间隔网板、平行线板等膜片，把膜片放在地图适当的位置进行土地面积量算的方法。常用的方法有格值法、平行线法等。求积仪法是用求积仪在地图上量算土地面积的方法，分机械求积仪、数字求积仪、光电求积仪等。沙维奇法是一种适用于大面积的面积量算的方法。

5. 变更测量

变更测量包括地籍变更测量、日常地籍测量、界址变更测量和界址的恢复与鉴定，具体内容见表 4-3。

表 4-3　变更测量的具体内容

项目	内容
日常地籍测量	日常地籍测量主要针对的是未登记发证的土地或房地产的地籍测量。内容包括：土地出让中的界址点放桩和制作宗地图；房地产登记发证中的地籍测量；房屋预售调查和房改的房屋调查；工程验线；竣工验收测量；征地拆迁中的界址测量和房屋调查
地籍变更测量	地籍变更测量是指在完成初始地籍调查与测量之后，为适应日常地籍测量的需要，使地籍资料保持现势性而进行的土地及其附着物的权属、位置、数量、质量和土地利用现状的变更调查。地籍变更的内容主要是宗地信息的变更，又包括更改和不更改宗地边界信息的变更两种情况。地籍变更测量包括地籍变更申请、地籍变更测量准备、变更地籍要素的调查和变更登记等流程。变更测量后，应遵循用高精度资料取代低精度资料、用现势性好的资料取代陈旧资料的原则，对有关地籍资料包括宗地号、界址点号、宗地草图、地籍调查表、地籍图、宗地图及其面积以及房屋的结构、层数、建筑面积等作相应的变更，做到各地籍资料之间的一致性、规范性和有序性。上述地籍变更完成后，才可履行房地产变更手续，在土地登记卡或房地产登记卡中填写变更记事，然后换发土地证书或房地产证书
界址变更测量	界址变更测量是在变更界址调查过程中，为确定变更后的土地权属界址、宗地形状、面积及使用情况而进行的测绘工作。界址变更测量包括更改界址和不更改界址的界址变更测量，其中又分原界址点有坐标和没有坐标两种情况。它包括界址点检查和变更测量两个步骤
界址的恢复与鉴定	界址点埋设有界标，若界标因人为的或自然的因素发生位移或遭破坏，需及时恢复。恢复界址点的放样方法同工程测量学中的方法，有直角坐标法、极坐标法和各种交会法

依据地籍图或界址点坐标成果在实地确定土地界址是否正确的测量工作称界址鉴定（简称鉴界）。通常是在实地界址存在问题或者双方有争议时进行。如有坐标成果，且附有地籍控制点时，可采用坐标放样的方法鉴定。鉴界测量结果核对无误后，要报请土地主管部门审核备案。

三、工程测量技术的发展展望

工程测量的发展趋势和特点可概括为"六化"和"十六字"。"六化"是：测量内外业作业的一体化；数据获取及处理的自动化；测量过程控制和系统行为的智能化；测量成果和产品的数字化；测量信息管理的可视化；信息共享和传播的网络化。"十六字"是：精确、可靠、快速、简便、实时、持续、动态、遥测。

测量内外业作业的一体化系指过去只能在内业完成的事，现在在外业可以很方便地完成，测量内业和外业工作已无明确的界限。测图时可在野外编辑修改图形，控制测量时可在测站上平差和得到坐标，施工放样数据可在放样过程中随时计算。

数据获取及处理的自动化主要指数据的自动化流程。电子全站仪、电子水准仪、GPS 接收机都可自动化地进行数据获取；大比例尺测图系统、水下地形测量系统、大坝变形监测系统等都可实现或都已实现数据获取及处理的自动化，我们研制的"科傻"系统实现了地面控制和施工测量的数据获取及处理的自动化；用测量机器人还可实现无人观测即测量过程的自动化。

测量过程控制和系统行为的智能化主要指通过程序实现对自动化观测仪器的智能化控制；测量成果和产品的数字化是指成果的形式和提交方式，只有数字化才能实现计算机处理和管理。

测量信息管理的可视化包含图形可视化、三维可视化和虚拟现实等。

信息共享和传播的网络化是在数字化基础上进一步发展，包括在局域网和国际互联网上实现。

"十六字"则从另一角度概括了现代工程测量发展的特点。

从整个学科的发展来看，精密工程测量的理论技术与方法、工程的形变监测分析与灾害预报、工程信息系统的建立与应用是工程测量学研究的三个主要方向。

未来工程测量学在以下方面将得到显著发展：

（1）工程测量仪器将向测量机器人、测地机器人方向发展，并集多种测量技术和手段于一体。应用范围进一步扩大，图形、图像、通信和数据处理能力进一步增强。

（2）用精密工程测量的设备和方法进行工业测量，大型设备的安装、在线检测和质量控制，将成为设计制造的重要组成部分，甚至作为制造系统不可分割的一个单元。

（3）工程测量数据采集将从一维、二维发展到实时三维，从接触式测量方式发展到非接触式测量方式，测量平台将由地面到车载、机载、星载等，逐渐从静态走向动态。

（4）工程测量数据处理由侧重网的平差计算、单点的坐标计算、几何元素计算发展到高密度空间三维点、"点云"数据处理、被测物的三维重建、可视化分析、"逆向工程"以及与设计模型的比较分析，测量数据和各种设计数据库实现无缝衔接。

（5）测量技术和其他技术手段的集成和组合将是今后若干年内工程测量技术发展的主要方向，将出现多种用途的测量系统，如移动测图系统、内外部变形监测系统、快速定位定向系统等，空间技术特别是 GPS 技术的应用，使工程测量在导航定位、交通管制等系统中发挥作用。

（6）工程测量将进一步向宏观、微观两个方向发展。宏观方面，工程建设的规模和难度更大，精度要求更高。微观测量将向计量方向发展，测量尺寸更小，将发展计算机视觉技术、显微摄影测量和显微图像处理技术。

（7）工程测量将实现测量、处理、分析、管理和应用的一体化、网络化。无线通信技术、计算机网络技术、Internet 等技术将使工程测量从分离式走向整体化，从单独作业模式发展为联合作业、实时作业模式。

（8）工程测量的服务面进一步拓宽。在工程设计、工艺控制、工程监理、工程评估等方面，和区域规划、环境保护、房地产开发、房产交易等领域将发挥更大的作用。工程测量与其他学科的关系越来越密切，如机械制造、自动控制、建筑设计、工程地质、水文地质等。将有利于工程的决策和管理，如开发各种工程专题信息系统，解决工程建设各个环节以及运营期间的问题。

综上所述，工程测量学的发展，主要表现在从一维、二维到三维乃至四维，从点信息到面信息获取，从静态到动态，从后处理到实时处理，从人眼观测操作到机器人自动寻标观测，从大型特种工程到人体测量工程，从高空到地面、地下以及水下，从人工量测到无接触遥测，从周期观测到持续测量，测量精度从毫米级到微米乃至纳米级。一方面，随着人类文明的进展，对工程测量学的要求越来越高，工程测量的服务范围不断扩大；另一方面，现代科技新成就，为工程测量学提供了新的工具和手段，从而推动了工程测量学的不断发展；而工程测量学的发展又将直接在改善人们的生活环境、提高人们的生活质量中起重要作用。

第五章 海洋测绘技术研究

第一节 海洋测绘基础内容

一、海洋与海洋测绘

海洋面积约占地球总面积的 71%，是人类生命的摇篮和现代社会的交通要道。随着人口激增，导致环境恶化陆上资源加速枯竭，如今，海洋已成为人类开发的重要资源宝库。由于海洋具有重要的战略和经济地位，导致濒海国家间争夺海洋势力范围的斗争日趋尖锐，各海洋大国相继提出了海洋研究和开发计划，并投入了大量的资金，以发展海洋产业，海洋产业出现了前所未有的繁荣景象。我国也是一个海洋大国，我国东、南面有长达 1.8 万 km 的海岸线，与之相邻的有渤海、黄海、东海和南海，这些均为西北太平洋陆缘海，由它们组成一个略向东南凸出的弧形水域，这一水域东西横越 32°，南北纵跨 44°。按照《联合国海洋法公约》，我国辖属的内水、邻海、大陆架、专属经济区面积约 300 多万 km^2，岛屿有 6500 个，还拥有许多优良的港湾。

20 世纪 80 年代以来，我国海洋事业有了突飞猛进的发展，海洋产值已达数千亿元，以海洋石油为主的海洋开发体系已经建立，沿海省市的海洋经济开发区和港口建设在开发近海资源和经济建设中发挥了重要作用。我国也已开始开发深海和南大洋资源，海洋经济已成为我国国民经济发展的重要内容。

一切海洋活动，无论是经济、军事还是科学研究，像海上交通、海洋地质调查和资源开发、海洋工程建设、海洋疆界勘定、海洋环境保护、海底地壳和板块运动研究等，都需要海洋测绘提供不同种类的海洋地理信息要素、数据和基础图件。因此，可以说海洋测绘在人类开发和利用海洋活动中扮演着"先头兵"的角色，是一项基础而又非常重要的工作。

海洋测绘是海洋测量和海图绘制的总称，其任务是对海洋及其邻近陆地和江河湖泊进行测量和调查，以获取海洋基础地理信息，编制各种海图和航海资料，为航海、国防建设、海洋开发和海洋研究服务。海洋测绘的主要内容有：海洋大地测量、水深测量、海洋工程测量、海底地形测量、障碍物探测、水文要素调查、海洋重力测量、海洋磁力测量，和各种海洋专题测量和海区资料调查，以及各种海图、海图集、海洋资料的编制和出版，海洋地理信息的分析、处理及应用。从广义的角度讲，海洋测绘是一门对海洋表面及海底的形状和性质参数进行准确的测定和描述的科学。海洋表面及海底的形状和性质是与大陆以及海水的特性和动力学有关的，这些参数包括：水深、地质、地球物理、潮汐、海流、波浪和其他一些海水的物理特性。同时，海洋测量的工作空间是在汪洋大海之中（海面、海底或海水中），工作场所一般是设置在船舶上，而工作场所与海底之间又隔着一层特殊性质的介质——海水，况且海水还在不断地运动着，因此海洋测量与陆地测量之间虽有联系和可借鉴之处，但又有其独特性。

海洋测绘是伴随着海洋探险和航海事业的兴起而诞生的。早期的海洋测绘仅是通过观星法为海上船只指导航向。到了 16 世纪，随着六分仪等测角设备的出现，人们可以通过观测自然天体确定船只的经纬度。到了 19 世纪，随着陆基无线电技术的发展，海上定位和导航已经变得比较容易，而后来的空基无线电定位系统的出现（卫星定位系统）使海洋定位和导航真正实现了准确、实时和连续，基本满足了各项海洋测绘任务对定位精度和更新率的要求。水深测量源于古人的重锤测深，后来出现了利用超声波进行水深测量的单波束测深系统，实现了测深的自动化。近半个世纪以来，测深技术有了突飞猛进的发展：从过去的"点"状测量发展为今天的"面"状测量；从单一的船载设备测深发展为星载、机载和潜航器承载测深设备的立体水深测量。现在，随着相关技术的发展，海洋测绘已突破了传统的海道测量内容和范围，逐渐发展为多学科交叉的综合性研究领域。

二、海洋测绘的特点及其与其他学科的关系

对一般的海洋测量工作来说，其主要目的是在给定的坐标参考系中确定船舶的位置，或者在给定的坐标参考系中确定海底某点的位置，即三维坐标（平面位置和深度）。

从图 5-1 所示可知，由于船舶是浮在不断运动着的海水表面上的，所以它的位置也在不断地发生变化。海底点由于被海水包围导致无法直接测定，只有通过船舶来间接测定。这就使海洋测量的工作场所和工作对象有别于陆地，从而使其工作方式、使用的仪器设备和数据处理方法都具有明显的特殊性。

海洋测量具有如下特点：

（1）陆地测量中，测点的三维坐标（平面坐标 x、y 和垂直坐标 z）是分别用不同的方法，不同的仪器设备分别测定的，但在海洋测量中垂直坐标（即船体之下的深度）是和船体的平面位置同步测定的。

（2）由于在海洋中设置控制点相当困难，即使利用海岛，或设置海底控制点，其相隔的距离也是相当远的。因此，在海洋测量中测量的作用距离远比陆地上测量的作用距离长得多。一般在陆地中测量的作用距离为 5 ~ 30km，最大的也不超过50km，但海上测量的作用距离一般为 50 ~ 500km，最长的达 1000km 以上。

（3）陆上的测站点与海上的测站点相比，可以说是固定不动的，但海上的测站点处在不断的运动过程中，因此，测量工作往往采取连续观测的工作方式，并随时要将这些观测结果换算成点位。由于海上测站点处在不断的运动过程中，所以其观测精度也不如陆上的观测精度高。

（4）由于作用距离的差别，陆上和海洋测量时所使用的传播信号也是不同的。在陆地测量中一般必须使用低频电磁波信号，且其传播速度不能作简单地匀速处理，而在海水中，则应采用声波作信号源，这时声速受到海水温度、盐度和深度的影响。

（5）陆地上测定的是高程，即某点高出大地水准面多少，而在海上测定的是海底某点的深度，即其低于大地水准面（可以近似地把海水面当作大地水准面）多少。由于海水面经常受到潮汐、海流和温度的影响，因此所测定的水深也受到这些因素的影响。为了提高测深精度，有必要对这些因素进行研究，并对水深的观测结果进行改正。

（6）陆地上的观测点往往通过多次重复测量，得到一组观测值，经平差数据处理后可得该组观测值的最或然值（最接近真实值）。但在海上，测量工作必须在不断运动着的海面上进行，因此就某点而言，无法进行重复观测，而其连续观测的结果总是对应着与原观测点接近但又不同点的观测数据，所以不存在平差数据处理问题。为了提高海洋测量的精度，往往在一条船上，采用不同的仪器系统，或同一仪器系统的多台仪器进行测量，从而产生多余观测，进行平差后提高精度。另外，整个海洋测量工作是在动态情况下进行的，所以必须把观测的时间当做另一维坐标来考虑，或者用同步观测的办法把它消去。

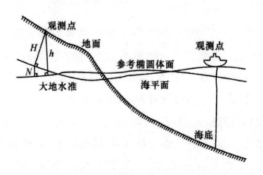

图 5-1　海洋测量工作环境示意图

　　海洋测量与其他学科的关系可以从两个方面来考虑。其一是要求海洋测量为其服务，并促使海洋测量进一步发展的学科，与这些学科的关系可称为间接关系；其二是为了发展海洋测量技术，必须向某些学科进行理论和技术借鉴，与这些学科的关系称为直接关系。以下仅介绍与海洋测量有直接关系的学科。

　　（1）海洋测量与陆地测量的有关理论和方法是有密切关系的，但是它又要根据海上工作条件的特点，对这些理论和方法进行创造性的运用，尤其是海洋测量所用的仪器设备与陆地测量的有明显的差别，因此形成了具有显著特色的海洋测量工作。

　　（2）现代海洋测量技术的基础是无线电电子学和计算机科学。

　　（3）由于海洋测量的主要工作场所是在船上，因此航海技术和导航技术为海洋测量工作中的一个不可缺少的组成部分。

　　（4）随着卫星技术的发展以及在海洋领域的广阔应用，海洋遥感学也成为目前研究的一个热门领域，与之相关的学科是航空航天学、遥感技术以及摄影测量学；海洋测量工作所处的空间是在广阔的海洋上，因此对海洋环境的了解已成为每一个海洋测量工作者必须掌握的知识。另外，海洋测量的一项重要任务是测绘海底地形图和对海底矿产资源勘测进行测量，为此必须要对地质学有所了解。

第二节　海洋测绘内容

　　海洋测绘包括海洋测量、各种海图的编绘及海洋信息的综合管理和利用；海洋测量分为物理海洋测量和几何海洋测量。物理海洋测量包括海洋重力测量、海洋磁力测量和海洋水文测量。几何海洋测量包括海洋大地测量、水深测量、海洋定位、海底地形地貌测量、海洋工程测量等；海图绘制包括各种海图、海图集、海洋资料的编制和出版；海洋信息管理包括海洋地理信息的管理、分析、处理、应用以及数字海洋。

一、海洋大地控制网

　　海洋大地测量是研究海洋大地控制点网及确定地球形状大小，研究海面形状变化的科学。其中包括与海面、海底以及海面附近进行精密测量和定位有关的海事活动。

　　海洋大地控制网的建立和测量是海洋大地测量的一个重要内容。海洋大地测量控制网是陆上大地控制网向海域的扩展。海洋大地测量控制网主要由海底控制点、海面控制点（如固定浮标）以及海岸或岛屿上的大地控制点相连而成。

海洋大地控制网是大比例尺海底地形测量,是大洋海域基本海图测绘的控制基础;在占地球表面71%的海域建立起来的海洋大地控制网,对解决大地测量中地球形状和大小的确定等问题提供了更多和更丰富的科学依据;为完成高精度定位的海上或水下工程作业,如对石油钻井平台的定位(或复位)、海底管道敷设、水下探测器的安置或回收等提供十分有效的方法;在海域的地壳断裂带、磁力和重力异常区、盆地、深峡谷以及水下山脊等地区布设的海底控制点(网),可对大地构造运动、地壳升降运动以及地震、火山活动进行动态监测等。总之,海洋大地控制网是一切在海洋活动中所进行的海洋测绘工作的基础,为这些测绘活动提供了基本参考框架。

海洋大地测量的主要工作是建立海洋控制网,为水面、水中、水底定位提供已知位置的控制点。海洋控制网包括海岸控制网、岛—陆、岛—岛控制网以及海底控制网。

海面控制网的建立与常规的陆上控制网相同,可采用传统的边角网或GPS控制网(如图5-2所示)。卫星定位技术的出现,实现了陆—岛和岛—岛控制网的联测,也实现了远离大陆水域的水上定位和水下地形测量,并将其测量成果纳入与大陆相同的坐标框架内。

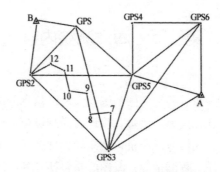

图5-2 海面控制网示意图

海底控制网是通过声学方法施测的,一般布设为三角形或正方形图形结构(如图5-3所示)。水下控制点为海底中心标志,其标志采用水下应答器(声标)。水下应答器的位置通过船载GPS接收机和水声定位系统联合测定,即双三角锥测量(如图5-4所示)。双三角锥测量是首先利用倒三角锥测量获得浮标或者船体的平面位置,即GPS动态测量。依目前的定位技术,采用非差单点定位,可获得分米甚至厘米级的平面定位精度。正三角锥测量是声学测量,利用超短基线或长程超短基线确定各个水听器间的距离,进而获得海底各水听器的位置。倒、正双三角锥测量实际上利用了GPS动态测量技术和超短基线定位技术联合实现对海底控制点的确定。测量和计算思想仍为传统的边交会。

我国在东海、黄海和南海等海域利用GPS已经建立了陆—岛、岛—岛大地控制网，但在个别海域，海洋大地控制网还是空白。为便于海洋开发和利用，有必要在这些空白区域建立大地控制网，复测已有的海洋大地控制网，在我国所辖海域建立一个完善的海洋大地控制网。随着海洋军事和民用活动的增加，有必要在深海建立大地控制网。目前，我国在该方面的研究已经取得了一定的成果，如长程超短基线定位系统、永久浮标技术和GPS水下定位技术等，这些技术为我国水下大地控制网的建立奠定了一定的基础。

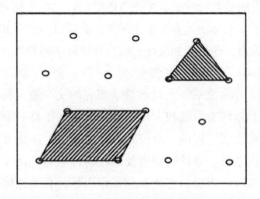

图 5-3　海底控制网示意图

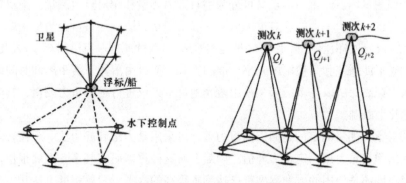

图 5-4　双三角锥测量及不同测次测量示意图

二、海洋重力测量

海洋重力测量是测量海洋重力的工作，属于海洋大地测量，是海洋物理测量的一种。它为研究地球形状、精化大地水准面提供重力异常数据，为地球物理和地质方面的研究提供重力资料。在军事方面，它可为空间飞行器的轨道计算和惯性导航服务，以提高远程导弹的命中率。按照测量载体的不同，重力测量分为空中重力测量和海上重力测量。空中重力测量又可分为卫星重力测量和航空重力测量；海上重力测量分为海底重力测量和航海重力测量。海底重力测量一般是离散的点状测量；海面和空中重力测量是连续的线状测量，并构成重力格网。

海底重力测量是把重力仪用沉箱沉于海底，测量采用遥控或遥测方法。海底重力测量多用于沿海，其测量方法和所用仪器与陆地重力测量基本相同，测量精度比较高，但必须解决遥控、遥测以及自动水平等一系列的复杂问题，且速度很慢。

海面重力测量是将仪器安装在船只上，在匀速运动中连续观测，因此仪器除了受重力作用外，还受船只航行时很多干扰力的影响。这些干扰力不仅超过了重力观测误差，有的达到了几十伽，远大于重力异常，必须进行改正和消除。重力测量主要受 6 个方面的干扰力，即径向加速度、航行加速度、周期性水平加速度、周期性垂直加速度、旋转影响、厄缶效应的影响。

卫星重力学是继 GPS 之后，大地测量学研究的又一重大科学进展。利用卫星重力资料将使确定的地球重力场和大地水准面的精度提高一个数量级以上，还可测定高精度的时变重力场。因此，对研究地球的形状、演化及其动力学机制、地球参考系及全球高程系统、地球的密度及地幔物理参数、洋流和海平面变化、冰融和陆地水变化、地球各圈层的变化及相互作用等，有其他地球物理方法不可替代的作用。

按照测量内容，重力测量又可分为绝对重力测量和相对重力测量。绝对重力测量是测定重力场中一点的绝对重力值，一般采用动力法。绝对重力测量主要采用两种原理：一种是自由落体原理；另一种是摆原理。这两种原理一直沿用至今。近几年来，由于激光干涉系统和高稳定度频率标准的出现，使自由落体下落距离和时间的测定精度大大提高，所以许多国家又采用激光绝对重力仪进行绝对重力测量，其测定精度可达几个微伽。

相对重力测量测定的是两点的重力差，可采用动力法和静力法。现在普遍采用静力法的弹簧重力仪测定重力差值。国际上对这种仪器研究甚多，发展很快，不论是测定精度还是使用的方便程度都已达到了很高的水平，一般精度可达几十微伽，甚至几微伽。为了克服弹性重力仪因弹性疲劳而引起的零点漂移，1968 年又出现了超导重力仪。这种重力仪对重力变化具有很高的分辨力，零点漂移极小，所以特别适合于对固定台站上的潮汐和非潮汐重力变化进行观测。

重力测量成果经处理后，最终绘制成海洋重力等值线图或建成海洋重力数据库，服务于大地水准面模型的建立、海洋调查等各项应用。

三、海洋磁力测量

海洋磁力测量是测定海上地磁要素的工作。海底下的地层由不同岩性的地层组成。不同的岩性，以及岩石中蕴藏着的不同的矿藏都具有不同的导磁率和磁化率，因而产生不同的磁场，在不正常的磁场背景下，会出现磁场异常。海洋磁力测量主要采用海洋磁力仪或磁力梯度仪探测海底磁场分布特征，发现由构造或矿产引起的磁力异常。海洋磁力测量的主要目的是寻找与石油、天然气有关的地质构造和研究海底的大地构造。此外，在海洋工程测量中，为查明施工障碍物和危险物体，如沉船、管线、水雷等，也常进行磁力测量以发现磁性体。

海洋磁力测量成果有多方面的用途，主要表现在：

对磁异常的分析，有助于阐明区域地质特征，如断裂带展布、火山岩体的位置等。磁力测量的详细成果，可用于编制海底地质图。世界各大洋地区内的磁异常，都呈条带状分布于大洋中脊两侧，由此可以研究大洋盆地的形成和演化历史。磁力测量成果也是研究海底扩张和板块构造的资料；磁力测量是寻找铁磁性矿物的重要手段；在海道测量中，可用于扫测沉船等铁质航行障碍物，探测海底管道和电缆等；在军事上，海洋地磁资料可用于布设磁性水雷，对潜艇惯性导航系统进行校正；用各地的磁差值和年变值编制成磁差图或标定在航海图中，是船舶航行时用磁罗经导航不可缺少的资料。

20 世纪初，海洋磁力测量是用陆地上所用的磁测仪器和方法在非磁性的木帆船上进行的，由于速度慢、精度低，因此没有大规模应用。1956 年制造出用于海上测量的质子旋进磁力仪，其测量方法简便、精度高、传感器不用定向，从而奠定了海上磁测的基础。50 年代末期以来，海上磁力测量蓬勃发展，目前航迹已遍布各大洋，尤其是在大陆架区，为发现和圈定大型含油气盆地做出了贡献。在各大洋区所发现的条带状磁异常十分壮观，为"海底扩张说"提供了依据。中国已完成对浅海地区中等比例尺的海上磁测。

海洋上的磁场是非常复杂的，特别是很不容易直接观测海底，因此，海洋磁力测量有其独有的特征。一方面，观测要在不断改变位置的船上进行，另一方面，船本身的固有磁场也随着船的空间位置的改变而变化，为此，海洋磁力测量通常采用质子旋进式磁力仪或磁力梯度仪。为了避免船体磁性的影响，磁力测量通常采用拖曳式作业方式。磁异常是消除或最大限度地削弱观测值中的各项误差，减去正常磁场值，并作地磁日变校正后得到的。

地球上任意一点的地磁场可用图 5-5 表示。F 为磁场总强度，H 为磁场的水平强度，Z 为垂直强度，X 为 H 在北向的分量，Y 为 H 在东向分量，D 为地理子午面与磁子午面之间的夹角，称为磁偏角 I 为磁倾角。F、H、Z、X、Y、D、I，七个物理量称为地磁要素。已知其中三个就可以求出其他要素。在实际观测中，目前只有 I、D、H、Z 和 F 的绝对值能够直接测量。

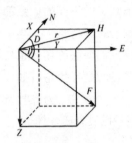

图 5-5　磁总量及其分量示意图

通过海洋磁力测量测出的地磁要素可以在地图上绘制地磁要素等值线，即地磁分布。利用这些图可分析地磁分布或磁异常，进而研究地磁或磁异常的成因。

四、海洋定位

海洋定位是海洋测量的一个重要分支，是海洋测量中的一项基础性测量。在海洋测量中，无论测量某一几何量或物理量，如水深、重力、磁力等，都必须固定在某一种坐标系统相应的格网中。海洋定位是海洋测绘和海洋工程的基础。海洋定位主要有天文定位、光学定位、陆基（基准位于陆地上）无线电定位、空基（基准通常为卫星）无线电定位（即卫星定位）和水声定位等手段。

1. 光学定位

光学定位只能用于沿岸和港口测量，一般使用光学经纬仪进行前方交会，求出船位，也可使用六分仪在船上进行后方交会测量。六分仪受环境和人为因素的影响较大，观测精度较低，现已很少使用。随着电子经纬仪和高精度红外激光测距仪的发展，全站仪按方位一距离极坐标法可为近岸动态目标实现快速定位。全站仪由于自动化程度高，使用方便、灵活，当前在沿岸、港口、水上测量中使用日益增多。

2. 陆基无线电定位系统

在岸上控制点处安置无线电收发机（岸台），在载体上设置无线电收发、测距、控制、显示单元（船台），测量无线电波在船台和岸台间的传播时间或相位差，利用电波的传播速度，求得船台至岸台的距离或船台至两岸台的距离差，进而计算船位，图 5-6、图 5-7 表明了无线电圆—圆定位和双曲线定位的基本思想。无线电定位系统按作用距离可分为远程定位系统、中程定位系统和近程定位系统三种。远程定位系统作用距离大于 1000km，一般为低频系统，定位精度较低，适合于导航，如罗兰 C 定位系统；中程定位系统作用距离一般在 300km 和 1000km，一般为中频系统，如

Argo 定位系统；近程定位系统作用距离小于 300km，一般为微波系统或超高频系统，精度较高，如三应答器（Trisponder）、猎鹰 IV 等无线电定位系统。

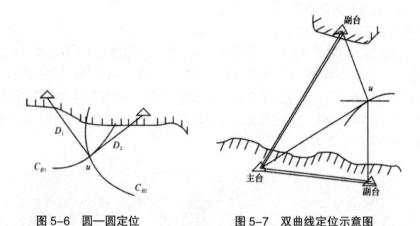

图 5-6 圆—圆定位　　　　　　　图 5-7 双曲线定位示意图

3. 空基无线电（卫星）定位

空基无线电定位系统（也称卫星定位系统）主要有 GPS、GLONASS、我国的北斗系统和欧洲的 Galileo 系统。其中，GPS 定位系统是目前海洋测绘的主要定位手段。海上定位没有重复观测，要提高 GPS 在动态情况下的定位精度，必须采取必要的数据处理手段，通常有局域差分定位、广域差分定位和精密单点定位。局域差分定位按照传输差分信号的不同分为伪距差分、载波相位差分定位。

中国海事局在我国沿海地区利用现有的无线电指向标站和导航台改建和新建立了具有 20 世纪 90 年代国际先进水平的"中国沿海无线电指向标差分 GPS 台站"，这为在沿海地区进行远距离差分 GPS 测量和定位提供了便利。

4. 声学定位系统

声学定位系统通过测定声波在海水中的传播时间或相位变化，计算出水下声标到载体的距离或距离差，从而解算出载体的位置。水声定位系统工作方式很多，最基本的有长基线定位系统、短基线定位系统及超短基线定位系统。所谓长基线、短基线是以船上换能器和水下应答器的不同配置方式相区别的。

（1）长基线定位系统

长基线定位原理是船底换能器发射询问信号，同时接收布设在水下的 3 个以上相距较远的声标的应答信号，测距仪根据声信号传播时间计算出换能器至各声标的距离 $S=C\Delta t/2$，进而计算出船位。

如测 4 条以上声距，就可用间接平差的方法求出船位坐标（x_u，y_u，z_u），其中 z_u 为水深。如只观测了 3 条声距，换能器深度已知，可列出三个方程，从而解出平

面坐标 x_u, y_u。长基线法定位的精度取决于测距的精度和定位的几何图形，目前该系统的定位精度一般为 5 ~ 20m。

（2）短基线定位系统

短基线定位系统的船上除有控制、显示设备外，还在船底安置一个水听器基阵和一个换能器，如图 5-8 所示。图中 H_1、H_2、H_3 为水听器，O 为换能器，基阵水听器之间的距离称为基线。利用船体舷长，水听器呈正交布设。水下部分仅需一个水声应声器。短基线定位系统的工作原理是通过测定声脉冲到不同水听器之间的时差或相位差来计算出船位。短基线有三种定位方式，即声信标工作方式、应答器工作方式和响应器工作方式。

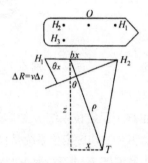

图 5-8　短基线定位系统船底设备安置图

（3）超短基线定位系统

超短基线定位系统与短基线定位系统的区别仅在于船底的水听器阵以彼此很短的距离（小于半个波长，仅几厘米）按直角等边三角形布设，装在一个很小的壳体内，数据处理方法与短基线完全相同。

如今，海上导航与定位技术已有了长足的发展，现有技术已基本可以满足海上作业的需要，但目前水下定位和导航技术还需要进行深入的研究。我国已经在长程超短基线定位、组合导航方面的研究取得了长足的发展，但距离成熟应用还存在一定的差距，因而还需要在卫星水下定位技术，基于水下声标台与 INS 的组合导航技术和系统，基于多波束、前视声呐、侧扫声呐和已有地形资料的地形、地貌匹配导航技术，重力和磁力匹配导航技术研究以及基于上述技术的综合导航技术和系统的研究和开发方面加大力度。

五、水深测量与水下地形测量

水下地形测量是测量海底起伏形态和地物的工作，是陆地地形测量在海域的延伸。

　　水下地形测量按照测量区域不同可分为海岸带、大陆架和大洋三种海底地形测量。其特点是测量内容多,精度要求高,显示内容详细。测量的内容包括水下工程建筑、沉积层厚度、沉船等人为障碍物、海洋生物分布区界和水文要素等,通常对海域进行全覆盖测量,确保详细测定测图比例尺所能显示的各种地物地貌,是为海上活动提供重要资料的海域基本测量。目前,海底地形测量中的定位通常采用 GPS,在近岸观测条件比较复杂的水域,也采用全站仪。海上定位已在前面介绍,下面主要介绍海底地形测量中的测深手段。

　　水下地形测量的发展与其测深手段的不断完善是紧密相关的。在回声测深仪尚未问世之前,水下地形探测只能靠测深铅锤来进行。这种原始测深方法精度很低,费工费时。20 世纪 20 年代出现的回声测深仪,是利用水声换能器垂直向水下发射声波并接收水底回波,根据其回波时间来确定被测点的水深。当测量船在水上航行时,船上的测深仪可测得一条连续的水深线(即地形断面),通过水深的变化,可以了解水下地形的情况。利用回声测深仪进行水下地形测量,也称常规水下测量,属于"点"状测量。70 年代出现了多波束测深系统和条带式测深系统,它能一次给出与航线相垂直的平面内几十个甚至上百个测深点的水深值,或者一条一定宽度的全覆盖的水深条带,所以能精确、快速地测出沿航线一定宽度内水下目标的大小、形状和高低变化,属于"面"测量。还有一种具有广阔发展前途的测量手段,即采用激光测深系统。激光光束比一般水下光源能发射至更远的距离,其发射的方向性也大大优于声呐装置所发射的声束。激光光束的高分辨率能获得海底传真图像,从而可以详细调查海底地貌与海底地质。以前,侧扫声呐系统因难以给出深度而只能用于水下地貌调查,近年来,随着水下定位等相关技术的发展以及高分辨率测深侧扫声呐系统的面世,侧扫声呐系统也可用于水下地形测量;同时,AUV/ROV 所承载的扫测设备也逐步成为高精度水下地形测量一个非常有效的手段。

　　1. 单频单波束回声测深

　　单波束水深测量是目前波束正入射水深数据采集的主要手段之一。安装在测量船底的发射换能器垂直向水下发射一定频率的声波脉冲,以声速 c 在水中传播到水底,经海底反射返回,并被接收换能器接收。若往返传播时间为 t,则换能器活性面(表面)至水底的距离 H 水深为:

$$H = c \, \Delta t / 2$$

　　2. 双频测深及水下沉积物厚度测量

　　若采用双频回声测深仪,换能器同时垂直向水下发射高频声和低频声脉冲。由于低频声脉冲具有较强的穿透性,因而可以打到海底硬质层;高频声脉冲仅能打到海底沉积物表层,实现水深测量;两个脉冲所得深度之差便是淤泥厚度 Δh。

$$\Delta h = Hl_f - H_{hf}$$

3. 多波束测深系统

多波束测深系统是从单波束测深系统发展起来的，它能一次给出与航线正交的平面内几十个甚至上百个深度，能够精确快速地测定沿航线一定宽度内水下目标的大小、形状以及水下地形的精细特征，从真正意义上实现了海底地形的"面"测量。

多波束测深系统发射换能器的基阵由两个圆弧形基阵所组成。每个基阵有多个换能器单元，它能在与航线垂直的平面内以一定的张角发射和接收多个波束，可获得多个水声斜距。结合船体航向、姿态、瞬时位置和海面高程等信息，通过归位计算，可获得相对地理坐标框架下的测点的三维坐标。多波束测量系统的覆盖宽度与其张角和水深有关系。张角（水深）越大，扇面覆盖宽度越大。

多波束测深系统可分为窄带多波束测深仪和宽带多波束测深仪。窄带多波束测深仪，波束数少，张角小，覆盖宽度窄，适合深水测量。宽带多波束测深仪波束多，覆盖宽度大，张角也大，适用于浅水域内的扫海测量和水下地形测绘。

4. 机载激光测深系统

机载激光测深系统是在 20 世纪 90 年代初出现的，它有别于传统的水深测量技术，主要用于近岸水深测量。机载激光测深原理与双频回声测深系统原理相似（如图 5-9 所示）。从飞机上向海面发射两种波段的激光：一种为红光，波长为 1 064nm；另一种为绿光，波长为 523nm。红光被海水反射，绿光则透射到海水里，到达海底后被反射回来。这样，两束光被接收的时间差等于激光从海面到海底传播时间的两倍，由此便可计算出海深。

激光测深系统目前测深能力一般在 50m 左右，测深精度大约为 0.3m；机载激光测深具有速度快、覆盖率高、灵活性强等优点，具有广阔的应用前景。

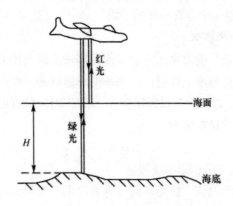

图 5-9　激光测探原理示意图

5. 水下机器人集成系统

水下载人潜水器、水下自治机器人（Autonomous Underwater Vehicle，AUV）或遥控水下机器人（Remotely Operated VehiCle，ROV），集成多波束系统、侧扫声呐系统等船载测深设备，结合水下 DGPS 技术、水下声学定位技术，可实现水下地形测量。

水下机器人因可以接近目标，所以利用其荷载的测量设备，可以获得高质量的水下图形和图像数据，因此自 20 世纪 60 年代开始，陆续有前苏联、美国、加拿大等十几个国家开始使用潜水器进行广泛的科学研究工作。目前使用的潜水器以自动式探测器最为先进，如德国的 SF3 型和前苏联的"斯加特"号等。"斯加特"号自动式潜水器既可进行海底地形测量，也可进行物观场和化学场测量。它由两个牢固的集装箱组成，一个装有全部系统和电池，另一个装有测量和研究的仪器；动力为 4 马力的附有螺旋桨的电动机，水下航速为 2 节；尺寸为 $2m \times 1m \times 0.97m$，排水量为 0.4t；探测器内装有水声定位系统，定位中误差为 ±3m。

用水下潜水器进行水下地形测量工作同用水面船只测量的手段和方法大致相同，只是在水下测量时需要测定潜水器本身的下沉深度。因此一般需要使用液体静力深度计和向上方向的回声测深仪。侧扫声呐的使用方法与水面船只使用方法是一样的。进行测量时，潜水器的航行坐标采用保障船只或水下海洋大地控制网点来确定。

我国虽然在这方面起步比较晚，但进步很快。"十五"期间研制出了 ROV 水下样机，但距离成熟的应用还存在一定的差距，因而在未来一段时间，AUV/ROV 关键技术中与测绘相关的研究主要表现在：水下机器人的导航和定位技术研究；水下目标识别技术研究；基于水下机器人载荷测量设备的精密测量方法及归位计算方法研究等。

除水下机器人集成系统外，通过上述手段实测得到的是相对瞬时海面的相对深度。为了反映真实的海底地形起伏变化，需要利用潮汐观测资料和潮汐模型，获得深度观测时刻测量水域的瞬时海面高程。利用该瞬时垂直基准，通过潮位改正，最终得到海底点的绝对高程。结合测量时刻的定位结果，可以得到海底测量点的三维坐标。利用这些离散点的三维坐标，可以绘制海底地形图或海床 DEM。

6. 水深遥感

空间遥感技术应用于海底地形测量是 20 世纪后期海洋科学取得重大进展的关键技术之一。遥感海底地形测量具有大面积、同步连续观测及高分辨率和可重复性等优点。微波遥感器还具有全天候的特点，这些都是传统的测量手段所无法比拟的。

遥感设备包括可见光多谱扫描仪、成像光谱仪、红外辐射计、微波辐射计、高度计、散射计和成像雷达。这些遥感器能够直接测量的海洋环境参数有海色、海面温度、海面粗糙度和海平面高度。利用这些参数，可以反演或计算出若干其他海洋环境参数，如海床地形等。

六、海洋水文要素及其观测

发生在海洋中的许多自然现象和过程往往与海水的物理性质密切相关。人类要认识和开发海洋，首先必须对海洋进行全面深入地观测和调查，掌握其物理性质。在海洋调查中，观测海洋水文要素更有其重要的意义。人类的生存活动与海洋水文的关系、海洋能源的利用、海洋航运、造船、海洋工程、海洋渔业都迫切需要掌握海洋水文要素的变化规律。因此，海洋水文要素的观测就显得非常重要。

海洋水文要素主要包括海水温度、盐度、密度、海流、潮汐、潮流、波浪等。水文观测是指在江河、湖泊、海洋的某一点或断面上观测各种水文要素，并对观测资料进行分析和整理的工作。水文测量为水下地形测量、水深测量以及定位提供必要的海水物理、化学特性参数。如测定海水温度、盐度或密度可以计算声波在水中传播的速度；潮汐观测可为水下地形测量提供瞬时垂直基准；波浪改正可提高测深及定位精度。

利用海洋水文测量资料可以绘制不同海洋要素的海洋水文图，表示各要素水平分布和垂直分布的一般规律，显示其随时间变化的一般性规律和特点。各种水文图都在地理基础底图上加绘专题要素。专题要素采用多种表示方法，如温度、盐度、密度、声速等要素常用等值线法表示其水平分布，用断面图表示其垂直分布。水色图一般用底色法表示。潮流、海流用动线法以不同颜色的矢符表示不同深层的流向，用矢符长短表示流速。

海水的温度、盐度可以利用温盐深仪通过物理或化学方法测定，是间接计算海水中声速的三个主要参数。海水中声速的测定还可以通过声速剖面仪来测量。声速剖面仪通过在不同深度和一定距离内声波的传播时间，获得对应深度层的声速，从而形成声速剖面。

海水的流速流向是海床演变的两个动力要素。流速流向可通过 ADCP（AcmiStic Doppler Current Profile）来测量。ADCP 是利用海流与 ADCP 几个超声波声柱的 Doppler 效应来计算流速的，通过声柱的位置来计算流向的。根据作业方式不同，ADCP 又可分为静置式和走航式两种。利用 ADCP 实测的流速和流向数据，可以绘制水域流场分布矢量图。

潮汐观测值一方面用于获取当地的潮位资料、分析潮汐变化特征，另一方面为水下地形测量提供垂直参考面。潮位观测通常可采用水尺验潮、超声波验潮、浮子式验潮、压力式验潮和 GPS 验潮等手段。

七、海底地貌及底质探测

海底地貌是指海底表面的形态、样式和结构。由于地壳构造等内营力和海水运动等外营力相互作用，并由于这种作用的性质、强弱和时间不同，从而使海底地表起伏形成大、中、小不同规模的三级地貌。大中地貌由内动力形成，小地貌由外动力形成。按所处位置和基本特征分为大陆边缘、大洋盆地和大洋中脊三大基本地貌。海底地貌探测是通过海底地貌探测仪即侧扫声呐系统来实现的。

按照作业方式的不同，侧扫声呐系统对海底地貌测量通常采用两种方式：一种是安装在测量船龙骨两侧的固定式，另一种为拖曳在船后一定距离和深度的拖曳式。为避免船体噪声的干扰，实际作业中通常采用拖曳式。侧扫声呐测量是现阶段扫海测量、应急测量、扫测障碍物的重要手段。它具有分辨率高、反映海底地貌特征彻底等优点，是目前寻找水下障碍物最有效的方法之一。两个主要缺陷限制着传统侧扫声呐系统的应用。首先，换能器正下方附近的测深精度很差；其次，当有两个或两个以上由不同方向同时到达的回波入射到声呐阵上时，系统不能正常工作。此外，由于常采用拖曳作业方式，拖曳自身的定位精度不高，并造成声呐图像的位置精度较差。随着声学干涉技术及计算机技术的发展，新型的测深侧扫声呐能够测量出海底的高分辨率三维影像，反映海底地形地貌的细微构造。

海底底质探测主要是针对海底表面及浅层沉积物性质进行的测量。探测工作是采用专门的底质取样器具进行的，可以由挖泥机、蚌式取样机、底质取样管等来实施。这些方法可在船只航行或停泊时，采集海底不同深度的底质，也能够采集海底碎屑沉积物、大块岩石、液态底质等。其中，用于深水取样的底质采样管有索取样管和无索取样管两种。海底底质探测也可以采用测深仪记录的曲线颜色来判明底质的特征。为了探测沉积物的厚度和底质的变化特征，采用浅地层剖面仪、声呐探测器等，浅水区还可以采用海上钻井取样。在所有的海底底质探测手段中，基于声学设备通过获取海底底质声呐图像反映海床底质、地貌的方法具有简单、有效等特点。

借助波束回波强度与海底底质之间的关系，根据侧扫声呐系统所获得的海底地貌图像，可以实现对海底沉积物表层质底属性的判断。若要对海底沉积物表层以下深度底质进行探测，还需要借助海底浅层剖面仪。海底浅层剖面仪又称次海底剖面仪，它是研究海底各层形态构造和其厚度的有效工具，其工作原理与回声测深仪相同。人们很早就发现，在用回声测深仪测深时，声音有时穿透底质层，在测深图上记录了海底沉积层及其构造。由于沉积层对声波的吸收系数比海水介质约高1000多倍，又因为回声测深仪的发射功率不大，所以，在深度较大和沉积物较坚硬的地区无法探测到必要的信息。浅地层剖面仪由发射机、接收机、换能器、记录器、电源等组成。发射机受记录器的控制，发射换能器周期性的向海底发射低频超声波脉冲，当声波遇到海底及其以下地层界面时，产生反射，返回信号，经接收换能器接收，接收机放大，最后输给记录器，并自动绘制出海底及海底以下几十米的地层剖面。海底浅层剖面仪的探测深度与工作频率有关。为满足生产的要求，通常应用的工作频率为3.5kHz和12kHz两种。前者探测地层深度为100m，后者约为20m。频率增高，声波吸收衰减加大，探测深度减小；频率低，探测深度大，但剖面仪的分辨率差。

八、海洋工程测量

海洋工程测量是为海洋工程建设、设计施工和监测进行的测量；海洋工程是与开发利用海洋直接相关的有关活动的总称。早期的海洋工程多指码头、堤坝等土石方工程。随着科学技术的进步，海洋工程包括的内容不断扩大，可分为海岸工程、近岸工程、深海工程、水下工程等。按照用途又可分为港口工程（海港工程）、堤坝工程、管道工程、隧道工程、疏浚工程、救捞工程以及采矿、能源、综合利用等工程；海洋工程测量仍以海洋定位、测深等手段为基础，在不同海洋工程勘测设计、施工和管理阶段所进行的测量工作，如海上钻井的钻头归位，港口、码头的施工放样等。

九、海洋地图绘制

海图的描绘对象是海洋及其毗邻的陆地。陆地地形测量的常规方法是实地地形测量和航空摄影测量；海洋地形测量的常规方法则是利用船艇进行海洋水深测量。陆地测量定位精度高r比海洋测量定位精度低得多。陆地地形测量主要用光学仪器r海洋地形测量主要用声学仪器。由于仪器、方法、精度的不同，使测量的外业成果的形式也不同。陆地测量的外业成果主要是图形资料；海洋测量的外业成果主要是记录纸、磁带、文字数据。这就导致了海图的成图方式和过程与陆地地图相比也有差别。差别最大的还是海图的内容及其表示方法。这是由于海水的覆盖，人类对海洋的改造和利用大大区别于陆地，导致海洋信息与陆地信息有重大区别。陆地地图中数量最大的地形图，以水系、居民地、交通网、地貌、土壤植被和境界线六大要素为其主要内容。海图的内容，除海底地形图的陆地部分与陆地地形图基本一致外，各种海图的陆、海内容与陆地地形图都有很大差别。与陆地地形图相对应的海底地形图的海洋区域，主要内容为岸、滩和海底地貌，海底基岩和海洋沉积物，海藻、海草等动植物，水文要素，沉船、灯标、水中管线、钻井或采油平台等经济要素，以及在实地看不见的各种航道、界线。海洋中没有陆地上的居民地、道路网、河流、湖泊、沼泽，植被多。陆地上的许多地物，在海洋中没有或不多见。数量最多的航海图的内容也明显区别于陆地地图，其六大要素为海岸、海底地貌、航行障碍物、助航标志、水文及各种界线。海洋图的表示方法更是与陆地地图不同，主要为：多选用墨卡托投影编制以利于航船等航行时进行海图作业 r 没有固定的比例尺系列；深度起算面不是平均海面，而是选用有利于航海的特定深度基准面；分幅主要沿海岸线或航线划分，邻幅间存在叠幅；为适应分幅的特点，航海图有自己特有的编号系统 r 海图与陆地地图制图综合的具体原则因内容差异甚大和用途不同而有所区别；有自己的符号系统；更需要及时、不间断地进行更新，保持其现势性，以确保船舶航行安全。

海图的基本功能表现为：

（1）海图是海洋区域的空间模型。这就使海图直观易读、信息丰富、并且具备真实性、地理适应性以及具有可量测性的特点。

（2）海图是海洋信息的载体。海图作为信息的载体，以图形形式表达、储存和传输空间信息，能让人们直接感受读取信息。机器不能直接读取和利用，而必须经过数字和代码转换才能读取和处理。随着海图制图自动化的发展，尤其是随着海洋地理信息系统、海图数据库——数字海图的发展，可以弥补这些不足。

（3）海图是海洋信息的传输工具。海洋空间的许多物体和现象，都可以在海图上表达出来，人们可以通过海图得到信息。在这一点上，海图的表达能力强于语言文字。

（4）海图是海洋分析的依据。由于海图本身就是一个海洋空间模型，而且还可利用海图图形建立海洋空间的其他多维模型，使海洋制图现象空间模型更具体化。

海图主要用于航海、渔业、海洋工程、国际交往、国防事业、海图历史研究等。海图是海洋区域的空间模型，海洋信息的载体和传输工具，是海洋地理环境特点的分析依据，在海洋开发和海洋科学研究等各个领域都有着重要的使用价值。

海图是通过海图编制完成的。海图编制是设计和制作海图出版原图的工作。作业过程通常分为编辑准备、原图编绘和出版准备三个阶段。

编辑准备阶段：根据任务和要求确定制图区域的范围、数学基础；确定图的分幅、编号和图幅配置；研究制图区域的地理特点；分析、选择制图资料；确定海图的内容、选择指标与综合原则、表示方法；制定为原图编辑和出版准备工作的技术性指导文件。

原图编绘阶段：根据任务和编辑文件进行具体制作新图的过程，是海图制作的核心。具体包括：数字基础的展绘；制图资料的加工处理；当基本资料比例尺与编绘原图比例尺相差较大时，需作中间原图，资料复制及转绘；各要素按综合原则、方法和指标进行内容的取舍和图形的概括（综合），并按照规定图例符号和色彩进行编绘；处理各种图面问题，包括资料拼接、与邻图接边、接幅以及图面配置等。

编绘方法有编稿法、连编带绘法、计算机编绘法等。为保证原图的质量，在正式编绘前试编原图或草图。运用传统方法进行图形编绘后还需做清绘或刻绘原图的工作，即出版前的准备工作。

出版准备阶段：将编绘原图复制加工成符合图式、规范、编图作业方案和印刷要求的出版原图；制作供制版、印刷参考的分色样图和试印样图。随着制图技术的进步，原图编绘和出版准备工作可在电子计算机制图系统上完成。

十、海洋地理信息系统

为满足国家和地方政府、科学研究机构和经济实体等在进行海洋工程建设、资源开发、抗灾防灾以及军事活动等对海洋测绘地理信息的需求，近十年海洋测绘发展出现了另一个新的领域——海洋地理信息系统（Marine Geographic Information System, MGIS）。目前，快速数据采集技术（如卫星、多波束声呐等）、数字海图生产技术和 GIS 技术等已为 MGIS 的建立奠定了基础，MGIS 已成为海洋测绘的一个新的发展趋势。

MGIS 的研究对象包括海底、水体、海表面及大气及沿海人类活动五个层面，其数据标准、格式、精度、采样密度、分辨率及定位精度均有别于陆地。在建设 MGIS 的过程中，对计算机应用软件的特殊需求为：能适应建立有效的数字化海洋空间数据库；使众多海洋资料能方便地转化为数字化海图；在海洋环境分析中可视化程度较高，除 2-D、3-D 功能以外，能通过 4-D 系统分析环境的时空变化和分布规律；能扩展海洋渔业应用系统和生物学与生态系统模拟；能增强对水下和海底的探测能力，能改进对海洋环境综合分析的效果；能作为海洋产业建设和其他海事活动辅助决策的工具。一般 GIS 处理分析的对象大多是空间状态或有限时刻的空间状态的比较，MGIS 则主要强调对时空过程的分析和处理。

MGIS 可以为遥感数据、GIS 和数字模型信息等提供协调坐标、存储和集成信息的系统结构。另外，它也可以提供工具来分析数据、可视化变量之间的关系和模型（图 5-10）。

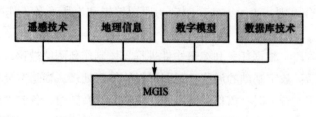

图 5-10　海洋地理信息系统（MGIS）

　　MGIS 可应用于海岸带管理、海洋环境监测评价、海洋渔业、海洋油气开发和其他领域。从海洋地理信息系统在各个海洋领域的应用可看出，MGIS 在处理海洋数据上具有强有力的功能。因为 MGIS 在海洋领域的应用都与该领域具体学科有关，所以在实际应用中，MGIS 应该是集成系统，其中应该包括海洋领域的应用系统。在该集成系统中，应充分理解数据在不同参照系之间的转换所涉及的各个空间海洋系统的集成。

第六章　全球卫星导航定位技术研究

第一节　全球卫星导航定位技术基础知识

一、定位与导航的概念

前面几章已经阐述了测绘的主要目的之一是对地球表面的地物、地貌进行准确定位（通常称为测量）和以一定的符号和图形方式将它们描述出来（通常称之为地图绘制）。因此，从测绘的意义上说，定位就是测量和表达某一地表特征、事件或目标发生在什么空间位置的理论和技术。当今，人类的活动已经从地球表面拓展到近地空间和太空，进入了电子信息时代和太空探索时代。定位的目标小到原子、分子，中到地球上各种自然和人工物体、事件乃至地球本身，大至星球、星系。因此，从广义和现代意义上来说，定位就是测量和表达信息、事件或目标发生在什么时间、什么相关的空间位置的理论方法与技术。由于微观世界的测量涉及量子理论和技术，需要特殊方法和手段，因此我们这里的定位含义，仍然是讨论中观和宏观世界里有关信息、事件和目标的发生时间和空间位置的确定。至于导航，是指对运动目标，通常是指运载工具如飞船、飞机、船舶、汽车、运载武器等的实时、动态定位，即三维位置、速度和包括航向偏转、纵向摇摆、横向摇摆三个角度的姿态的确定。由此，定位是导航的基础，导航是目标或物体在动态环境下位置与姿态的确定。

二、定位需求与技术的发展过程

人类社会的早期物质生产活动以牧猎为主，日出而作，日落而息。当时的人类活动不能离开森林和水草，或者随水草的盛衰而漂泊迁移，可以说没有什么明确的定位需求。到了农业时代，人类在河流周围开发农田，并建村建市定居和交换产品，产生了丈量土地的需求，也产生了为种植作物而要了解四时八节、时间、气象、气候以及南北地域位置测量的需求；同时争夺土地的战争更推动了准确了解敌我双方村镇及交通位置、水陆山川地貌地物特征的需求。因此，相应的早期测绘定位定时的理论与技术就出现了。在中国，产生了像司南、计里鼓车、规、矩、日晷这些古代定位定时仪器。到了工业时代，人类的全球性经济和科学活动包括航海、航空、洲际交通工程，通信工程，矿产资源的探测，水利资源的开发利用，地球的生态及环境变迁研究等，大大促进了对精确定位的需求，时间精度要求达到了百万分之几秒，目标间相对位置精度要求达到几个厘米甚至零点几个毫米，定位的理论和技术进入了一个空前发展时期，观测手段实现了从光学机械仪器到光电子精密机械仪器的发展，完成了国家级到洲际级的大型测绘。20世纪后半叶，出现了电子计算机技术、半导体技术、激光技术、集成电路技术、航天科学技术，人类开始进入电子信息时代和太空探索时代。与此同时，地球的资源与环境问题也越来越严重，人类对大规模自然灾害的发生机理的探索和治理的需求也越来越迫切，因此定位的需求从静态发展到了动态，从局部扩展到全球，从地球走向太空，同时也从陆地走向了海洋，从海洋表面走向了海洋深部。1957年10月，前苏联发射了人类第一颗人造地球卫星。人们在跟踪无线电信号的过程中，发现了卫星无线电信号的多普勒频移现象，这预示着一种全新的太空测量位置方式可以探索，由此提出了卫星定位和动态目标导航的初步概念。从此，人类进入了卫星定位和导航时代。

三、绝对定位方式与相对定位方式

如前所述，定位就是确定信息、事物、目标发生的时间和空间位置。因此定位之前，必须先要确定时间参考点和位置参考点，也就是要建立时间参考坐标系统和位置参考坐标系统。时间与空间参考坐标系统的建立，一直就是测绘学和天文学最前沿的理论与技术研究方向，目前仍然在不断发展之中。在时间和空间参考坐标系统建立的基础上，再探讨如何在某个参考系统内确定信息、事件、目标的时间和具体位置，这是本章的主要讲述内容。

在实际工作中，我们把直接确定信息、事件和目标相对于参考坐标系统的位置坐标称为绝对定位，而把确定信息、事件和目标相对于坐标系统内另一已知或相关的信息、事件和目标的位置关系称为相对定位。

一般来说，绝对定位的概念比较抽象，技术比较复杂，定位精度也难以达到很高；而相对定位概念比较直观、具体，技术较为简单、直接，容易实现高精度。利用气压高度计测定位置或目标的海拔高程也是绝对定位的例子，其精度只能达到 $5 \sim 10\text{m}$。用雷达测量运动的飞机的方位角(a)和雷达与飞机间的斜距(D)和高度角(r)是相对定位测量的例子，如图6-1所示。类似于雷达的全站仪是由激光来测量仪器至目标的距离，用精密电子设备测量仪器至目标的方位角和高度角，其相对定位的精度可高达 $1 \sim 2\text{mm}$。相对定位技术上较易实现，通过相对定位的方式，在已知某目标绝对定位结果的情况下，也可以获得新目标的绝对定位位置。

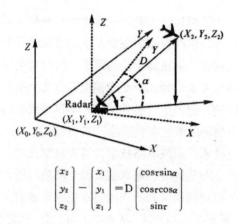

$$\begin{bmatrix} x_2 \\ y_2 \\ z_2 \end{bmatrix} - \begin{bmatrix} x_1 \\ y_1 \\ z_1 \end{bmatrix} = D \begin{bmatrix} \cos r \sin \alpha \\ \cos r \cos \alpha \\ \sin r \end{bmatrix}$$

图 6-1　相对定位的例子：目标的雷达定位

四、定位与导航的方法和技术

1. 天文定位与导航技术

如前文所述，人类很早就认识到地球应该类似一个圆球，也知道通过观测太阳或恒星的方位变化和高度角变化测量时间和经纬度，这是早期天文测量定位方法。通过观测天体来测定航行体（如海上的船，空中的飞机或其他飞行器）位置，以引导航行体到达预定目的地，称为天文导航。天文导航始于航海。从古代远洋航行出现以来，天文导航一直是重要的船舶定位定向手段，即使在当今，天文导航也是太空飞行器导航的重要手段之一，特别是飞行体姿态确定的重要手段之一。

天文导航定位时，观测目标是宇宙中的星体。人们通过对星体运行规律的观测编成了天文年历，即一年中任一瞬间各可见星体在天空中的方位和高度角。我们能够根据观测日期和时间，从天文年历中查出星体的位置，进而获得星体在天球上投影点的地理位置（天文经纬度）。天文定位与导航最基本的思路是建立与地球上观测者位置相对应的天球（简单地说，就是以观测者位置为中心假想地将地球膨胀成一个半径为无穷大的圆球面），天球上有星体和地球表面观测者对应的天顶点（观测者头顶在天球上的投影），这样，如果测定了星体与天顶点间的夹角（也叫天顶距），也就得到了星体在天球上的投影点与观测者在天球上的投影点之间的角距离。所以，只要观测了星体的天顶距，就能通过计算获得星体天球投影点到观测者天球投影点之间的角距离。通过观测两个星体，得到两个星体投影点（天文经纬度已知）和两个角距离。分别以两个星体投影点为圆心，以各自到观测者天顶的角距离为半径画圆，两圆的交点就是观测者的位置。这就是天文定位的几何原理。

如图 6-2 所示，G 是地球观测者的位置，g 是 G 的天顶方向在天球上的投影；p

是地球自转轴北极 P 在天球上的投影，正好也是理想上的北极星在天球上投影的位置；s 是某恒星天体在天球上的投影位置。在天球上的坐标（如某种定义下的经纬度 ϕ 和 λ）（ϕ_p, λ_p），（ϕ_s, λ_s）是可从天文年历中查到的。z_p, z_s 分别是北极星 P 和恒星天体 s 到观测者天顶投影 g 的天顶距，是可以用某种仪器或方法观测到的。两个观测量可以确定两个方程式，于是可确定观测者 G 对应的天顶 g 在天球上的天文坐标 ϕ_g, λ_g，即

$$\phi_g = f_g\left(\phi_p,\ \lambda_p,\ \phi_s,\ \lambda_s,\ z_p,\ z_s\right)$$
$$\lambda_g = f_g\left(\phi_p,\ \lambda_p,\ \phi_s,\ \lambda_s,\ z_p,\ z_s\right)$$

其中 z_p, z_s 是观测量，可以通过观测者在地球上用经纬仪测量获取，也可以通过用某种仪器对北极星 P 和恒星 s 进行摄影的方式获取。天文定位与导航一般属于绝对定位方式。

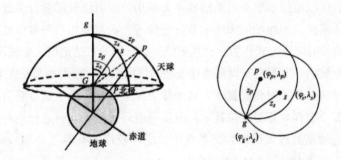

图 6-2　地球表面观测者 G 及其对应的天顶和天球的关系

2. 常规大地测量定位技术

常规大地测量定位技术多半属于相对定位技术。由于其主要采用以望远镜为观测手段的光学精密机械测量设备，如经纬仪、铟钢基线尺和激光测距仪等，只能进行静止目标的测量定位，其相对定位的精度一般可达 $10^{-5} \sim 10^{-6}$。关于这一定位技术，第 2 章已有详细论述，在此不再赘述。

3. 惯性导航定位技术

惯性导航系统（Inertial Navigation System，INS）是 20 世纪初发展起来的导航定位系统。它是一种不依赖于任何外部信息、也不向外部辐射能量的自主式导航定位系统，具有很好的隐蔽性。惯性导航定位不仅可用于空中、陆地的运动物体的定位与导航，还可以用于水下和地下的运动载体的定位与导航，这对军事应用来说具有很重要的意义。惯性导航定位的基本原理是惯性导航设备里安装有两种基本的传感器：一种称为陀螺的传感器可以测量运动载体的三维角速度矢量，另一种称为加速度计的传感器可以测量运动载体在运动过程中的加速度矢量，通过加速度、速度与

位置的关系，最终得到运动载体的相对位置、速度和姿态（航向偏转，横向摇摆，纵向摇摆）等导航参数。

惯性导航系统的主要优点是：它不依赖任何外界系统的支持而能独立自主地进行导航，能连续地提供包括姿态参数在内的全部导航参数，具有良好的短期精度和短期稳定性。但惯性导航系统结构复杂、设备造价较高；导航定位误差会随时间积累而增大，因而需要经常校准；有时校准时间较长，不能满足远距离或长时间航行以及高精度导航的要求。

4. 无线电导航定位技术

利用无线电波来确定动态目标至位置坐标已知的导航定位中心台站之间距离或时间差的定位与导航技术，称为无线电导航定位技术。其定位方法如果按定位系统是否需要用户接收机向系统发射信号来区分，可分为被动式定位方式和主动式定位方式两种。只接收定位系统发射的信号而无须用户发射信号就能自主进行定位的方式称为被动式定位，如船舶的无线电差分定位等；而需要用户发射信号或同时需要发射和接收信号的定位方式称为主动式定位，如目标的雷达定位、全站仪定位等。

无线电导航信号发射台安设在地球表面的导航系统，称为地基无线电导航系统。若将无线电导航信号发射台安置在人造地球卫星上，就构成卫星导航系统。地基无线电导航系统一般都属相对定位技术。卫星导航系统是可同时进行绝对定位和相对定位的技术。地基远程无线电导航系统中，应用较广的有罗兰 C（Lomn—C），奥米伽（OMEGA）和塔康（TACAN）等。

罗兰 C 是一种远程无线电导航系统。1957 年，美国因军事需要而研制和建立了第一个罗兰 C 台链。此后，逐步扩展到世界许多国家，从航海民用发展到航空和陆地民用。全球共建设了 17 个罗兰 C 台链，其信号覆盖北美、西北欧、地中海、远东、夏威夷及美国本土 48 个州。1994 年底，美国已退出它所在的海外罗兰 C 台链（加拿大除外），将之移交给台链驻在国。自 1990 年 4 月以来，我国先后在南海、东海和北海等地区建立了多个罗兰 C 台链。

罗兰 C 导航系统采用脉冲相位双曲面定位原理，如图 6-3 所示。其工作频率为 90 ~ 110kHz，该波段有地波和天波两种传播方式。用地波定位的作用距离为 2000km 左右，用天波定位的作用距离是 4000km。地波定位精度为 460m（2σ），重复测量和相对定位精度为 18 ~ 90m（2σ）。此外，罗兰 C 信号还具有定时功能，可用于精确的时间比对测量。因此罗兰 C 在航海、航空和陆地上获得了较广泛的应用。截至 1993 年，全球罗兰 C 用户超过 100 万。但是，罗兰 C 台链覆盖地区有限，定位精度也较低，所以美国国图7-4 双曲面定位原理示意图防部决定，美军在 1994 年开始停止使用罗兰 C 导航系统，而采用性能更优越的 GPS 全球定位系统。

奥米伽（OMEGA）是甚低频超远程导航系统。它采用相位双曲面定位原理，工作频率为 10.2 ~ 13.6kHz，作用距离可达 15000km，定位精度为 3.7 ~ 7.4km（2σ），相对定位精度约为 460m（2σ）。奥米伽导航系统是美国海军和海岸警卫队联合研制的，由美国海岸警卫队控制，主要用于跨洋航行的船舶和在海岸上空飞行的飞机导航。1982 年全面建成了 8 个奥米伽地面发射台，为全球用户提供双曲线定位服务。1992 年的统计表明，全球约有 27000 个奥米伽用户，其中民用占 80%。塔康（TacticalAirNavigation，TACAN）是由美国国防部（DoD）和美国联邦航空局（FAA）联合研制和管理的航空战术导航系统，它用地面应答站给出飞机的方位角和距离，其测量精度分别为 1° 左右和 185m（2σ）。据统计，塔康用户全球约为 14000 个，其中 100 个为民间用户。

以上介绍的是地基无线电导航系统，其最大的优点是系统定位可靠性高，全天候适用。它们在人类的导航史上发挥了巨大的作用，但也普遍存在以下不足：（1）系统覆盖区域受限制；（2）定位精度较低。因此，这些系统难以满足现代航海、航空和陆地车辆的导航定位需求。随着卫星导航定位技术的出现和迅速发展，地基无线电导航系统逐渐被卫星导航定位系统所取代。

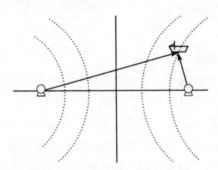

图 6-3　双曲面定位原理示意图

5. 卫星导航定位技术

前面提到的这些导航与定位技术都存在着不同程度的缺陷。比如天文导航技术很复杂，且仅适合夜晚和天气良好的情况下使用，测量精度也有限；地面无线电导航与定位技术基于较少的无线电信标台站，不但精度和覆盖范围有限，而且易受无线电干扰。20 世纪 50 年代末，前苏联发射了人类的第一颗人造地球卫星，美国科学家在对其信号进行跟踪研究的过程中，发现了多普勒频移现象，并利用该原理促成了多普勒卫星导航定位系统 TRANSIT 的建成，在军事和民用方面取得了极大的成功，是导航定位史上的一次飞跃。但由于多普勒卫星轨道高度低，信号载波频率低，轨道精度难以提高。且由于系统含卫星数较少，地面观测者不可能实现连续无间隔的卫星定位观测，一次定位所需的时间也长，不适用于快速运动物体（如飞机）的定位与导航；定位精度尚不够高，有相当多的缺点。为此，20世纪70年代初期，美国政府不惜投入巨大的人力、物力和财力，开展了对高精度全球卫星导航定位系统的研制工作。经过十余年的不懈努力，终于在80年代的中、后期，第二代真正意义上的全球定位系统（GPS）逐步投入了运行。不久后，前苏联建成了（GLONASS）系统。前苏联解体后，该系统由俄罗斯接管。

卫星导航定位技术的本质是无线电定位技术的一种。它将信号发射台站从地面移到太空中的卫星上，用卫星作为发射信号源。卫星导航定位系统克服了地基无线电导航系统的局限，能为世界上任何地方（包括空中、陆上、海上甚至外层空间）的用户全天候、连续地提供精确的三维位置、三维速度以及时间信息。全球卫星导航定位系统的出现，是导航定位技术的巨大变革，它完全实现了从局部测量定位到全球测量定位，从静态定位到实时高精度动态定位，从限于地表的二维定位到从地表到近地空间的全三维定位，从受天气影响的间歇性定位到全天候连续定位的变革。其绝对定位精度也从传统精密天文定位的十米级提高到厘米级水平，将相对定位精度从 10^{-5} ~ 10^{-6} 提高到 10^{-8} ~ 10^{-9} 水平，将定时精度从传统的毫秒级（10^{-3} ~ 10^{-4}s）提高到纳秒级（10^{-9} ~ 10^{-10}s）水平。

五、组合导航定位技术

组合导航的技术思想在我国古老的航海术中已经体现出来。在北宋宣和元年就记载有："舟师试地理，夜则观星，昼则观日，阴晦观指南"。就是说当时的航海家用地文航海术、天文航海术（白天观测太阳，夜晚观测星体），在阴天见不到太阳时用磁罗经进行定向导航。从有文字记载的历史中可以看出，我国是最早综合应用各种航海术的国家之一。而现代组合导航系统是20世纪70年代在航海、航空与航天等领域，随着现代高科技的发展应运而生的。随着电子计算机技术特别是微机技术的迅猛发展和现代控制系统理论的进步，从20世纪70年代开始，组合导航技术就开始迅猛发展起来。为了提高导航定位精度和可靠性，出现了多种组合导航的方式，如惯性导航与多普勒组合导航系统、惯性导航与测向/测距（VOR/DME）组合导航系统、惯性导航与罗兰（LORAN）组合导航系统，以及惯性导航与全球定位系统（INS/GPS）组合导航系统。这些组合导航系统把各具特点的不同类型的导航系统匹配组合，扬长避短，加之使用卡尔曼滤波技术等数据处理方法，使系统导航能力、精度、可靠性和自动化程度大为提高，成为目前导航技术发展的方向之一。

在上述组合导航系统中，以 INS/GPS 组合导航最为先进，应用最为广泛。由于GPS 具有长期的高精度，而 INS 具有短时的高精度，并且 GPS 和 INS 两种运动传感器输出的定位数据速率不同，组合在一个运载体上，它们可对同一运动以不同的、互补的精度和定位观测速率间隔获取性质互补的定位观测量，因此，对它们进行组合可以得到高精度的实时定位数据，克服了 INS 无限制累积的位置误差和独立 GPS 的慢速率输出定位数据的缺陷。

六、区域卫星导航定位技术

北斗 – 双星导航与定位系统是我国自主研制的区域卫星导航与定位系统。我国双星导航卫星的成功发射及系统的投入使用，大大提高了我国独立自主的导航能力。该系统将定位、通信和定时等功能结合在一起，而且有瞬时快速定位的功能。该系统利用两颗地球同步卫星作信号中转站，用户的收发机接收一颗卫星转发到地面的测距信号，并向两颗卫星同时发射应答信号，地面中心站根据两颗卫星转发的同一个应答信号以及其他数据计算用户站位置，因此，这是一种主动或无线电定位系统。用户收发机在允许的时间或规定的时间内，在接收到卫星的转发信号后，便可在显示器上显示出定位结果。用户机不需要导航计算装置，但有发射部分，故可同时作为简单的通信和数据传输之用。定位精度视双星的经度间隔而定。如地面有参考点时，其精度可达 lom 量级。但物体的高度需另用测高仪测量，在必要时提供三维数据。授时精度则比 GPS 更高，因标准时钟可以安装在中心站而将定时信号通过卫星传达给用户，比 GPS 装于卫星上的标准时钟更能保持稳定性和准确度。整个系统的定位处理集中在中心站进行，故中心站随时掌握用户动态，对于管理和商业应用十分有利。由于所用的是同步卫星，所以其覆盖范围是地区性的，但是其面积可以很大（例如中国和东南亚），而且可以发展成为全球性的（高纬度地区除外）导航定位技术。我国建立这一系统，对于交通、运输、旅游、西部地区的开发、灾害监视和防治以及全国范围的时间同步都有重要的作用。我国的第二代卫星导航定位系统正在建设中。

第二节　全球卫星导航定位系统的工作原理和使用方法

一、基础内容

全球卫星导航定位系统都是利用在空间飞行的卫星不断向地面广播发送某种频率并加载了某些特殊定位信息的无线电信号来实现定位测量的定位系统。卫星导航定位系统一般都包含三个部分：第一部分是空间运行的卫星星座。多个卫星组成的星座系统向地面发送某种时间信号、测距信号和卫星瞬时的坐标位置信号。第二部分是地面控制部分。它通过接收上述信号来精确测定卫星的轨道坐标、时钟差异，监测其运转是否正常，并向卫星注入新的卫星轨道坐标，进行必要的卫星轨道纠正和调整控制等。第三部分是用户部分。它通过用户的卫星信号接收机接收卫星广播发送的多种信号并进行处理计算，确定用户的最终位置。用户接收机通常固连在地面某一确定目标或固连在运载工具上，以实现定位和导航的目的。

目前，正在运行的全球卫星导航定位系统有美国的全球卫星定位系统（GPS）和俄罗斯的全球卫星导航定位系统（GLONASS）。后者由于经济问题，星座中卫星缺失太多，暂时不能连续实时定位。正在发展研究的有欧盟的（GALILEO）系统和中国第二代卫星导航定位系统。具有全球导航定位能力的卫星导航定位系统称为全球卫星导航定位系统（Global Navigation Satellite System，GNSS）。本章后面将会多次用到 GNSS 的概念和术语。

二、GPS 全球定位系统的概念

美国的全球定位系统（GPS）计划自 1973 年起步，1978 年首次发射卫星，1994 年完成 24 颗中等高度圆轨道（MEO）卫星组网，历时 16 年、耗资 120 亿美元。至今，已先后发展了三代卫星。整个系统由空间部分、控制三部分和用户部分组成。

1. 空间部分

（1）GPS 卫星星座：设计为 21 颗卫星加 3 颗轨道备用卫星，实际已有 27 ～ 28 颗在轨运行卫星。其星座参数为：

①卫星高度 200km；

②卫星轨道周期：11h58min；

③卫星轨道面：6 个，每个轨道至少 4 颗卫星；

④轨道的倾角：55°，为轨道面与地球赤道面的夹角。

（2）GPS 卫星可见性：地球上或近地空间任何时间至少可见 4 颗、一般可见 6 ～ 8 颗卫星。

（3）GPS 卫星信号：

①载波频率：L 波段双频 L_1 为 1575.42MHz，L_2 为 1227.60MHz；

②卫星识别：码分多址（CDMA），即根据调制码来区分卫星；

③测距码：C/A 码伪距（民用），P_1、P_2 码伪距（军用）；

④导航数据：卫星轨道坐标、卫星钟差方程式参数、电离层延迟修正，以上数据称为广播星历。它相当于向用户提供了定位的已知参考点的（卫星）起算坐标和系统参考时间以及相关的信号传播误差修正。

2．控制部分

（1）监控站：接收卫星下行信号数据并送至主控站，监控卫星导航运行和服务状态。

（2）主控站：卫星轨道估计，卫星控制，定位系统的运行管理。

（3）注入站：将卫星轨道纠正信息、卫星钟差纠正信息和调整卫星运行状态的控制命令注入卫星。

3．用户部分

GPS 接收机由接收天线和信号处理运算显示两大部件组成。按照定位与导航功能可将接收机分为两大类：

（1）大地测量型接收机：一般用于高精度静态定位和动态定位。

（2）导航型动态接收机：一般用于实时动态定位。

按照同时能接收的载波频率也可将接收机分为两类：

（1）双频接收机：能同时接收 L_1、L_2 两种载波频率和相应的 C/A 码和 P 码伪距，一般用于静态大地测量和高精度动态测量。其中，能同时接收 P_1 和 P_2 码伪距值的接收机俗称双频双码接收机。

（2）单频接收机：只能接收 U 载波频率和 C/A 码伪距，一般用于低精度测量和普通导航。

三、GLONASS 全球卫星导航定位系统的概念

GLONASS 是前苏联从 20 世纪 80 年代初开始建设的与美国 GPS 系统类似的卫星导航定位系统，由卫星星座、地面监测控制站和用户设备三部分组成，现在由俄罗斯空间局管理。GLONASS 的整体结构类似于 GPS 系统，其主要不同之处在于星座设计、信号载波频率和卫星识别方法的设计不同，其空间部分的主要参数是：

卫星星座：24 颗；

卫星高度：19100km；

轨道周期：11h15min；

轨道平面：3 个，每个轨道 8 颗卫星；

轨道倾角：64.8°；

载波频率：$L_1$602.0000 + 0.5625iMHz，i 为卫星频道编号（−7 ≤ i ≤ 24），$L_2$1246.000 + 0.432iMHz

卫星识别方法：频分多址（FDMA），即根据载波频率来区分不同卫星。

GLONASS 的卫星导航定位信号类似于 GPS 系统，测距信号也分为民用码和军用码，同时广播星历的参数与 GPS 也很类似，这里不再赘述。

四、伽利略（GALILEO）全球卫星导航定位系统的概念

GALILEO 系统是欧洲自主的、独立的全球多模式卫星导航定位系统，可提供高精度、高可靠性的定位服务，同时完全实现非军方控制和管理。

GALILEO 系统由 30 颗卫星组成，其中 27 颗工作星，3 颗备份星。卫星分布在 3 个中地球轨道（MEO）上，轨道高度为 23616km，轨道倾角 56°。每个轨道上部署 9 颗工作星和 1 颗备份星，某颗工作星失效后，备份星将迅速进入工作位置替代其工作，而失效星将被转移到高于正常轨道 300km 的轨道上。

GALILEO 系统计划于 2008 年完成，耗资约 40 亿欧元。欧盟的一些专家称，该系统可与美国的 GPS 和俄罗斯的 GLONASS 兼容，但比前两者更安全、更准确，有助于欧洲太空业的发展。

GALILEO 系统按不同用户层次分为免费服务和有偿服务两种级别。免费服务包括：提供 U 频率基本公共服务，与现有的 GPS 民用基本公共服务信号相似，预计定位精度为 10m；有偿服务包括：提供附加的 L2 或 L3 信号，可为民航等用户提供高可靠性、完好性和高精度的信号服务。GALILEO 系统定义了 5 种类型的服务：

（1）开放服务（Open Serv1Ce，OS）：向所有民用用户开放的免费业务；

（2）商业服务（Commercial ServiCe，CS）：为商业应用提供实施控制接入的有偿服务；

（3）公共管理服务（Public Regulated ServiCe，PRS）：为公共管理安全和军事应用提供实施控制接入的有偿服务；

（4）生命安全服务（Safety–of–life Service，SoL）：确保飞机、车辆运行安全的服务；

（5）搜索和救援服务（Search and Rescue ServiCe，S&R）：失踪目标搜索和相应救助的有偿服务。

五、全球卫星导航定位的主要误差来源

上述绝对定位精度不高，主要是由于在已知数据和观测数据中都含有大量误差。一般来说，产生 GNSS 卫星定位的主要误差按其来源可以分为以下三类：

1. 与卫星相关的误差

轨道误差：目前实时广播星历的轨道三维综合误差可达 10 ~ 20m。

卫星钟差：简单地说，卫星钟差就是 GNSS 卫星钟的钟面时间同标准 GNSS 时间之差。对于 GPS，由广播星历的钟差方程计算出来的卫星钟误差一般可达 10 ~ 20ns，引起的等效距离误差小于 6m。

卫星几何中心与相位中心偏差：可以事先确定或通过一定方法解算出来。

　　为了克服广播星历中卫星坐标和卫星钟差精度不高的缺点，人们运用精确的卫星测量技术和复杂的计算技术，可以通过因特网提供事后或近实时的精密星历。精密星历中卫星轨道三维坐标精度可达 3 ~ 5cm，卫星钟差精度可达 1 ~ 2ns。

　　2. 与接收机相关的误差

　　接收机安置误差：即接收机相位中心与待测物体目标中心的偏差，一般可事先确定。

　　接收机钟差：接收机钟与标准的 GNSS 系统时间之差。对于 GPS，一般可达 10^{-5} ~ 10^{-6}s。

　　接收机信道误差：信号经过处理信道时引起的延时和附加的噪声误差。

　　多路径误差：接收机周围环境产生信号的反射，构成同一信号的多个路径入射天线相位中心，可以用抑径板等方法减弱其影响。

　　观测量误差：对于 GPS 而言，C/A 码伪距偶然误差约为 1 ~ 3m；P 码伪距偶然误差约为 0.1 ~ 0.3m；载波相位观测值的等效距离误差约为 1 ~ 2mm。

　　3. 与大气传输有关的误差

　　电离层误差：50 ~ 1000km 的高空大气被太阳高能粒子轰击后电离，即产生大量自由电子，使 GNSS 无线电信号产生传播延迟，一般白天强，夜晚弱，可导致载波天顶方向出现最大 50m 左右的延迟量。误差与信号载波频率有关，故可用双频或多频率信号予以减弱。

　　对流层误差：无线电信号在含水汽和干燥空气的大气介质中传播而引起的信号传播延时，其影响随卫星高度角、时间季节和地理位置的变化而变化，与信号频率无关，不能用双频载波予以消除，但可用模型减弱。

六、GPS 技术的最新进展

　　GPS 技术的最新进展代表了全球卫星导航定位系统（GNSS）的主要发展方向，目前主要表现在卫星系统、定位方法和接收机三个方面的迅速发展。本节对前两个方面的某些进展作一些介绍。

　　1. GPS 现代化计划

　　现代化计划这一概念是 1998 年年初出当时的美国副总统戈尔提出来的。1999 年9 月美国总统科技顾问在一次 GPS 国际讨论会上的一段讲话中，可见其概貌。"GPS在 21 世纪将继续为军民两用的系统，既要更好地满足军事需要，也要继续扩展民用市场和应用的需求。美国政府决心对 GPS 系统的核心部分进行现代化变革，它主要包括：增加 GPS 两个新的民用频率，提高 GPS 卫星集成度，增强 GPS 无线电信号强度，改进导航电文，改善导航与定位精度、可靠性，强化 GPS 抗干涉能力。"从有关文献来看，GPS 现代化的实质基本上可以归纳为以下三个方面：

（1）保护。采用一系列措施保护 GPS 系统不受敌方和黑客的干扰，增加 GPS 军用信号的抗干扰能力，其中包括增加 GPS 的军用无线电信号的强度。

（2）阻止。阻止敌方利用 GPS 的军用信号。设计新的 GPS 卫星型号（ⅡF）和新的 GPS 信号结构，增加频道，将民用频道 L_1、L_2、L_5（1.17645GHz）和军用频道 L_3、L_4 分开。

（3）改善。改善 GPS 定位与导航的精度，在 GPS（ⅡF）卫星中增加两个新的民用频道，即在 L_2 中增加 CA 码（2005 年），另增 L_5 民用频道（2007 年）。具体地说，在 2003 年以前在 L_2 频率上加载 C/A 码，2005 年前在 Block（ⅡF）类型的 GPS 卫星上加载第三频率 L_5。

2. 精密单点定位技术

精密单点定位是早在 20 世纪 70 年代美国子午卫星时代针对 Doppler 精密单点定位提出的概念。GPS 卫星定位系统开发后，由于 C/A 码或 P 码单点定位精度不高，80 年代中期就有人探索采用原始相位观测数据进行精密单点定位，即所谓非差相位单点定位。但是，由于在定位估计模型中需要同时估计每一历元的卫星钟差、接收机钟差、对流层延迟、所见卫星的相位模糊度参数和测站三维坐标，待估未知参数太多，方程解算不确定，即未知数多，方程式少，使得这一方法的研究在 80 年代后期暂时搁置了起来。20 世纪 90 年代中期，国际上建立了许多固定的长年连续工作的 GPS 双频接收机测站，其地心坐标是已知的，特高精度的，这些测站称为基准站。国际 GPS 地球动力学服务局（IGS）利用这些坐标已知的基准站 GPS 观测数据开始向全球提供精密星历和精密卫星钟差产品；之后，还提供精度等级不同的事后、快速和预报 3 类精密星历和相应的 15min 间隔的精密卫星钟差产品，这就为非差相位精密单点定位提供了新的解决思路。利用这种预报的 GPS 卫星的精密星历或事后的精密星历作为已知坐标起算数据；同时利用某种方式得到的精密卫星钟差来替代用户 GPS 定位观测值方程中的卫星钟差参数；用户利用单台 GPS 双频双码接收机的观测数据在数千万平方千米乃至全球范围内的任意位置，都可以 2 ~ 4dm 级的精度进行实时动态定位，或以 2 ~ 4cm 级的精度进行较快速的静态定位，这一导航定位方法称为精密单点定位（Precise Point Positioning），简称为 PPP。精密单点定位技术是实现全球精密实时动态定位与导航的关键技术，从而也是 GPS 定位方面的前沿研究方向。

3. 网络 RTK 定位技术

RTK 就是实时动态定位的意思。利用 GPS 载波相位观测值实现厘米级的实时动态定位就是所谓的 RTK 技术。这种 RTK 技术是建立在流动站与基准站误差强烈类似这一假设的基础上的，随着基准站和流动站间距离的增加，误差类似性越来越差，定位精度就越来越低，数据通信也受作用距离拉长而干扰因素增多的影响，因此这种 RTK 技术作用距离有限（一般不超过 10～15km）。人们为了拓展 RTK 技术的应用，网络 RTK 技术便应运而生了。网络 RTK 也叫基准站 RTK，是近年来在常规 RTK 和差分 GPS 的基础上建立起来的一种新技术。网络 RTK 就是在一定区域内建立多个（一般为三个或三个以上）坐标为已知的 GPS 基准站，对该地区构成网状覆盖，并以这些基准站为基准，计算和发播相位观测值误差改正信息，对该地区内的卫星定位用户进行实时误差改正的定位方式，又称为多基准站 RTK。与常规（即单基准站）RTK 相比，该方法的主要优点为覆盖面广，定位精度高，可靠性高，可实时提供厘米级定位。我国北京、上海、武汉、深圳等十几个城市和广东、江苏等几个省已建立的连续运行卫星定位服务系统就是采用网络 RTK 技术实现的。

网络 RTK 是由基准站、数据处理中心和数据通信链路组成的。基准站上应配备双频双码 GPS 接收机，该接收机最好能同时提供精确的双频伪距观测值。基准站的站坐标应精确已知，其坐标可采用长时间 GPS 静态相对定位等方法来确定。此外，这些基准站还应配备数据通信设备及气象仪器等。基准站应按规定的数据采样率进行连续观测，并通过数据通信链实时将观测资料传送给数据处理中心。数据处理中心根据流动站送来的近似坐标（可根据伪距法单点定位求得）判断出该站位于哪三个基准站所组成的三角形内。然后根据这三个基准站的观测资料求出流动站处相位观测值的各种误差，并播发给流动用户来进行修正以获得精确的结果。基准站与数据处理中心间的数据通信可采用数字数据网 DDN 或无线通信等方法进行。流动站和数据处理中心间的双向数据通信则可通过移动电话 GSM 等方式进行。

4. 广域差分 GPS 系统

广域差分 GPS（Wide Area DGPS，WADGPS）技术的基本思想是：对 GPS 观测量的误差源加以区分，并对每一个误差源产生的误差分别加以"模型化"，然后将计算出来的每一个误差源的误差修正值（差分改正值）通过数据通信链传输给用户，进而对用户 GPS 接收机的观测值误差分别加以改正，以达到削弱这些误差源误差的影响从而改善用户 GPS 定位精度和可靠性的目的。

WADGPS 所针对的误差源主要表现在以下三个方面：

（1）卫星星历误差；

（2）卫星钟差；

（3）电离层对 GPS 信号传播产生的时间延迟。

WADGPS 系统就是为削弱这三种主要误差源而设计的一种导航定位方法。

WADGPS 系统一般由一个主控站、若干个 GPS 卫星跟踪站（又称基准站或参考站）、一个差分信号播发站、若干个监控站、相应的数据通信网络和若干个用户站组成。系统的工作流程如下：

（1）在已知精确地心坐标的若干个 GPS 卫星跟踪站上，跟踪接收 GPS 卫星的广播星历、伪距、载波相位等信息。

（2）跟踪站获得的这些信息，通过数据通信网络全部传输至主控站。

（3）在主控站计算出相对于卫星广播星历的卫星轨道误差改正、卫星钟差改正及电离层时间延迟改正。

（4）将这些改正值通过差分信号播发站（数据通信网络）传输至用户站。

（5）用户站利用这些改正值来改正它们所接收到的 GPS 信息，进行 C/A 码伪距单点定位以改善用户站 GPS 导航定位精度。

为提高系统的可用性和可靠性，可以利用地球同步卫星来增强广域差分系统，即地球同步卫星在发播广域差分三类改正数的同时，还能发播新增的 C/A 码伪距信号，以增加天空中 GPS 卫星测距信号源，称为 WAAS（Wide Area Augment System）。我国近年来不断加强卫星技术与应用方面的科学研究并取得重大进展，可以充分利用现有的同步通信卫星播发类似 GPS 测距信号达到增强 WADGPS 的目的。

第三节　全球卫星导航定位系统的应用

一、基础内容

全球卫星导航定位系统能够以不同的定位定时精度提供服务，从亚毫米、毫米到厘米、分米、亚米及米和十几米的定位精度都有可供选择的定位方法。在定时方面，可从亚纳秒、纳秒到微秒级的精度实现时间测量和不同目标间时间同步。在定位的时间响应方面，可以从 0.05 秒、1 秒到十几秒、几分钟、几个小时或几天来实现不同的实时性要求和精确性要求。从相对定位距离方面看，可从几米一直到几千千米之间实现连续的静态和动态定位要求。从工作环境上看，除了怕被森林、高楼遮挡信号造成可见卫星少于 4 颗和强电离层爆发造成 GNSS 测距信号完全失真外，可以说是全球、全连续和全天候的。这些优良的特性，使得它有广泛的应用领域。由于当前较实用的全球卫星导航定位系统只有 GPS 系统，因此以下的应用案例中主要采用 GPS 系统来加以说明。

二、GPS 定位技术在科学研究中的应用

1. GPS 精密测时和时间同步的应用

时间同人们的日常生活密切相关，只不过日常生活中的时间一般只要精确到 1 秒或毫秒就够了。但许多科学研究和工程技术活动对时间的要求非常严格。比如，要在地球上彼此相距甚远（数千千米）的实验室上利用各种精密仪器设备对太空的天体、运动目标，如脉冲星、行星际飞行探测器等进行同步观测，以确定它们的太空位置、物理现象和状态的某些变化，这就要求国际上各相关实验室的原子钟之间进行精密的时间传递。当前，精密的 GPS 时间同步技术可以实现 10^{-11} ~ 10^{-10} 的同步精度，这一精度可以满足上述要求。此外，GPS 精密测时技术与其他空间定位和时间传递技术相结合，可以测定地球自转参数，包括自转轴的漂移，自转角速度的长期和季节不均匀性，而地球自转的不均匀变化将引起海洋水体流动和大气环流的变化，这也正是地球上许多气象灾害如厄尔尼诺现象的诱因。又比如按照广义相对论的理论，引力场将引起时空弯曲，因此 GPS 精密测时可以反映引力对某些实用时间尺度的影响。

2. GPS 精密定位在地球板块运动研究中的应用

根据现代地球板块运动理论，地球表层的岩石圈浮在液态的地幔上。由于地幔对流的作用，岩石圈分成 14 个大板块在做相互挤压、碰撞或者分离的运动。GPS 在几十千米到数千千米的范围内能以毫米级和亚厘米级的精度水平测量大陆板块的位移。目前，全球 GPS 地球动力学服务机构通过国际合作在全球各大海洋和陆地板块上布设了 200 多个 GPS 观测基准站，连续对这些观测站进行精密定位，测定各大板块的相互运动速率，以确定全球板块运动模型，并用来研究板块运动的现今短时间周期的运动规律，与地球物理和地质研究的长时期运动规律进行比较分析，研究地球板块边沿的受力和形变状态，预测地震灾害。

3. GPS 精密定位在大气层气象参数确定和灾害天气预报中的应用

GPS 技术经过 20 多年的发展，其应用研究及应用领域得到了极大的扩展，其中一个重要的应用领域就是气象学研究。利用 GPS 理论和技术来遥感地球大气状态，进行气象学的理论和方法研究，如测定大气温度及水汽含量，监测气候变化等，称为 GPS 气象学（GPS/METeorology，简写为 GPS/MET）。GPS 气象学的研究于 20 世纪 80 年代后期最先在美国起步。在美国取得理想的试验结果之后，其他国家（如日本等）也逐步开始进行对 GPS 在气象学中的研究。

前文谈到，当 GPS 发出的信号穿过大气层中的对流层时，受到对流层的折射影响，GPS 信号会发生弯曲和延迟，其中信号的弯曲量很小，而延迟量很大，通常为 2 ~ 3m。在 GPS 精密定位测量中，大气折射的影响被当做误差源而要尽可能消除干净。在 GPS/MET 中，与之相反，所要求得的量就是大气折射量。假如在一些已经知道精确位置的测站上用 GPS 接收机接收 GPS 信号，在卫星精密轨道也已知的情况下，就可以精确分离 GPS 信号中的电离层延迟参数和对流层延迟参数，特别测定出对流层中水汽含量。通过计算可以得到我们所需的大气折射量，再通过大气折射率与大气折射量之间的函数关系，可以求得大气折射率。大气折射率是气温 T、气压 P 和水汽压力 e 等大气参数的函数，因此可以建立起大气折射量与大气参数之间的关系，这就是 GPS/MET 的基本原理。

大气温度、大气压、大气密度和水汽含量等量值是描述大气状态最重要的参数。无线电探测、卫星红外线探测和微波探测等手段是获取气温、气压和湿度的传统手段。但是与 GPS 相比，这些传统手段就显示出其局限性。无线电探测法的观测值精度较好，垂直分辨率高，但地区覆盖不均匀，在海洋上几乎没有数据。被动式的卫星遥感技术可以获得较好的全球覆盖率和较高的水平分辨率，但垂直分辨率和时间分辨率很低。利用 GPS 手段来遥感大气的优点是全球覆盖、费用低廉、精度高、垂直分辨率高。正是这些优点使得 GPS/MET 技术成为大气遥感最有效、最有希望的方法之一。当测出水汽含量的变化规律后，可以预知水汽含量超过一定阈值后就会变成降水落到地面，即预报降雨时间和降雨量。此外，利用 GPS 观测值还能测定电离层延迟参数，并反演高空大气层中的电子含量，监测和预报空间环境及其变化规律，为人类航天活动、通信、导航、定位、输电等提供服务。

三、GPS 定位技术在工程技术中的应用

1. 全球和国家大地控制网的建设

综上所述，大地测量的重要任务之一就是建立和维持一个地面参考基准，为各种不同的测绘工作提供坐标参考基准。简单地讲，要定量地描述地球表面物体的位置，就必须建立坐标系。过去的坐标系是由二维的水平坐标系和垂直坐标系组合而成，是非地心的、区域性的、静态的参考系统。同时由于测量技术和数据处理手段的制约，这种坐标系难以满足现代高精度长距离定位、精密测绘、地震监测预报和地球动力学研究等方面的需要。如今 GPS 技术的出现，使建立和维持一个基于地心的长期稳定的、具有较高密度的、动态的全球性或区域性坐标参考框架成为可能。我国已建立了国家高精度 GPSA 级网、B 级网，军事部门布测的全国高精度 GPS 网，中国地壳形变监测网，区域性的地壳形变监测网和高精度 GPS 测量控制网等。

2. 在工程施工测量、精密监测中的应用

GPS 的应用是测量技术的一项革命性变革。它具有高精度、观测时间短、测站间不需要通视和全天候作业的测量等优点。它使三维坐标测定变得简单。GPS 已广

泛应用到工程测量的各个领域，从一般的控制测量（如城市控制网、测图控制网）到精密工程测量，都显示出了极大的优势。GPS 测量定位技术还可应用于桥梁工程、隧道与管道工程、海峡贯通与连接工程、精密设备安装工程等。

此外，GPS 测量技术具有高精度的三维定位能力，它是监测各种工程形变极为有效的手段。工程形变的种类很多，主要有：大坝的变形，陆地建筑物的变形和沉陷，海上建筑物的沉陷，资源开采区的地面沉降等。GPS 精密定位技术与经典测量方法相比，不仅可以满足多种工程变形监测工作的精度要求（$10^{-8} \sim 10^{-6}$），而且更有助于实现监测工作的自动化。如为了监测大坝的形变，可在远离坝体的适当位置，选择若干基准站，并在形变区选择若干监测点。在基准站与监测点上，分别安置 GPS 接收机，进行连续地自动观测，并采用适当的数据传输技术，实时地将监测数据自动地传送到数据处理中心，进行处理、分析和显示。

3. 在通信工程、电力工程中的应用（时间）

在我们的日常生活中，电网调度自动化要求主站端与远方终端（RTU）的时间同步。当前大多数系统仍采用硬件通过信道对时，主站发校时命令给远方终端对时硬件来完成对时功能。若采用软件对时，则具有不确定性，不能满足开关动作时间分辨率小于 10ms 的要求。用硬件对时，分辨率可小于 loms，但对时硬件复杂，并且对时期间（每 10min 要对一次）完全占用通道。当发生 YX 变位时，主站主机 CPU 还要做变位时间计算，占用 CPU 的开销。利用 GPS 的定时信号可克服上述缺点。GPS 接收机的时间码输出接口为 RS232 及并行口，用户可任选串行或并行方式，还有一个秒脉冲输出接口（IPPS），输出接口可根据需要选用。

GPS 高精度的定时功能可在交流电网的协同供电中发挥作用，使不同电网保持几乎协同的相角，以节约电力资源。大型电力系统中功角稳定性、电压稳定性、频率动态变化及其稳定性都不是一个孤立的现象，而是相互诱发、相互关联的统一物理现象的不同侧面，其间的关联又会受到网络结构及运行状态的影响。其中母线电压相量和功角状况是系统运行的主要状态变量，是系统能否稳定运行的标志，因而必须进行精确监测。由于电力系统地域广阔、设备众多，其运行变量变化也十分迅速，获取系统关键点的运行状态信息必须依赖于统一的、高精度的时间基准，这在过去是完全不可能的。GPS 的出现和计算机、通信技术的迅速发展，为实现全电网运行状态的实时监测提供了坚实的基础。

4. 在交通、监控、智能交通中的应用

随着社会的发展进步，实现对道路交通运输（车队管理、路边援助与维修等）、水运（港口、雾天海上救援等）、铁路运输（列车管理）等车辆的动态跟踪和监控非常重要。将 GPS 接收机安装在车上，能实时获得被监控车辆的动态地理位置及状态等信息，并通过无线通信网将这些信息传送到监控中心，监控中心的显示屏上可实时显示出目标的准确位置、速度、运动方向、车辆状态等用户感兴趣的参数，并能进行监控和查询，方便调度管理，提高运营效率，确保车辆的安全，从而达到监控的目的。移动目标如果发生意外，如遭劫、车坏、迷路等，可以向信息中心发出求救信息。处理中心由于知道移动目标的精确位置，因而可以迅速给予救助。特别适合对公安、银行、公交、保安、部队、机场等单位对所属车辆的监控和调度管理，也可以应用于对船舶、火车等的监控。对于出租车公司，GPS可用于出租汽车的定位，根据用户的需求调度距离最近的车辆去接送乘客。越来越多的私人车辆上也装有卫星导航设备，驾车者可根据当时的交通状况选择最佳行车路线，获悉到达目的地所需的时间，在发生交通事故或出现故障时系统自动向应急服务机构发送车辆位置的信息，从而获得紧急救援。目前，道路交通运输是用户使用最多的定位应用。

5. 在测绘中的应用

全球卫星导航定位系统的出现给整个测绘科学技术的发展带来了深刻的变革。GPS已广泛应用于测绘的多个方面。主要表现在：建立不同等级的测量控制网；获取地球表面的三维数字信息并用于生产各种地图；为航空摄影测量提供位置和姿态数据；测绘水下（海底、湖底、江河底）地形图等。此外，还广泛有效地应用于城市规划测量、厂矿工程测量、交通规划与施工测量、石油地质勘探测量以及地质灾害监测等领域，产生了良好的社会效益和经济效益。

6. 海陆空运动载体（车、船、飞机）导航

海陆空运动载体（车、船、飞机）导航是卫星导航定位系统应用最广的领域。利用GPS对大海上的船只进行连续、高精度实时定位与导航，有助于船舶沿航线精确航行，节省时间和燃料，避免船只碰撞。出租车、租车服务、物流配送等行业利用GPS技术对车辆进行跟踪、调度管理，合理分布车辆，以最快的速度响应用户的乘车请求，降低能源消耗，节省运行成本。GPS在车辆导航方面发挥了重要的角色，在城市中建立数字化交通电台，实时发播城市交通信息，车载设备通过GPS进行精确定位，结合电子地图以及实时的交通状况，自动匹配最优路径，并实行车辆的自主导航。根据GPS的精度和动态适应能力，它将可直接用于飞机的航路导航，也是目前中、远航线上最好的导航系统。基于GPS或差分GPS的组合系统将会取代或部分取代现有的仪表着陆系统（ILS）和微波着陆系统（MLS），并使飞机的进场着陆变得更为灵活，机载和地面设备更为简单、廉价。

四、GPS 定位技术在军事中的应用

当今世界正面临一场新的军事革命，电子战、信息战及远程作战成为新军事理论的主要内容。卫星导航系统作为一个功能强大的集三维位置、速度及姿态为一体的传感器，已经成为太空战、远程作战、导弹战、电子战、信息战的重要武器，并且敌我双方对武器控制导航作战权的斗争将发展成为导航战。谁拥有先进的卫星导航系统，谁就在很大程度上掌握着未来战场的主动权。卫星导航可完成人们各种需要的精确定位与时间信息的战术操作，如布雷、扫雷、目标截获、全天候空投、近空支援、协调轰炸、搜索与救援、无人驾驶机的控制与回收、火炮观察员的定位、炮兵快速布阵以及军用地图快速测绘等。卫星导航可用于靶场高动态武器的跟踪和精确弹道测量以及时间统一勤务的建立与保持。

1. 低空遥感卫星定轨

用于遥感、气象和海洋测高等领域的低轨道卫星（卫星高度约 300 ~ 1000km），由于大气阻力、太阳辐射压、摄动等参数无法准确达到模型化，致使难以用动力法精密确定卫星轨道。对这些卫星采用通常的地面跟踪技术（如激光、雷达、多普勒等）进行动力法定轨，其误差将随着卫星高度降低而明显增大，可达几十米甚至超过百米，这样的定轨精度已不能满足许多高精度应用对卫星轨道的需要。如我国即将发射的 921—2 飞行器，其径向的定轨精度需达到米级才能满足实际应用的需要。对这些低轨道卫星进行精密定轨的一个极有前景的方法是采用星载 GPS 技术，如国外的 TOPEX 卫星、地球观测系列卫星 EOS–A，EOS–B（地面高度为 705km）和一系列的航天飞机（地面高度为 250 ~ 300km）上都装载 GPS 系统，用星载 GPS 技术可实现精密定轨的要求。几何法星载 GPS 定轨完全不受通常的动力法定轨中大气阻力和太阳辐射压不确定性的影响，与通常的动力法定轨相比具有显著的优点，定轨精度高，能达到几个厘米的水平。

2. 飞机、火箭的实时位置、轨迹确定

在军事上，GPS 可为各种军事运载体导航，如为弹道导弹、巡航导弹、空地导弹、制导炸弹等各种精确打击武器制导，可使武器的命中率大为提高，武器威力显著增强。武器毁伤力大约与武器命中精度（指命中误差的倒数）的 $\frac{3}{2}$ 次方成正比，与弹头 TNT 当量的 $\frac{1}{2}$ 次方成正比。因此，命中精度提高 2 倍，相当于弹头 TNT 当量提高 8 倍。提高远程打击武器的制导精度，可使因攻击耗费的武器的数量大为减少。卫星导航已成为武装力量的支撑系统和武装力量的倍增器。各种海陆空作战平台、导弹、巡航导弹均开始装备 GPS 或 GPS/INS 组合导航系统，这将使武器命中精度大大提高，极大地改变未来的作战方式。如今，GPS 已经应用于特种部队的空降、集结、

侦察和撤离过程中；应用于对所有海陆空军参战飞机进行空战指挥，实施空中管制，夜航盲驶、救援引导、精确攻击等方面；也应用于对地面部队引导、穿越障碍和雷区、战场补给、地面车辆导航、海空火力协同、火炮瞄准、导弹制导等方面。如 GPS 在海湾战争、美国对伊拉克实施的"沙漠之狐"行动和以美国为首的北约对南联盟的战争中都发挥了重要的作用。

3. 战场的精密武器时间同步协调指挥

GPS 定时系统在军事上有很大的应用潜力。在现代化战争的自动化指挥系统中，几乎所有的战略武器和空间防御系统、战场指挥和通信系统、测绘、侦察和电子情报系统都需要 GPS 所提供的统一化的"时空位置信息"。在导弹试验靶场，高精度的时间信号是解决靶场测试时间同步，提高测量精度的基础。

GPS 系统所提供的精确位置、速度和时间（PVT）信息，对现代战争的成败至关重要。它在战前的部队调动与布置中，在战中的指挥控制、机动与精确作战中，在全空间防卫以及在综合后勤支持中，都发挥着重要作用。如果将各作战单位的 GPS 位置信息通过无线电通信不断地传输到作战指挥中心，再加上通过侦察手段所获取的敌方目标的位置信息，然后统一在大屏幕显示器上显示，就可以使战区指挥员能随时掌握整个战场上敌我双方的动态态势，从而为其作战指挥提供了一项准确而重要的依据。可以说，兵家几千年以来的"运筹帷幄之中，决胜千里之外"的梦想正在成为现实。

五、GPS 定位技术在其他领域的应用

1. 在娱乐消遣、体育运动中的应用

随着 GPS 接收机的小型化以及价格的降低，GPS 逐渐走进了人们的日常生活，成为人们旅游、探险的好帮手。当今手机功能继续花样翻新，又一新趋势是将"全球定位系统"（GPS）纳入其中。一部可以指引方向的手机对于那些喜爱野外旅行和必须在人烟罕至的区域工作、生活的人非常重要。无论你是在攀山越岭、滑雪还是在打猎野营，只要有一部"导航手机"在手，都可及时给出你的所在地，并显示出附近地势、地形以及街道索引的道路蓝图。GPS 手机的另一卖点，莫过于求救信息有迹可寻。因为 GPS 手机收讯人除了能听到对方"救命"声外，更可同时确切地显示出待救者所在的位置，为那些探险者多提供了一种安全设备。另外通过 GPS，人们可以在陌生的城市里迅速找到目的地，并且可以以最优的路径行驶；野营者带上 GPS 接收机，可快捷地找到合适的野营地点，不必担心迷路。GPS 手表也已经面世，甚至一些高档的电子游戏中，也使用了 GPS 仿真技术。

GPS 不仅可以实时确定运动目标的空间位置，还可以实时确定运动目标的运动速度。运动员在平时训练时，可佩带微型的 GPS 定位设备，教练就能实时获取运动员的状态信息，基于这些信息，分析运动员的体能、状态等参数，并调整相关的训练计划和方法等，这有利于提高运动员的训练水平。

2. 动物跟踪

如今，GPS 硬件越来越小，可做到一颗纽扣大小，将这些迷你型的 GPS 装置安置到动物身上，可实现对动物的动态跟踪，研究动物的生活规律，如鸟类迁徙等，为生物学家研究各种陆地生物的相关信息提供了一种有效的手段。

3. GPS 用于精细农业

当前，发达国家已开始将 GPS 技术引入农业生产，即所谓的"精准农业耕作"。该方法利用 GPS 进行农田信息定位获取，包括产量监测、土样采集等。计算机系统通过对数据的分析处理，依据农业信息采集系统和专家系统提供的农机作业路线及变更作业方式的空间位置（给定 X、Y 值内），使农机自动完成耕地、播种、施肥、中耕、灭虫、灌溉、收割等工作，包括耕地深度、施肥量、灌溉量的控制等。通过实施精准耕作，可在尽量不减产的情况下，降低农业生产成本，有效避免资源浪费，降低因施肥除虫对环境造成的污染；总之，全球卫星导航定位技术已发展成多领域（陆地、海洋、航空航天）、多模式（静态、动态、RTK、广域差分等）、多用途（在途导航、精密定位、精确定时、卫星定轨、灾害监测、资源调查、工程建设、市政规划、海洋开发、交通管制等）、多机型（测地型、定时型、手持型、集成型、车载式、船载式、机载式、星载式、弹载式等）的高新技术国际性产业。全球卫星导航定位技术的应用领域，上至航空航天，下至捕鱼、导游和农业生产，已经无所不在了，正如人们所说的，"GPS 的应用，仅受人类想像力的制约"。

第七章　遥感科学与技术研究

第一节　遥感基础知识

　　20 世纪地球科学进步的一个突出标志是人类开始脱离地球可以从太空观测地球，并将得到的数据和信息在计算机网络上以地理信息系统形式存储、管理、分发、流通和应用。通过航空航天遥感（包括可见光、红外、微波和合成孔径雷达）、声呐、地磁、重力、地震、深海机器人、卫星定位、激光测距和干涉测量等探测手段，获得了有关地球的大量地形图、专题图、影像图和其他相关数据，加深了对地球形状及其物理、化学性质的了解及对固体地球、大气、海洋环流的动力学机理的认识。利用对地观测新技术，开展了气象预报、资源勘探、环境监测、农作物估产、土地利用分类等工作，对风尘暴、旱涝、火山、地震、泥石流等自然灾害的预测、预报和防治展开了科学研究，其有力地促进了世界各国的经济发展，提高了人们的生活质量，为地球科学的研究和人类社会的可持续发展做出了贡献。

　　什么是遥感呢？20 世纪 60 年代随着航天技术的迅速发展，美国地理学家首先提出了"遥感"（Remote Sensing）这个名词，它是泛指通过非接触传感器遥测物体的几何与物理特性的技术。按照这个定义，可知摄影测量就是遥感的前身。

　　遥感（Remote Sensing），顾名思义就是遥远感知事物的意思，也就是不直接接触目标物体，在距离地物几千米到几百千米甚至上千千米的飞机、飞船、卫星上，使用光学或电子光学仪器（称为传感器）接收地面物体反射或发射的电磁波信号，并以图像胶片或数据磁带记录下来，传送到地面，经过信息处理、判读分析和野外实地验证，最终服务于资源勘探、动态监测和有关部门的规划决策中。通常把这一接收、传输、处理、分析判读和应用遥感数据的全过程称为遥感技术。遥感之所以能够根据收集到的电磁波数据来判读地面目标物和有关现象，是因为一切物体，由于其种类、特征和环境条件的不同，而具有完全不同的电磁波的反射或发射辐射特征。因此，遥感技术主要建立在物体反射或发射电磁波的原理基础之上。

　　遥感技术的分类方法有很多。按电磁波波段的工作区域，可分为可见光遥感、红外遥感、微波遥感和多波段遥感等。按被探测的目标对象领域不同，可分为农业遥感、林业遥感、地质遥感、测绘遥感、气象遥感、海洋遥感和水文遥感等。按传感器的运载工具的不同，可分为航空遥感和航天遥感等。航空遥感以飞机、气球作为传感器的运载工具，航天遥感以卫星、飞船或火箭作为传感器的运载工具。目前，一般采用的遥感技术分类是（如图 7-1 所示）：首先按传感器记录方式的不同，把遥感技术分为图像方式和非图像方式两大类；再根据传感器工作方式的不同，把图像方式和非图像方式分为被动方式和主动方式两种。被动方式是指传感器本身不发射信号，而是直接接收目标物辐射和反射的太阳散射；主动方式是指传感器本身发射信号，然后再接收从目标物反射回来的电磁波信号。

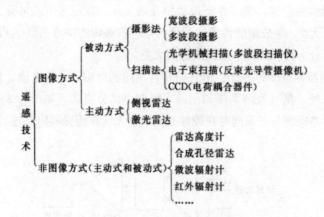

图 7-1 遥感技术分类示意图

第二节 遥感信息获取

任何一个地物都有三大属性，即空间属性、辐射属性和光谱属性。使用光谱细分的成像光谱仪可以获得图谱合一的记录，这种方法称为成像光谱仪或高光谱（超光谱）遥感。地物的上述特征决定了人们可以利用相应的遥感传感器，将它们放在相应的遥感平台上去获取遥感数据。利用这些数据实现对地观测，对地物的影像和光谱记录进行计算机处理，测定其几何和物理属性，回答何时（When）、何地（Where）、何种目标（What object）发生了何种变化（What change）。这里的四个 W 就是遥感的任务和功能。

一、遥感传感器

地物发射或反射的电磁波信息，通过传感器收集、量化并记录在胶片或磁带上，然后进行光学或计算机处理，最终才能得到可供几何定位和图像解译的遥感图像。

遥感信息获取的关键是传感器。由于电磁波随着波长的变化其性质有很大的差异，地物对不同波段电磁波的发射和反射特性也不大相同，因而接收电磁辐射的传感器的种类极为丰富。依据不同的分类标准，传感器有多种分类方法。按工作的波段可分为可见光传感器、红外传感器和微波传感器。按工作方式可分为主动传感器和被动传感器。被动式传感器接收目标自身的热辐射或反射太阳辐射，如各种相机、扫描仪、辐射计等；主动式传感器能向目标发射强大电磁波，然后接收目标反射回波，主要指各种形式的雷达，其工作波段集中在微波区。按记录方式可分为成像方式和非成像方式两大类。非成像的传感器记录的是一些地物的物理参数。在成像系统中，按成像原理可分为摄影成像、扫描成像两大类。

尽管传感器种类多种多样，但它们具有相同的结构。一般来说，传感器由收集系统、探测系统、信号处理系统和记录系统四个部分组成，如图 7-2 所示。只有摄影方式的传感器探测与记录同时在胶片上完成，无须在传感器内部进行信号处理。

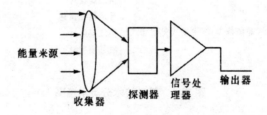

图 7-2　遥感器结构组成示意图

（1）收集系统：地物辐射的电磁波在空间是到处传播的，即使是方向性较好的微波，在远距离传输后，光束也会扩散，因此接收地物时电磁波必须有一个收集系统。该系统的功能在于把收集的电磁波聚焦并送往探测系统。扫描仪用各种形式的反射镜以扫描方式收集电磁波，雷达的收集元件是天线，二者都采用抛物面聚光，物理学上称抛物面聚光系统为卡塞格伦系统。如果进行多波段遥感，那么收集系统中还包括按波段分波束的元件，一般采用各种色散元件和分光元件，如滤色片、分光镜和棱镜等。

（2）探测系统：探测系统用于探测地物电磁辐射的特征，是传感器中最重要的组成部分。常用的探测元件有胶片，光电敏感元件和热电灵敏元件。探测元件之所以能探测到电磁波的强弱，是因为探测器在光子（电磁波）作用下发生了某些物理、化学变化，这些变化被记录下来并经过一系列处理便成为人眼能看到的像片。感光胶片便是通过光学作用探测近紫外至近红外的电磁辐射。这一波段的电磁辐射能使感光胶片上的银颗粒分解，析出银粒的多少反映了光照的强弱并构成地面物像的潜影，胶片经过显影、定影处理，就能得到稳定的、可见的影像。

光电敏感元件是利用某些特殊材料的光电效应把电磁波信息转换为电信号来探测电磁辐射的。其工作波段涵盖紫外至红外波段，在各种类型的扫描仪上都有广泛的应用。光电敏感元件按其探测电磁辐射机理的不同，又分为光电子发射器件、光电导器件和光伏器件等。光电子发射器件在入射光子的作用下，表面电子能逸出成为自由电子，相应地，光电导器件在光子的作用下自由载流子增加，导电率变大；光电器件在光子作用下，产生的光生载流子聚焦在二极管的两侧形成电位差，这样，自由电子的多少、导电率的大小、电位差的高低，就反映了入射光能量的强弱。电信号经过放大、电光转换等过程，便成为人眼可见的影像。

还有一类热探器是利用辐射的热效应工作的。探测器吸收辐射能量后，温度升高，温度的改变引起其电阻值和体积发生变化。测定这些物理量的变化便可知辐射的强度。但热探测器的灵敏度和响应速度较低，仅在热红外波段应用较多。

值得一提的是雷达成像。雷达在技术上属于无线电技术，而可见光和红外传感器属光学技术范畴。雷达天线在接收微波的同时，就把电磁辐射转变为电信号，电信号的强弱反映了微波的强弱，但习惯上并不把雷达天线称为探测元件。

（3）信号处理系统：扫描仪、雷达探测到的都是电信号，这些电信号很微弱，需要进行放大处理；另外有时为了监测传感器的工作情况，需适时将电信号在显像管的屏幕上转换为图像，这就是信号处理的基本内容。目前很少将电信号直接转换记录在胶片上，而是记录在模拟磁带上。磁带回放制成胶片的过程可以在实验室进行，这与从相机上取得摄像底片然后进行暗室处理得到影像的过程极为类似，可使传感器的结构变得更加简单。

（4）记录系统：遥感影像的记录一般分直接与间接两种方式。直接记录方式的摄影胶片、扫描航带胶片、合成孔径雷达的波带片；还有一种是在显像管的荧光屏上显示图像，再用相机翻拍成胶片。间接记录方式有模拟磁带和数字磁带。模拟磁带回放出来的电信号，通过电光转换可显示为图像; 数字磁带记录时要经过模数转换，回放时则要经过数模转换，最后仍通过电转换才能显示图像。

二、遥感平台

遥感中搭载传感器的工具统称为遥感平台（Platform）。遥感平台包括人造卫星、航天航空飞机乃至气球、地面测量车等。遥感平台中，高度最高的是气象卫星GMS风云 2 号等所代表的地球同步静止轨道卫星，它位于赤道上空 36000km 的高度上。其次是高度为 400 ~ 1000km 的地球观测卫星，如 Landsat、SPoT、CBERS1 以及 IKoNoS Ⅱ、"快鸟"等高分辨率卫星，它们大多使用能在同一个地方同时观测的极地或近极地太阳同步轨道。其他按高度排列的主要有航天飞机、探空仪、超高度喷气飞机、中低高度飞机、无线电遥探飞机乃至地面测量车等。静止轨道卫星又称地球同步卫星，它们位于 30000km 外的赤道平面上，与地球自转同步，所以相对于地球是静止的。不同国家的静止轨道卫星在不同的经度上，以实现对该国有效的对地重复观测。

圆轨道卫星一般又称极轨卫星，这是太阳同步卫星。它使得地球上同一位置能重复获得同一时刻的图像。该类卫星按其过赤道面的时间分为 AM 卫星和 μm 卫星。一般上午 10：30 通过赤道面的极轨卫星称为 AM 卫星（如 EOS 卫星中的丁 erra）下午 1：30 通过赤道的卫星称为 μm 卫星（如 EOS 卫星中的 Aqua）。

三、遥感数据的记录形式与特点

遥感数据的分辨率分为空间分辨率（地面分辨率）、光谱分辨率（波谱带数目）、时间分辨率（重复周期）和温度分辨率。

空间分辨率通常指的是像素所代表的地面范围的大小，又称地面分辨率。Landsat 卫星的 MSS 图像，像素的地面分辨率为 79m，而 1983 ~ 1984 年的 Landsat-4/5 上的 TM（专题制图仪）图像的地面分辨率则为 30m。欧洲空间局（ESAU983 年 12 月发射的航天飞机载空间试验室（SpaceLab），利用德国蔡司厂 300mmRMK 像机，取得 1：80 万航天像片，摄影分辨率为 20m（每毫米线对），相对于像元素地面大小为 8m。1984 年美国宇航局发射的航天飞机载大像幅摄影机 LFC，其像幅为 23cm×46cm，其地面分辨率为 15m。1986 年 2 月和 1990 年法国发射的 SPOT-1，2 卫星，利用两个 CCD 线阵列构成数字式扫描仪，像素地面大小对全色为 lom，通过侧向镜面倾斜可获得基线 / 航高比达到 1 ~ 1.2 的良好立体景像，从而可采集 DEM 和立体测图，并可制作正射影像，可用做 1：5 万地图测制或修测。SPOT 影像在海湾战争中得到广泛应用。前苏联的 KFA-1000 航天像片，像素的地面大小为 4m，分辨率极高。而到了 20 世纪 90 年代，由于高分辨长线阵和大面阵 CCD 问世，卫星遥感图像的地面分辨率大大提高。例如，印度卫星 IRS-IC，其地面分辨率为 5.8m；法国的 SPOT-5 采用新的三台高分辨率几何成像仪器（HRG），提供 5m 和 2.5m 的地面分辨率，并能沿轨或侧轨立体成像；日本研制发射的三线阵高分辨率观测卫星 ALOS，具有 2.5m 全色分辨率和 10m 多光谱分辨率能力；南非已于 1995 年发射了一颗名为"绿色"的遥感小卫星，载有 1.5 分辨率的可见光 CCD 相机；以色列也发射了 2m 分辨率的成像卫星系统；美国于 1999 年 9 月成功发射的 IKONOS-2

以及 2001 年发射的"QuickBird"，分别能提供 1m 与 0.61m 空间分辨的全色影像和 4m 与 2.44m 空间分辨率的多光谱影像。所有这些都为遥感的定量化研究提供了保证。

利用成像光谱仪和高光谱、超光谱遥感，可以大大提高遥感的光谱分辨率，从而极大地增强对地物性质、组成与相互差异的研究能力。图 8–10 表示卫星遥感的空间分辨率与光谱分辨率的关系。时间分辨率指的是重复获取某一地区卫星图像的周期。提高时间分辨率有以下几种方法：第一是利用地球同步静止卫星，可以实现对地面某一地区的多次、重复观测，可达到每小时、每半小时甚至更快地重复观测；第二是通过多个小卫星组建成卫星星座，从而提高重复观测能力；第三是通过卫星上多个可以任意方向倾斜 45° 的传感器，从而可以在不同的轨道位置上实现对某一感兴趣目标点的重复观测。

此外，热红外遥感，还有一个温度分辨率，目前可以达到 0.5K，不久的将来也许可达到 0.1K，从而提高定量化遥感反演的水平。

四、遥感对地观测的历史发展

从空中拍摄地面的照片，最早是 1858 年纳达在气球上完行的。1903 年莱特兄弟发明了飞机，使航空遥感成为可能。1906 年，劳伦士用 17 只风筝拍下了"旧金山大火"这一珍贵的有历史性的大幅照片。第一次世界大战中第一台航空摄影机问世。英国空军拍下了德国的炮兵阵地。由于航空摄影比地面摄影有明显的优越性，如视场开阔，无前景挡后景，可快速飞过测区获得大面积的像片，使得航空摄影，和现在更广泛的包括摄影和非摄影的各种航空遥感方法得到飞速的发展。

1957 年前苏联发射了第一颗人造卫星，使卫星摄影测量成为可能。1959 年从人造卫星发回第一张地球像片，I960 年从"泰罗斯"与"雨云"气象卫星上获得全球的云图。1971 年美国"阿波罗"宇宙飞船对月球表面成功地进行航天摄影测量。同年美国利用"水手"号探测器对火星进行测绘作业。1972 年美国地球资源卫星（后改称陆地卫星）上天，其多光谱扫描仪（MSS）影像用于对地观测，使得遥感作为一门新技术得到广泛应用。从空中观测地球的平台包括气球、飞艇、飞机、火箭、人造卫星、航天飞机和太空观测站。目前全球在轨的人造卫星达到 3000 颗，其中提供遥感、定位、通信传输的数据和图像服务的将近 500 颗。目前世界各国已建成的遥感卫星地面接收站超过 50 个。

现有的卫星遥感系统（科学试验、海洋遥感卫星、军事卫星除外，）大体上可分为气象卫星、资源卫星和测图卫星 3 种类型。从第一代气象观测卫星 TIROS 于 1965 年上天和第一代陆地资源卫星 Landsat–l 于 1972 年上天算起，卫星遥感系统走过了三十多个春秋。至今卫星遥感已取得了令人瞩目的成绩，从实验到应用、从单学科到多学科综合、从静态到动态、从区域到全球、从地表到太空,无不表明遥感已经发展到相当成熟的阶段。当代遥感的发展主要表现在它的多传感器、高分辨率和多时相特征上。

多传感技术:已能全面覆盖大气窗口的所有部分。光学遥感可包含可见光、近红外和短波红外区域。热红外遥感的波长可达 8 ~ 14μm。微波遥感外测目标物电磁波的辐射和散射,分被动微波遥感和主动微波遥感,波长范围为 1 ~ 100cm。

遥感的高分辨率特点:全面体现在空间分辨率、光谱分辨率和温度分辨率三个方面,长线阵 CCD 成像扫描仪可以达到 0.6 ~ 2m 的空间分辨率,成像光谱仪的光谱细分可以达到 5 ~ 6m 的空间分辨率。热红外辐射计的温度分辨率可以从 0.5K 提高到 0.3 ~ 0.1K。

遥感的多时相特征:随着小卫星群计划的推行,可以用多颗小卫星,实现每 3 ~ 5 天对地表重复一次采样,获得高分辨率全色图像和成像洗谱仪数据。多波段、多极化方式的雷达卫星,将能解决阴、雨、多雾情况下的全天候和全天时对地观测。

值得一提的是装在美国"奋进号"航天飞机上的雷达干涉测量系统,它是世界上第一个能直接获取全球三维地形信息的双天线(固定天线距离为 60m)合成孔径雷达干涉测量系统。该项计划称为 SRTM(Shuttle Radar Topography Mission)。在仅仅 11 天(2000-02-11 ~ 22)的全球性作业中,获得了地球 60° N 至 56° S 间陆地表面 80% 面积的三维雷达数据。用这个数据可获得 30m 分辨率的高精度数字高程模型(C 波段垂直精度为 10m,X 波段垂直精度为 6m)。这次飞行的成功和美国 Space Imaging 公司 1999 年度发射的 1m 分辨率 IKONOS 卫星(见图 8-13),标志着 21 世纪卫星遥感将走上一个全新的发展阶段。

五、主要的遥感对地观测卫星及其未来发展

1. 气象卫星

气象卫星主要分为地球同步静止气象卫星和太阳同步极轨气象卫星两大类。气象卫星遥感与地球资源卫星遥感的工作波段大致相同,所不同的是图像的空间分辨率大多为 1 ~ 5km,较资源卫星(≤ 100m)低,但其时间分辨率则大大高于资源卫星的 15 ~ 25 天,每天可获得同一地区的多次成像。

静止气象卫星是作为联合国世界气象组织(WMO)全球气象监测计划的内容而发射的,主要由 GMS、GEOS-E、GEoS-W、METEoSAT、INSAT 五颗卫星组成,它们以约 70° 的间隔配置在赤道上空,轨道高度为 3600km。中国的 FY-2 也属于这种类型,位于经度为 105° 的轨道上,主要用于中国的气象监测。

广泛使用的 NOAA 气象卫星(见表 8-4)属于太阳同步极轨卫星,卫星高度在

800km 左右。每颗卫星每天至少可以对同一地区进行两次观测，图像空间分辨率为1km。极轨气象卫星主要用于全球及区域气象预报，并适用于全球自然和人工植被监测、灾害（水灾、旱灾、森林火灾、沙漠化等）监测以及家作物估产等方面。

2. 资源卫星

卫星系统多采用光机扫描仪、CCD 固体阵列传感器等光学传感器，可获得100m 空间分辨率的全色或多光谱图像。采集的多光谱数据对土地利用、地球资源调查、监测与评价、森林覆盖、农业和地质等专题信息的提取具有极其重要的作用。由于光学传感器系统受到天气条件的限制，主动式的合成孔径侧视雷达（SAR）在多云雾、多雨雪地区的地形测图、灾害监测、地表形态及其形变监测中，具有特殊的作用。

3. 地球观测系统（EOS）计划

美国国家宇航局（NASA）于 1991 年发起了一个综合性的项目，称为地球科学事业（ESE），它的核心便是地球观测系统（EOS）。EOS 计划中包括一系列卫星，它的任务是通过这些卫星，对地球系统的主要状态参数进行量测，同时开始长期监测人类活动对环境的影响。主要包括火灾、冰（冰川）、陆地、辐射、风暴、气候、污染以及海洋等。NASA 如今采用地球观测系统数据和信息系统（EOSDIS）来管理这些卫星，并对其数据进行归档、分布和信息管理等。

EOS 的目标是：检测地球当前的状况；监测人类活动对地球和大气的影响；预测短期气候异常、季节性乃至年际气候变化；改进灾害预测；长期监测气候与全球变化。

Terra 卫星是 EOS 计划中第一颗装载有 MODIS 传感器的卫星，发射于 1999年 12 月 18 日。Terra 是美国、日本和加拿大联合进行的项目，卫星上共有五种装置，它们分别是云与地球辐射能量系统 CERES、中分辨率成像光谱仪 MODIS、多角度成像光谱仪 MISR、先进星载热辐射与反射辐射计 ASTER 和对流层污染测量仪MOPITT。在外观上，Terra 卫星的大小相当于一辆小型校园公汽。它装载的五种传感器能同时采集地球大气、陆地、海洋和太阳能量平衡的信息。每种传感器有它独特的作用，这使得 EOS 的科学工作者能研究大范围的自然科学实体。Terra 沿地球近极地轨道航行，高度是 705km，它在当地早上同一时间经过赤道，此时陆地上云层覆盖为最少，对地表的视角的范围最大。Term 的轨道基本上是和地球的自转方向相垂直，所以它的图像可以拼接成一幅完整的地球总图像。科学家通过这些图像逐渐理解了全球气候变化的起因和效果，他们的目标是了解地球气候和环境是如何作为一个整体作用的。Terra 的预期寿命是 6 年。在未来的几年内，将会发射其他几颗卫星，利用遥感技术的新发展，对 Terra 采集的信息进行补充。

Aqua 发射于 2002 年 5 月 4 日，装置有云与地球辐射能量系统测量仪 CERES、中分辨率成像光谱仪 MODIS、大气红外探测器 AIRS、先进微波探测元件 AMSU-A、巴西湿度探测器 HSB 和地球观测系统先进微波扫描辐射计 AMSR-E。Aqua 卫星的目标是通过监测和分析地球变化来提高我们对地球系统以及由此发生的变化的认识。Aqua 卫星是根据它主要采集地球水循环的海量数据而命名的。这些数据包括海洋表面水、海洋的蒸发、大气中的水蒸气、云、降水、泥土湿气、海冰和陆地上的冰雪覆盖。Aqua 测量的其他变化包括辐射能量通量、大气气溶胶、地表植被、海洋中的浮游植物和溶解的有机成分以及空气、陆地和水的温度。Aqua 预期的一个特别优势就是由大气温度和水蒸气得到的对天气预报的改善。Aqua 测量还提供了全球水循环的所有要素，并有利于根据雪、冰、云和水蒸气增强或抑制全球和区域性温度变化和其他气候变化的程度。

有人指出，由于 EOS 计划所提供的丰富的陆地、海洋和大气等参数信息，再配合 ADE-OSI/Ⅱ、TRMM、SeaWiFS、ASTSR、MERIS、ENVISAT、LandSAT 等卫星数据与地面网站数据，将会引起气候变化研究手段的革命。

4. 制图卫星

为了适用于 1∶10 万及更大比例尺的测图，对空间遥感最基本的要求是其空间分辨率和立体成像能力。值得注意的是，美国成功发射的 IKONOS-2 卫星和快鸟卫星开辟了高空间分辨率商业卫星的新纪元。合成孔径侧视雷达的发展主要体现为时间分辨率的提高，特别是双天线卫星雷达的研制。

5. 遥感传感器的未来发展

遥感传感器未来发展将进一步提高高空间分辨率和光谱分辨率，事实上，军用卫星的分辨率已达到 0.910～0.915m。

成像光谱仪（ImagingSpectrometer）能以高达 5～6nm 的光谱分辨率在特定光谱区域内以超多光谱数的海量数据同时获取目标图像和多维光谱信息，以形成图谱合一的影像立方体。机载成像光谱遥感技术在过去 10 年已取得很大进展，星载 384 波段成像光谱仪卫星（刘易斯）由美国 TRW 公司研制，于 1997 年发射上天未能成功。目前美国已在 1999 年 12 月发射的 EOS-AMKTerra 和 2002 年 5 月发射的 AQUA 卫星上使用了 MODIS 中分辨率成像光谱仪，并已获得了有效的数据。预计在 21 世纪，500～600 波段的星载中高分辨率成像光谱仪会取得成功，从而可根据地物光谱形态特征来定量化和自动化地判断岩石矿物成分、生物地球化学过程和地表景观参数。未来的地球观测系统是一个由卫星和传感器交互式连接而成的网络系统。

只有双天线星载雷达，才有可能获得同一成像条件下的真正的干涉雷达数据，以方便生成描述地形地貌的数字高模型和研究地表三维形变。目前的重复轨道

（RepeatOrbit）法获得的干涉雷达数据，由于受地表和大气等成像条件的变化影响，形成好的干涉图像的成功率较低。但星载 150 ~ 200m 基线的双天线技术无疑也是对航天技术的一个挑战。

此外，激光断面扫描仪（Laser Scanner）也是近几年来引起广泛兴趣并成为研制热点之一的传感器系统，其作用是直接用于测定地面高程，从而建立数字高程模型。它向地面发射高频激光波束并接受反射波，精确地记录波束传输时间。传感器的位置和姿态参数由 GPS 和 INS 精确确定。根据传感器的位置和姿态以及激光波束的传输时间，即可精确测定地面的高程（达到分米级）。加拿大、美国、荷兰、德国等国家相继推出了航空激光扫描仪系统，并和 CCD 成像集成。

第三节　遥感信息传输与预处理

随着遥感技术，特别是航天遥感的迅速发展，如何将传感器收集到的大量遥感信息正确、及时地送到地面并迅速进行预处理，以提供给用户使用，成为一个非常关键的问题。在整个遥感技术系统中，信息的传输与预处理设备的耗资是很大的。

一、遥感信息的传输

传感器收集到的被测目标的电磁波，以不同形式直接记录在感光胶片或磁带（高密度数据磁带 HDDT 或计算机兼容磁带 CCT）上，或者通过无线电发送到地面被记录下来。遥感信息的传输有模拟信号传输和数字信号传输两种方式。模拟信号传输是指将一种连续变化的电源与电压表示的模拟信号，经过放大和调制后用无线电传输。数字信号传输是指将模拟信号转换为数字形式进行传输。由于遥感信息的数据量相当大，要在卫星过境的短时间内将获得的信息数据全部传输到地面是有困难的，因此，在信息传输时要进行数据压缩。

二、遥感信息的预处理

从航空或航天飞行器的传感器上收到的遥感信息因受传感器性能、飞行条件、环境因素等影响，因此在使用前要进行多方面的预处理，才能获得反映目标实际的真实信息。遥感信息预处理主要包括数据转换、数据压缩和数据校正。这部分工作是在提供给用户使用前进行的，具体内容见表 7-1。

表7-1 遥感信息预处理的主要内容

项目	内容
数据转换	由于所接收到的遥感数据记录形式与数据处理系统的输入形式不一定相同，而处理系统的输出形式与用户要求的形式也可能不同，所以必须进行数据转换。同时，在数据处理过程中也都存在数据转换的问题。数据转换的形式与方法有模数转换、数模转换、格式转换等
数据压缩	传送到遥感图像数据处理机构的数据量是十分庞大的。目前虽然用电子计算机进行数据预处理，但数据处理量和处理速度仍然跟不上数据收集量。所以在图像预处理过程中，还要进行数据压缩，其目的是为了去除无用的或多余的数据，并以特征值和参数的形式保存有用的数据
数据校正	由于环境条件的变化、仪器自身的精度和飞行姿态等因素的影响，会导致一系列的数据误差。为了保证获得信息的可靠性，必须对这些有误差的数据进行校正。校正的内容主要有辐射校正和几何校正
辐射校正	传感器从空间对地面目标进行遥感观测，所接收到的是一个综合的辐射量，除有遥感研究最有用的目标本身发射的能量和目标反射的太阳能外，还有周围环境如大气发射与散射的能量、背景照射的能量等。因此，有必要对辐射量进行校正。校正的方式有两种，即对整个图像进行补偿或根据像点的位置进行逐点校正
几何校正	为了从遥感图像上求出地面目标正确的地理位置，使不同波段图像或不同时期、不同传感器获得的图像相互配准，有必要对图像进行几何校正，以改正各种因素引起的几何误差。几何误差包括飞行器姿态不稳定及轨道变化所造成的误差、地形高差引起的投影差和地形产生的阴影、地球曲率产生的影像歪斜、传感器内部成像性能引起的影像线性和非线性畸变所造成的误差等

将经过表7-1预处理的遥感数据回放成模拟像片或记录在计算机兼容磁带上，才可以提供给用户使用。

第四节　遥感影像数据处理与遥感技术应用

一、遥感影像数据处理

遥感影像数据的处理分为几何处理、灰度处理、特征提取、目标识别和影像解译。

几何处理依照不同传感器的成像原理有所不同，对于无立体重叠的影像主要是几何纠正和形成地学编码，对于有立体重叠的卫星影像，还要解求地面目标的三维坐标和建立数字高程模型（DEM）。几何处理分为星地直接解和地星反求解。星地直接解是依据卫星轨道参数和传感器姿态参数空对地直接求解。地星反求解是依据地面若干控制点的三维坐标反求变换参数，有各种近似和严格解法。利用求出的变换参数和相应的成像方程，便可求出影像上目标点的地面坐标。

影像的灰度处理包括图像复原和图像增强、影像重采样、灰度均衡、图像滤波。图像增强包括反差增强，边缘增强，滤波增强和彩色增强。不同传感器、不同分辨率、不同时期的数据，可以通过数据融合的方法获得更高质量，更多信息量的影像。

特征提取是从原始影像上通过各种数学工具和算子提取用户有用的特征，如结构特征、边缘特征、纹理特征、阴影特征等。目标识别则是从影像数据中人工或自动/半自动地提取所要识别的目标，包括人工地物和自然地物目标。影像解译是对所获得的遥感图像用人工或计算机方法对图像进行判读，对目标进行分类。图像解译可以用各种基于影像灰度的统计方法，也可以用基于影像特征的分类方法，还可以从影像理解出发，借助各种知识进行推理。这些方法也可以相互组合形成各种智能化的方法。

雷达干涉测量和差分雷达干涉测量：除了利用两张重叠的亮度图像进行类似立体摄影测量方法的立体雷达图像处理外，雷达干涉测量（INSAR）和差分雷达干涉测量（IMNSAR）被认为是当代遥感中的重要新成果。最近美国"奋进号"航天飞机上双天线雷达测量结果使人们更加关注这一技术的发展。

雷达测量与光学遥感有明显的区别，它不是中心投影成像，而是距离投影，获得的是相位和振幅记录，组合成为复雷达图像。

所谓雷达干涉测量是利用复雷达图像的相位差信息来提取地面目标地形三维信息的技术。而差分干涉测量则是利用复雷达图像的相位差信息来提取地面目标微小地形变化信息的技术。此外，转达相干测量是利用复雷达图像的相干性信息来提取地物目标的属性信息。

获取立体雷达图像的干涉模式主要有沿轨道法、垂直轨道法、重复轨道法。

二、遥感技术的应用

遥感技术的应用涉及各行各业的多个方面。这里简要列举其在民国经济建设中的主要应用。

1. 在国家基础测绘和建立空间数据基础设施中的应用

各种分辨的遥感图像是建立数字地球空间数据框架的主要来源，可以形成反映地表景观的各种比例尺影像数据库（DOM）；可以用立体重叠影像生成数字高程模型数据库（DEM）；还可以从影像上提取地物目标的矢量图形信息（DLG）。其次，由于遥感卫星能长年地、周期地和快速地获取影像数据，这为空间数据库和地图更新提供了最好的手段。

2. 在铁路、公路设计中的应用

航空航天遥感技术，可以为线路选线和设计提供各种几何和物理信息，包括断面图、地形图、地质解译、水文要素等信息，已在我国主要新建的铁路线和高速公路线的设计和施工中得到广泛应用，特别在西部开发中，由于该地区人烟稀少，地质条件复杂，遥感手段更有其优势。

3. 在农业中的应用

遥感技术在农业中的应用主要包括：利用遥感技术进行土地资源调查与监测、农作物生产与监测，作物长势状况分析和生长环境的监测。基于 GPS、GIS 和农业专家系统相结合，可以实现精准农业。

4. 在林业中的应用

森林是重要的生物资源，具有分布广、生长期长的特点。由于人为因素和自然原因，森林资源会经常发生变化，因此，利用遥感手段，及时准确地对森林资源进行动态变化监测，掌握森林资源变化规律，具有重要社会、经济和生态意义。

利用遥感手段可以快速地进行森林资源调查和动态监测，可以及时地进行森林虫害的监测，定量地评估由于空气污染、酸雨及病虫害等因素引起的林业危害。遥感的高分辨率图像还可以参与和指导森林经营和运作。

气象卫星遥感是发现和监测森林火灾的最快速和最廉价手段。可以掌握起火点、火灾通过区域、灭火过程、灾情评估和过火区林木恢复情况。

5. 在煤炭工业中的应用

煤炭是中国的主要能源之一，占全国能源消耗总量的 70% 以上。煤炭工业的发展布署对国民经济的发展具有直接的影响。由于行业的特殊性，煤炭工业长期处于劳动密集型的低技术装备状况，从煤田地质勘探、矿井建设到采煤生产各阶段都一直靠"人海战术"。因此，如何在煤炭工业领域引入高新技术，是中国政府和煤炭系统科研人员的共同愿望。

中国煤炭工业规模性应用航空遥感技术始于 20 世纪 60 年代。当时煤炭部航测大队的成立，标志着中国煤炭步入真正应用航空遥感阶段。到 20 世纪 70 年代末、80 年代初，煤炭部遥感地质应用中心的成立，拉开了航天遥感应用于煤炭工业的序幕。

研究煤层在光场、热场内的物性特征，是煤炭遥感的基础工作。

大量研究表明，煤层在光场中具有如下反射特征：煤层在 $0.4 \sim 0.8\,\mu m$ 波段，反射率小于 10%；在 $0.9 \sim 0.95\,\mu m$ 出现峰值，峰值反射率小于 12%；在 $0.95 \sim 1.1\,\mu m$，反射率平缓下降。煤层与其他岩石相比，反射率最低，在 $0.94 \sim 1.1\,\mu m$ 波段中，煤层反射率低于其他岩石 5% ~ 30%。

煤层在热场中具有周期性的辐射变化规律，即煤层在地球的周日旋转中，因受太阳电磁波的作用不同，冷热异常交替出现，白天在日过上中天后出现热异常；夜间在日落到日出之间出现冷异常。因此，热红外遥感是煤炭工业的最佳应用手段。利用各种摄影或扫描手段获取的热红外遥感图像，可用于识别煤层，探测煤系地层。

应用卫星图像数据，综合调查能源基地的煤、电、水、路现状和资源环境、投资条件，已编制 1∶100 万"晋陕蒙宁豫"能源基地卫星影像地图，覆盖面积达 117 万 km^2，调查煤炭储量 5000 亿 t；编制 1∶50 万山西能源基地遥感系统图，覆盖面积达 15.7 万 km^2，调查出煤炭产量占全国总产量的 30%。为煤炭工业向西部转移和国务院发展能源工业的战略部署，提供了科学的决策依据。

遥感技术在煤炭工业中的主要应用包括：煤田区域地质调查，煤田储存预测，煤田地质填图，煤炭自燃、发火区圈定、界线划分、灭火作业及效果评估，煤矿治水、调查井下采空后的地面沉陷、煤炭地面地质灾害调查，煤矿环境污染及矿区土复耕等。

6. 在油气资源勘探中的应用

油气资源勘探与其他领域一样，由于遥感技术的迅速渗透而充满生机。油气资源遥感勘探以其快速、经济、有效等特点而引人瞩目，受到国内外油气勘探部门的高度重视。20 世纪 80 年代以来，美国、前苏联、日本、澳大利亚、加拿大等国都进行了油气遥感勘探方法的试验研究。例如，美国于 1980～1984 年间分别在怀俄明州、西弗吉尼亚州、得克萨斯州选择了三个油气区，利用 TM 图像，结合地球化学和生物地球化学方法，进行油气资源遥感勘探研究。自 1977 年起，我国地矿部先后在塔里木、柴达木等地进行了油气资源遥感勘探研究，取得了不少理论成果和实践经验。

目前，国内外的油气遥感勘探主要是基于 TM 图像提取烃类微渗漏信息。地物波谱研究表明，$2.2\mu m$ 附近的电磁波谱适宜鉴别岩石蚀变带，用 TM 影像检测有一定的效果。但 TM 图像相对较粗的光谱分辨率和并不覆盖全部需要的波段工作范围，影响其提取油气信息。20 世纪 90 年代蓬勃发展的成像光谱遥感技术，因其具有很高的光谱分辨率和灵敏度，将在油气资源遥感勘探中发挥更大的作用。

利用遥感方法进行油气藏靶区预测的理论基础是：地下油气藏上方存在着烃类微渗漏，烃类微渗漏导致地表物质产生理化异常。主要的理化异常类型有土壤烃组分异常、红层褪色异常、黏土丰度异常、碳酸盐化异常、放射性异常、热惯量异常、地表植被异常等。油气藏烃类渗漏引起地表层物质的蚀变现象必然反映在该物质的波段特征异常上。大量室内、野外原油及土壤波谱测量表明：烃类物质在 $1.725\mu m$、$1.760\mu m$、$2.310\mu m$ 和 $2.360\mu m$ 等处存在一系列明显的特征吸收谷，而在 $2.30～2.36\mu m$ 波段间以较强的双谷形态出现。遥感方法通过测量特定波段的波谱异常，可预测对应的地下油气藏靶区。

由于土壤中的一些矿物质（如碳酸盐矿物质）的吸收谷也在烃类吸收谷的范围，这给遥感探测烃类物质带来了困难。因此，要区分烃类物质的吸收谷必须实现窄波段遥感探测，即要求传感器具有高光谱分辨率的同时还要具有高灵敏度。

近年来发展的机载和卫星成像光谱仪是符合上述要求的新型成像传感器。例如，中科院上海技术物理所研制的机载成像光谱仪，通过细分光谱来提高遥感技术对地物目标分类和目标特性识别的能力。如可见光/近红外（0.64～1.1μm）设置32个波段，光谱取样间隔为20mm；短波红外（1.4～2.4μm）设置32个波段，光谱间隔为25mm；8.20～12.5μm热红外波段细分为7个波段。成像光谱仪的工作波段覆盖了烃类微渗漏引起地表物质"蚀变"异常的各个特征波谱带，是检测烃类微渗漏特征吸收谷的较为有效的传感器。通过利用成像光谱图像结合地面光谱分析及化探数据分析进行油气预测靶区圈定的试验，证明成像光谱仪是一种经济、快速、可靠性高的非地震油气勘探技术，将在油气资源勘探中发挥重要的作用。

7. 在地质矿产勘查中的应用

遥感技术为地质研究和勘查提供了先进的手段，可为矿产资源调查提供重要依据和线索，对高寒、荒漠和热带雨林地区的地质工作提供有价值的资料。特别是卫星遥感，为大区域甚至全球范围的地质研究创造了有利条件。

遥感技术在地质调查中的应用，主要是利用遥感图像的色调、形状、阴影等标志，解译出地质体类型、地层、岩性、地质构造等信息，为区域地质填图提供必要的数据；遥感技术在矿产资源调查中的应用，主要是根据矿床成因类型，结合地球物理特征，寻找成矿线索或缩小找矿范围，通过成矿条件的分析，提出矿产普查勘探的方向，指出矿区的发展前景。

在工程地质勘查中，遥感技术主要用于大型堤坝、厂矿及其他建筑工程选址、道路选线以及由地震或暴雨等造成的灾害性地质过程的预测等方面。例如，山西大同某电厂选址、京山铁路改线设计等，由于从遥感资料的分析中发现过去资料中没有反映的隐伏地质构造，通过改变厂址与选择合理的铁路线路，在确保工程质量与安全方面起了重要的作用。

在水文地质勘查中，则利用各种遥感资料（尤其是红外摄影、热红外扫描成像），查明区域水文地质条件、富水地貌部位，识别含水层及判断充水断层。例如，美国在夏威夷群岛，用红外遥感方法发现200多处地下水露点，解决了该岛所需淡水的水源问题。

近年来，我国高等级公路建设如雨后春笋般进入了新的增长时期，如何快速有效地进行高等级公路工程地质勘查，是地质勘查面临的一个新问题。通过多条线路的工程地质和地质灾害遥感调查的研究表明，遥感技术完全可应用于公路工程地质勘查。

遥感工程地质勘查要解决的主要问题有：

（1）岩性体特征分析。主要应查明岩性成分、结构构造、岩相、厚度及变化规律、岩体工程地质特征和风化特征，并应特别重视对软弱粘性土、胀缩粘土、湿陷性黄土、冻土、易液化饱和土等特殊性质土调查。

（2）灾害地质现－调查。即对崩塌、滑坡、泥石流、岩溶塌陷、煤田采空区的分布状况及沿路地带稳定性评价进行研究。

（3）断层破碎带的分布及活动断层的活动性分析研究也是遥感工程地质勘查的研究内容。

8. 在水文学和水资源研究中的应用

遥感技术既可观测水体本身的特征和变化，又能够对其周围的自然地理条件及人文活动的影响提供全面的信息，为深入研究自然环境和水文现象之间的相互关系，进而揭露水在自然界的运动变化规律，创造了有利条件。同时由于卫星遥感对自然界环境动态监测比常规方法更全面、仔细、精确，且能获得全球环境动态变化的大量数据与图像，这在研究区域性的水文过程，乃至全球的水文循环、水量平衡等重大水文课题中具有无比的优越性。因此，在陆地卫星图像广泛的实际应用中，水资源遥感已成为最引人注目的一个方面，遥感技术在水文学和水资源研究中发挥了巨大的作用。在美国陆地卫星图像应用中，水文学和水资源方面所得的收益首屈一指，其中减少洪水损失和改进灌溉这两项就占陆地卫星应用总收益的41.3%。

遥感技术在水文学和水资源研究方面的应用主要有：水资源调查、水文情报预报和区域水文研究。利用遥感技术不仅能确定地表江河、湖沼和冰雪的分布、面积、水量和水质，而且对勘测地下水资源也是十分有效的。在青藏高原地区，经对遥感图像解译分析，不仅对已有湖泊的面积、形状修正的更加准确，而且还新发现了500多个湖泊。

地表水资源的解译标志主要是色调和形态，一般来说，对可见光图像，水体混浊、浅水沙底、水面结冰和光线恰好反射入镜头时，其影像为浅灰色或白色；反之，水体较深或水体虽不深但水底为淤泥，则其影像色调较深。对彩红外图像来说，由于水体对近红外有很强的吸收作用，所以水体影像呈黑色，它和周围地物有着明显的界线。对多光谱图像来说，各波波图像上的水体色调是有差异的，这种色调差异也是解译水体的间接标志。利用遥感图像的色调和形态标志，可以很容易地解译出河流、沟渠、湖泊、水库、池塘等地表水资源。埋藏在地表以下的土壤和岩石里的水称为地下水，它是一种重要资源。按照地下水的埋藏分布规律，利用遥感图像的直接和间接解译标志，可以有效地寻找地下水资源。一般来说，遥感图像所显示的古河床位置、基岩构造的裂隙及其复合部分、洪积扇的顶端及其边缘、自然植被生长状况好的地方均可找到地下水。

地下水露头、泉水的分布在 8 ~ 14μm 的热红外图像上显示最为清晰。由于地下水和地表水之间存在温差，因此，利用热红外图像能够发现泉眼。

用多光谱卫星图像寻找地下浅层淡水及其分布规律也有一定的效果。例如，我国通过对卫星像片色调及形状特征的解译分析，发现惠东北地区植被特征与地下浅层淡水密切相关，而浅层淡水空间分布又与古河道密切相关，由此可较容易地圈出惠东北地区浅层淡水的分布。

水文情报的关键在于及时准确地获得各有关水文要素的动态信息。以往主要靠野外调查及有限的水文气象站点的定位观测，很难控制各要素的时空变化规律，在人烟稀少、自然环境恶劣的地区更难获取重要资料。而卫星遥感技术则能提供长期的动态监测情报。国外已利用遥感技术进行旱情预报、融雪经流预报和暴雨洪水预报等。遥感技术还可以准确确定产流区及其变化，监测洪水动向，调查洪水泛滥范围及受涝面积和受灾程度等。

在区域水文研究方面，国外已广泛利用遥感图像绘制流域下垫面分类图，以确定流域的各种形状参数、自然地理参数和洪水预报模型参数等。此外，通过对多种遥感图像的解译分析，还可进行区域水文分区、水资源开发利用规划、河流分类、水文气象站网的合理布设、代表流域的选择以及水文实验流域的外延等一系列区域水文方面的研究工作。

9. 在海洋研究中的应用

海洋覆盖着地球表面积的71%，容纳了全球97%的水量，为人类提供了丰富的资源和广阔的活动空间。随着人口的增加和陆地非再生资源的大量消耗，开发利用海洋对人类生存与发展的意义日显重要。据统计，全世界海洋经济总产值到1985年为3500亿美元，如今已突破1万亿美元。

因为海洋对人类非常重要，所以，国内外多年来投入了大量的人力和物力，利用先进的科学技术以求全面而深入地认识和了解海洋，指导人们科学合理地开发海洋，改善环境质量，减少损失。常规的海洋观测手段时空尺度具有局限性，因此不可能全面、深刻地认识海洋现象产生的原因，也不可能全面掌握洋盆尺度或全球大洋尺度的过程和变化规律。在过去的20年中，随着航天、海洋电子、计算机、遥感等科学技术的发展，产生了崭新的学科——卫星海洋学。它形成了从海洋状态波谱分极到海洋现象判读等一套完整的理论与方法。海洋卫星遥感与常规的海洋调查手段相比具有许多独特优点：第一，它不受地理位置、天气和人为条件的限制，可以覆盖地理位置偏远、环境条件恶劣的海区及由于政治原因不能直接去进行常规调查的海区。卫星遥感是全天时的，其中微波遥感是全天候的。第二，卫星遥感能提供大面积的海面图像，每个像幅的覆盖面积达上千平方千米。对海洋资源普查、大面积测绘制图及污染监测都极为有利。第三，卫星遥感能周期性地监视大洋环流、海面温度场的变化、鱼群的迁移、污染物的运移等。第四，卫星遥感获取海洋信息量非常大。以美国发射的海洋卫星（Seasat-1）为例，虽然它在轨有效运行时间只有105天，但它所获得的全球海面风向和风速资料，相当于20世纪以前所有船舶观测资料的总和，星载微波辐射计对全球大洋做了100多万次海面温度测量，相当于过去50年来常规方法测量的总和。第五，能进行同步观测风流、污染、海气相互作用和能量收支平衡等。海洋现象必须在全球大洋同步观测，这只有通过海洋卫星遥感才能做到。

目前，常用的海洋卫星遥感仪器主要有雷达散射计、雷达高度计、合成孔径雷达（SAR）、微波辐射计及可见光/红外辐射计、海洋水色扫描仪等；此外，可见光/近红外波段中的多光谱扫描仪（MSS，TM）和海岸带水色扫描仪（CZCS）均为被动式传感器。它能测量海洋水色、悬浮泥沙、水质等，在海洋渔业、海洋环院污染调查与监测，海岸带开发及全球尺度海洋科学研究中均有较好的应用。

10. 在环境监测中的应用

目前，环境污染已成为许多国家的突出问题，利用遥感技术可以快速、大面积监测水污染、大气污染和土地污染以及各种污染导致的破坏和影响。近年来，我国利用航空遥感进行了多次环境监测的应用试验，对沈阳等多个城市的环境质量和污染程度进行了分析和评价，包括城市热岛、烟雾扩散、水源污染、绿色植物覆盖指数以及交通量等的监测，都取得了重要成果。国家海洋局组织的在渤海湾海面油溢航空遥感实验中，发现某国商船在大沽锚地违章排污，以及其他违章排污船20艘，并及时做了处理，这件事在国内外产生了较大影响。

随着遥感技术在环境保护领域中的广泛应用，一门新的科学——环境遥感诞生了。环境遥感是利用遥感技术揭示环境条件变化、环境污染性质及污染物扩散规律的一门科学。环境条件如气温、湿度的改变和环境污染大多会引起地物波谱特征发生不同程度的变化，而地物波谱特征的差异正是遥感识别地物的最根本的依据。这就是环境遥感的基础。

从各种受污染植物、水体、土壤的光谱特性来看，受污染地物与正常地物的光谱反射特征差异都集中在可见光、红外波段，环境遥感主要通过摄影与扫描两种方式获得环境污染的遥感图像。摄影方式有黑白全色摄影、黑白红外摄影、天然彩色摄影和彩色红外摄影。其中以彩色红外摄影应用最为广泛，影像上污染区边界清晰，还能鉴别农作物或其他植物受污染后的长势优劣。这是因为受污染地物与正常地物在红外部分光谱反射率有较大的差异。扫描方式主要有多光谱扫描和红外扫描。多光谱扫描常用于观测水体污染；红外扫描能获得地物的热影像，用于大气和水体的热污染监测。

影响大气环境质量的主要因素是气溶胶含量和各种有害气体。对城市环境而言，城市热岛也是一种大气污染现象；遥感技术可以有效地用于大气气溶胶监测、有害气体测定和城市热岛效应的监测与分析。

在江、河、湖、海各种水体中，污染种类繁多。为了便于用遥感方法研究各种水污染，习惯上将其分为泥沙污染、石油污染、废水污染、热污染和富营养化等几种类型。对此，可以根据各种污染水体在遥感图像上的特征，对它们进行调查、分析和监测。

土地环境遥感包括两个方面的内容：一是指对生态环境受到破坏的监测，如沙漠化、盐碱化等；二是指对地面污染如垃圾堆放区、土壤受害等的监测；遥感技术目前已在生态环境、土壤污染和垃圾堆与有害物质堆积区的监测中得到广泛应用。

11. 在洪水灾害监测与评估中的应用

洪水灾害是一种骤发性的自然灾害，其发生大多具有一定的突发性，持续时间短，发生的地域易于辨识。但是，人们对洪水灾害的预防和控制则是一个长期的过程。从洪灾发生的过程看，人类对洪灾的反应可划分为以下四个阶段（见表7-2）。

表7-2　人类对洪灾的反应

阶段	内容
洪水控制与洪水综合管理	通过"拦、蓄、排"等工程与非工程措施，改变或控制洪水的性质和流路使"水让人"；通过合理规划洪泛区土地利用，保证洪水流路的畅通，使"人让水"。这是一个长期的过程，也是区域防洪体系的基础
洪水监测、预报与预警	在洪水发生初期，通过地面的雨情及水情观测站网，了解洪水实时状况；借助于区域洪水预报模型，预测区域洪水发展趋势，并即时、准确地发出预警消息。这个过程视区域洪水特征而定，持续时间有长有短，一般为2～3天，有时更短，如黄河三花间洪水汇流时间仅有8～10小时
洪水灾情监测与防洪抢险	随着洪水水位的不断上涨，区域受灾面积不断扩大，灾情越来越严重。这时除了依靠常规观测站网外，还需利用航天、航空遥感技术，实现洪水灾情的宏观监测。在得到预警信息后，要及时组织抗洪队伍，疏散灾区居民，转移重要物资，保护重点地区
洪灾综合评估与减灾决策分析	洪灾过后，必须及时对区域的受灾状况作出准确的估算，为救灾物资投放提供信息和方案，辅助地方政府部门重建家园、恢复生产规划

这四个阶段是相互制约又而相互衔接的。若从时效和工作性质上看，这四个阶段的研究内容可归结为两个层次，即长期的区域综合治理与工程建设以及洪水灾害

监测预报与评估。

遥感和地理信息系统相结合，可以直接应用于洪灾研究的各个阶段，实现洪水灾害的监测和灾情评估分析。

12. 在地震灾害监测中的应用

地震的孕育和发生与活动构造密切相关。许多资料表明：多组主干断裂或群裂的复合部位，横跨断陷盆地或断陷盆地间有横向构造穿越的部位以及垂直差异运动和水平错动强烈的部位（如在山区表现为构造地貌对照性强烈，在山麓带表现为凹陷向隆起转变的急剧，在平原表现为水系演变的活跃）等，是多数破坏性强震发生的关键位置。例如，我国 1976 年 7 月 28 日发的 7.8 级唐山大地震，就是在五组主干断裂交汇的构造背景上发生的。对于这一特定的构造背景，震前很少了解，而在卫星图像上却表现得十分清晰。因此，为了预报地震，特别要深入揭示和监测活动构造带中潜在的发生破坏性强震的特定的构造背景。

我国大陆受欧亚板块与印度洋板块的挤压，主应力为南北向压应力。同时，在地球自转（北半球）顺时针转动和大陆漂移、海底扩张、太平洋板块的俯冲作用的共同影响下，形成扭动剪切面，主要表现为我国大陆被分割成三个大的基本地块，即西域地块、西藏地块、华夏地块。各地块之间的接合部位，多为深大断裂带、缝合线或强烈褶皱带。这里是地壳薄弱地带，新构造运动及地震活动最为强烈。大量事实说明，任何破坏性强震都发生在特定的构造背景下。对于我国这样一个多震的国家，利用卫星图像进行地震地质研究，尽快尽早地揭示出可能发生破坏性强震的地区及其构造背景，合理布置观测台站，有针对性地确定重点监视地区，是一项刻不容缓的任务。

地震前出现热异常早已被人们发现，它是用于地震预报监测的指标之一。但是，如何区分震前热异常一直是当代地震预报中的一个难题，因为在地面布设台站进行各项地震活动的地球化学和物理现象的观测，一是很难布设这么大的范围，二是瞬时变化很难捕捉到。卫星遥感技术的测量速度快，覆盖面积大，卫星红外波段所测各界面（地面、水面及云层面）的温度值高以及其多时相观测特性，使得用卫星遥感技术观测震前温度异常可以克服地面台站观测的缺点。

观察卫星热红外像片可知，在正常气象背景及地壳稳定状态下，地球表面温度具有其正常分布规律。当地壳受力在未发生大破裂之前，往往在震中区周围发生裂隙，变化极快，此时在土壤和岩层中会释放出二氧化碳、水蒸气、氢气、氮气和甲烷等气体。这种作用称为"地球放气"。当它们从地下溢出向空间扩散过程中，会吸收太阳辐射或受地应力加强作用、电磁场的激发作用而反射出红外辐射，从而使孕震区周围出现增温异常，这种增温异常在卫星热红外辐射仪图像上表现为光谱异常，称为热红外异常。它是遥感技术应用于地震监测的基础,但由于地震反演问题自身的复杂性,这种应用仍处于研究阶段。

此外遥感技术在现代战争中的应用也是不言而喻的。战前的侦察,敌方目标监测,军事地理信息系统的建立,战争中的实时指挥,武器的制导,数字化战场的仿真,战后的作业效果评估等都需要依赖高分辨率卫星影像和无人飞机侦察的图像。

第五节 我国航天航空遥感的成就与遥感对地观测的发展前景

一、我国航天航空遥感的成就

1. 我国的航天遥感系统

从 20 世纪 70 年代起,中国开始从事空间遥感的研究与应用,先后发射了几十颗返回式遥感卫星、地球同步静止卫星和极轨卫星,起初主要发射的是回收型对地照相侦察卫星,使用的是以照相胶卷为信息载体的框幅式广角相机和全景相机。随后发展了 CCD 数字成像系统、红外扫描仪,并研制了包括成像光谱仪和多极化合成孔径雷达等在内的多种传感器,从 20 世纪 90 年代开始,已逐步转入发射长期运行服务的气象卫星和资源卫星,多用途的小卫星和海洋卫星系列。环境灾害卫星以及各种雷达卫星也已列人计划之内。

（1）风云 1 号（FY–1）、风云 2 号（FY–2）气象卫星

"风云 1 号"气象卫星是中国发射的第一颗极轨环境资源卫星,其主要任务是获取全球的昼夜云图资料及进行空间海洋水色遥感试验。卫星于 1988 年 9 月 7 日准确进入太阳同步轨道,高度 901km,倾角 99.1°,周期 102.8 分。1990 年 9 月 3 日发射了风云 1 号的第二颗卫星 FY–1–B。

高分辨率扫描辐射计是该卫星的主要探测仪器。它共有 5 个探测通道,能同时获取 5 个波段的目标影像资料。其光谱覆盖范围为 0.58 ~ 1.25μm,波段宽 50 ~ 200mm。其中 1、2、5 波段用于拍摄可见光和红外云图资料供天气预报之用。波段 1 和通道的测量数据可提供植被指数,区分云和雪。波段 4 和波段 5 用于海洋水色观测,获取中、高浓度海洋叶绿素的分布图。扫描辐射计的热红外探测通道,具有飞行中辐射响应校正能力,能定量测量目标（如洋面、云顶等）的等效黑体温度。其图像数据还可用于监测积雪、海水、大面积的洪涝灾害等。

FY-1 卫星实时资料的传输采用与美国 NOAA 卫星兼容的体制，有高分辨率图像传输（HRTP）和 4km 分辨率的自动图像传输（APT）两种。FY-1 卫星上装有磁带机，可以存储卫星在各地观测的资料，当卫星通过地面站时，将资料发送到地面接收系统。HRPT 和 APT 图像的像幅度均为 3235km，卫星每天绕地球 14 圈。可见光 / 近红外探测通道每天 24 小时覆盖全球 1 次，热红外通道覆盖周期为 12 小时。

"风云 1 号 C" 和 "风云 1 号 D" 气象卫星分别于 1999 年 5 月和 2001 年 5 月发射成功，至今正常运转。其上的辐射计有 10 个通道。包括了 AVHRR 的所有通道，还增加了海洋水色等通道。利用星上载有的数字磁带机，可以获取全球定量资料。在第二代极轨气象卫星风云 3 号上，将计划装载多种大气探测和环境遥感仪器。主要目标是解决三维全天候定量大气探测和进一步提高全球资料获取能力。实现全球数值天气预报和气候变化预测以及对自然灾害和生态环境的监测。

1997 年 6 月 10 日，在我国西昌卫星发射中心，长征 3 号运载火箭成功地将我国自己研制的第一颗 "风云 2 号" 静止气象卫星发射入轨，于 6 月 17 日成功地定点东径 105° 赤道上空。至此，中国拥有了第一颗自己的地球同步静止气象卫星。"风云 2 号" 星载可见光和红外扫描仪辐射计利用自身从南到北的步动并借助于卫星自旋从西向东对地球扫描成像，每半小时获取一幅约覆盖 1/3 地球的圆盘图。卫星观测的云图信号经地面接收，进行展宽配准处理后，并可根据需要对局部地区进行高时间分辨率观测，以实时监测灾害性天气。

2000 年 7 月 "风云 2 号" B 静止卫星入轨后已发回清晰图像。中国计划在今后10 年内投资研制和发射 10 颗气象卫星，以大幅度提高对洪涝、干旱、台风、雪灾和沙尘暴等灾害性天气预测预报的水平。

（2）资源卫星 1 号（CBERS）

中国资源卫星 1 号是中国在现有卫星技术基础上与巴西之间的国际合作项目，其目标是在互利和各负其责的基础上发展第三世界自己的空间技术。

资源卫星整体系统包括 5 个部分：星体、测控、数据接收和处理系统、运载工具、发射场。其中数据接收和处理系统以资源卫星发射为前提，扩展为中国资源卫星的应用系统。

中国资源卫星 1 号用中国长征 4 号火箭于 1999 年 10 月 14 日成功发射，这种火箭可将 2000kg 的载荷发射到 750km 高的轨道上。卫星上的有效载荷发射到 750km高的轨道上。卫星上的有效载荷包括 3 台成像传感器，分别是广角成像仪（WFI）、高分辨率 CCD 相机（CCD）、红外多光谱扫描仪（IR-MSS）。其中，WFI 是巴西研制的产品。中国资源卫星 1 号集 4 种功能于一体：高分辨率 CCD 相机具有与Landsat 卫星的 TM 几个类似的波段，且空间分辨率高于 TM，CCD 相机具有侧视立体观测功能，这与 SPOT 相似；WFI 的空间分辨率为 256m，IR-MSS 可达 78m 和 156m，CCD 为 19.5m；3 种成像传感器组成从可见光、近红外到热红外整个波谱或覆盖观测地区的组合能力。可见，中国资源卫星 1 号是具有自己特色的资源卫星系统。

（3）中国的海洋卫星 HY-1

我国第一颗海洋卫星 HY-1 于 2001 年与气象卫星 FY-1D 采用一前双星成功发射上天，该卫星装有 10 个波段水色水温扫描仪和 4 波段 CCD 成像仪，质量仅为 367kg，轨道高度在 798 ~ 870km 之间。我国 2007 年发射的 HY-1B 海洋卫星，其图像质量和性能大大提高，并采用了 DORIS 为之精确定轨。

（4）神舟载人飞船上的遥感有效载荷

神舟载人飞船计划从 1992 年 1 月提出后，已发射了 6 颗载人飞船，并于 2003、2005 年成功地完成载人飞行。利用神舟飞船留轨舱，我国做了一系列与卫星遥感有关的试验。

（5）中国的环境灾害监测卫星计划

为了更好地监测我国的环境与灾害，我国已计划发射 4 颗光学卫星和 4 颗雷达卫星组成的小卫星群，在 4 颗光学卫星上装 2 台多光谱 CCD 相机（空间分辨率为 30m），1 台红外相机（150/300m 分辨率）和 1 台 128 波段超光谱成像仪。（100m 空间分辨率，幅度 50km，侧摆达士 30°）。在 4 颗雷达小卫星上主要装设地面分辨率为 20m，幅宽 350km 的 S 波段合成孔径雷达。该小卫星系统能保证每天覆盖地球一次，以保证环境监测和灾害防治的需求。该计划的第一步是在 2008 年前先发射 2 颗光学卫星和 1 颗雷达卫星。

2. 我国的航空遥感技术

我国一直主要引进国外的仪器开展大量的航空测量与遥感作业。自 1986 年实施 863 计划以来，我国发展了两套重要的机载遥感系统，即高空机载遥感系统和洪水监测遥感系统。前者是中国科学院引进的两套螺旋桨——Ⅱ型飞机为平台的遥感系统。该机最高航速为 760km/h，最大航高为 1300m，航程为 3300km，装备有 LTN-72 型惯性导航系统。一架主要用于装备可见光及红外遥感仪器，另一架则用于装备微波遥仪器。洪水监测遥感系统，以水利部牵头，是一套面、星、地一体化的实时、全天候、准实时监测洪水险情的航空遥感信息系统。在洪水灾害发生时，机载 SAR 可实时获取灾害图像并通过发射天线传到我国的卫星上，设在北京的卫星地面站可实时接收到这种图像并传送给有关部门使用。近年来，我国引进了 DMC，UCD，ADS-40 和 LiDAR 等数字航空摄影与遥感系统，也自制成 SWDC-4 等数字航空摄影系统。中国科学院在研制机载成像光谱仪多通道、多极化合成孔径雷达方面也取得了较好的成果。

在航空遥感图像几何处理方面，中国在过去 30 年积极地开始了全数字化摄影测量的研究，并成功研制 VinuozoJX–4 等型号 DPW 数字摄影测量工作站和新一代数字摄影测量网格 DPGrid，可从有立体重叠的影像对中自动提取 DEM 和生成数字正射影像。遥感图像处理系统的研制起步较晚，现已形成像 Geoimager、Photomapper 等由国家科技部推荐的软件产品。GPS 空中三角测量的应用，可在施测困难地面完成无地面控制点的 1∶5 万航测成图。在过去 20 多年中，各研究和应用单位根据自身需要，对卫星传感器的光谱测定、系统检核与验证、图像处理、分析、影像融合、目标提取诸多方面的研究，有力地支持了遥感在资源调查、环境保护、土地利用、灾害监测等方面的应用。

二、遥感对地观测的发展前景

1. 航空航天遥感传感器数据获取技术趋向三多和三高

三多是指多平台、多传感器、多角度，三高则指高空间分辨率、高光谱分辨率和高时相分辨率。从空中和太空观测地球获取影像是 20 世纪的重大成果之一。在短短几十年中，遥感数据获取手段取得飞速发展。遥感平台有地球同步轨道卫星（35000km 高度）、太阳同步卫星（600 ~ 1000km 高度）、太空飞船（200 ~ 300km 高度）、航天飞机（240 ~ 350km 高度）、探空火箭（200 ~ 1000km 高度）、平流层飞艇（20 ~ 100km 高度），有高、中、低空飞机、升空气球、无人机等。传感器有框架式光学相机，缝隙、全景相机、光机扫描仪，光电扫描仪，CCDS 阵、面阵扫描仪，微波散射计雷达测高仪，激光扫描仪和合成孔径雷达等，它们几乎覆盖了可透过大气窗口的所有电磁波段。三行 CCD 阵列可同时得到三个角度的扫描成像，EOSTerra 卫星上的 MISR 可同时从 9 个角度进行对地观测成像。

短短几十年中遥感数据获取手段发展飞快。卫星遥感的空间分辨率从 IKOMOS Ⅱ 的 1m，进一步提高到 QuickBird 的 0.62m。高光谱分辨率已达到 5 ~ 6nm，500 ~ 600 个波段，在轨的美国 EO–1 高光谱遥感卫星，具有 220 个波段，EOSAM–1（Terra）和 EOSμm–1（Aqua）卫星上的 MODIS 具有 36 个波段的中等分辨率成像光谱仪。时间分辨率的提高主要依赖于小卫星星座以及传感器的大角度倾斜可以以 1 ~ 3 天的周期获得感兴趣地区的遥感影像。由于具有全天候、全天时的特点，以及实现用 INSAR 和 IMNSAR，特别是双天线 IN–SAR 进行高精度三维地形及其变化测定的可能性，SAR 雷达卫星为全世界各国普遍关注。例如，美国宇航局的长远计划是发射一系列短波 SAR，实现干涉重访间隔分别为 8 天、3 天和 1 天，空间分辨率分别为 20m、5m 和 2m。我国在机载和星载 SAR 传感器及其应用研究方面正在形成体系。2000 ~ 2020 年，我国将全方位推进遥感数据获取的手段，形成自主的高分辨率资源卫星、雷达卫星、测图卫星和对环境与灾害进行实时监测的小卫星群。

2. 航空航天遥感对地定位趋向于不依赖地面控制

确定影像目标的实地位置（三维坐标），解决影像目标在哪儿（Where），这是摄影测量与遥感的主要任务之一。在原先已成功用于生产的全自动化 GPS 空中三角测量的基础上，利用 DGPS 和 INS 惯性导航系统的组成，可形成航空/航天影像传感器的位置与姿态自动测量和稳定装置（POS），从而可实现定点摄影成像和无地面控制的高精度对地直接定位。在航空摄影条件下精度可达到分米级，在卫星遥感条件下，精度可达到米级。该技术的推广应用，将改变目前摄影测量和遥感的作业流程，从而实现实时测图和实时数据库更新。若与高精度激光扫描仪集成，可实现实时三维测量（Lidar），自动生成数字表面模型（DSM），并推算数字高程模型（DEM）。

美国 NASA 在 1994 年和 1997 年两次将航天激光测高仪（SLA）装在航天飞机上，企图建立基于 SLA 的全球控制点数据库。激光点大小为 100m，间隔为 750m，每秒 10 个脉冲。随后又提出了地学激光测高系统（GLAS）计划，已于 2002 年 12 月 19 日将该卫星 Ⅱ CESat（Cloudandl and Elevation Satellite）发射上天。该卫星装有激光测距系统、GPS 接收机和恒跟踪姿态测定。GLAS 发射近红外光（1064nm）和可见绿光（532mn）的短脉冲（4ns）。激光脉冲频率为 40 次 /s，激光点大小实地为 70m，间隔为 170m，其高程精度要明显高于 SRTM，可望达到米级。下一步的计划是要在 2015 年之前使星载 LIDAR 的激光测高精度达到分米和厘米级。

法国 DORIS 系统利用设在全球的 54 个站点，向卫星发射信号，通过测定多普勒频移，以精确解求卫星的空间坐标，具有极高的精度。测定距地球 1300km 的 Topex/Poseidon 卫星高度，精度达到 ±3cm。用来测定 SPOT4 卫星的轨道，三个坐标方向达到 ±5m 精度，对于 SPOT5 和 Envisat 可达到 ±1m 精度。若忽略 SPOT5 传感器的角元素，直接进行无地面控制的正射像片制作，精度可达到 ±15m，完全可以满足国家安全和西部开发的需求。

3. 摄影测量与遥感数据的计算机处理更趋自动化和智能化

从影像数据中自动提取地物目标，解决它的属性和语义（What）是摄影测量与遥感的另一大任务。在已取得影像匹配成果的基础上，影像目标的自动识别技术主要集中在影像融合技术，基于统计和基于结构的目标识别与分类，处理的对象既包括高分辨率影像，也包括高光谱影像。随着遥感数据量的增大，数据融合和信息融合技术日渐成熟。压缩倍率高、速度快的影像数据压缩方法也已商业化。我国的学者在这些方面都取得不少可喜的成果。

4. 利用多时相影像数据自动发现地表覆盖的变化趋向实时化

利用遥感影像，自动进行变化监测关系到我国的经济建设和国防建设。过去人工方法投入大，周期长，随着各类空间数据库的建立和大量的影像数据源的出现，实时自动化检测已成为研究的一个热点。

自动变化检测研究包括利用新旧影像（DOM）的对比，新影像与旧数字地图（DLG）的对比来自动发现变化的更新数据库。目前的变化检测是先将新影像与旧影像（或数字地图）进行配准，然后再提取变化目标，这在精度、速度与自动化处理方面都有不足之处。我们提出把配准与变化检测同步整体处理。最理想的方法是将影像目标三维重建与变化检测一起进行，实现三维变化检测和自动更新。

5. 航空与航天遥感在构建"数字地球"和"数字中国"中正在发挥愈来愈大的作用

"数字地球"概念是在全球信息处理化浪潮推进下形成的。1999 年 12 月在北京成功地召开了第一届国际数字地球大会后，我国正积极推进"数字中国"和"数字省市"的建设，2001 年国家测绘局完成了构建"数字中国"地理空间基础框架的总体战略研究。在已完成 1：100 万和 1：25 万全国空间数据库的基础上，2001 年全国各省市测绘局开始 1：5 万空间数据库的建库工作。在这个数据量达 11TB 的巨型数据库中，摄影测量与遥感将用来建设 DOM（数字正射影像）、DEM（数字高程模型）和 DLG（数字线画图）和 CP（控制点影像数据库）。如果建立全国 1m 分辨率影像数据库，其数据量将达到 60TB。如果整个"数字地球"均达到 1m 分辨率，其数据量之大可想而知。本世纪内可望建成这一分辨率的数字地球。

"数字文化遗产"是目前联合网和许多国家关心的一个问题，涉及近景成像、计算机视觉和虚拟现实技术。在近景成像和近景三维量测方面，有室内各种三维激光扫描与成像仪器，还可以直接由视频摄像机的系列图像获取目标场三维重建信息。它们所获取的数据经过计算机自动处理，可以在虚拟现实技术支持下构成文化遗迹的三维仿真，而且可以按照时间序列，可将历史文化在时间隧道中再现，对文化遗产保护、复原与研究具有重要意义。

6. 全定量化遥感方法走向实用

从遥感科学的本质讲，通过对地球表层（包括岩石圈、水圈、大气圈和生物圈四大圈层）的遥感，其目的是获得有关地物目标的几何与物理特性，所以需要有全定量化遥感方法进行反演。几何方程是显式表示的数学方程，而物理方程一直是隐式的。目前的遥感解译与目标识别并没有通过物理方程反演，而是采用了基于灰度或加上一定知识的统计的、结构的、纹理的影像分析方法。但随着对成像机理、地物波谱反射特征、大气模型、气溶胶的研究深入和数据积累，多角度、多传感器、高光谱及雷达卫星遥感技术的成熟，相信在 21 世纪，顾及几何与物理方程式的全定量化遥感方法将逐步由理论研究走向实用化，遥感基础理论研究将迈至新的台阶。只有实现了遥感定量化，才有可能真正实现自动化和实时化。

7. 遥感传感器网络与全球信息网络走向集成

随着遥感的定量化、自动化和实时化，未来的遥感传感器将集数据获取、数据处理与信息提取于一身，而成为智能传感器（Smart Sensor）。各类智能传感器相互集成将成遥感传感器网络，而且这个网络将与全球信息网格（GIG）相互集成与融洽，在 GGG 大全格的（Great Global Grid）的环境下，充分利用网格计算的资源，实时回答何时何地何种目标发生了何种变化（4W）。遥感将不再局限于提供原始数据，而是可以直接提供信息与服务。

第八章　地理信息系统

第一节　地理信息系统基础知识

一、地理现象及其抽象表达

地球是我们人类赖以生存的共同家园，地球表层是人类和各种生物的主要活动空间。地球表层表现出来的各种各样的地理现象代表了现实世界。将各种地理现象进行抽象和信息编码，就形成了各种地理信息，亦称空间信息或地理空间信息。由于地理现象千姿百态，所以地理信息也复杂多样。总体上，地理信息可以归结为：自然环境信息和社会经济信息两大方面，并且都与地理空间位置相关。

人们首先对地理现象进行观察，如野外观察，这种地理现象可能是现实世界的直接表象，也可能通过航空摄影和遥感影像记录的"虚拟现实世界"进行观察。然后人们对它进行分析、归类、抽象与综合取舍。从航空影像上，我们可以抽象判读出机场、道路、建筑物等空间对象。又通过调查可以知道机场为天河机场，道路为机场路，大楼为阳光大厦等表示空间对象属性特征的描述信息（称属性数据）。从而形成既有表示空间几何特性的几何坐标等信息，又有表示非空间特性的属性信息的完整描述的空间对象。对于同一地区的地理现象，由于人们对事物的兴趣点不同，观察视点和尺度不同，分析和取舍的结果也不尽相同。例如，一栋建筑物，在小比例尺的 GIS 中可能被忽略，与整个城市一起作为一个点对象，而在大比例尺的 GIS 中则作为一个建筑物描述，在计算机中表现为一个面对象。在分析、归类和抽象过程中为了便于计算机表达，人们总是把它分成几种几何类型，如点、线、面、体空间对象，再根据它的属性特征赋以它的分类编码。最后再根据一定的数据模型进行组织和存储。在抽象观察和描述地理现象时，人们通常将空间对象划分为四种几何类型（见表 8-1）。

表 8-1 空间对象划分

类型	内容
呈线状分布的地理现象	呈线状分布的地理现象有河流、海岸、铁路、公路、地下管网、行政边界等，它们也有单线、双线和网状之分。在实际地面上，水面、路面都可能是狭长的线状目标或区域的面状目标，因此，命名是线状分布的地理现象，它们的空间位置数据可以是一线状坐标串也可以是一封闭坐标串
呈点状分布的地理现象	呈点状分布的现象有水井、乡村居民地、交通枢纽、车站、工厂、学校、医院、机关、火山口、山峰、隘口、基地等。这种点状地物和地形特征部位，其实不能说它们全部都是分布在一个点位上，其中可区分出单个点位、集中连片和分散状态等不同状况。如果我们从较大的空间规模上来观测这些地物，就能把它们都归结为呈点状分布的地理现象。为此我们就能用一个点位的坐标（平面坐标或地理坐标）来表示其空间位置。而它们的属性可以有多个描述，不受限制。需要说明的是：如果我们从较小的空间尺度上来观察这些地理现象，或者说观察它们在实地上的真实状态，它们中的大多数对象都可以用线状或面状特征来描述。例如，作为一个点在小比例尺图上描述的一个城市在大比例尺地图上则需要用面来表示，甚至用一张地图表示城市道路和各种建筑物，此时，它们的空间位置数据将包括许多线状地物和面状地物
呈体状分布的地理现象	有许多地理现象从三维观测的角度，可以归结为体，如云、水体、矿体、地铁站、高层建筑等。它们除了平面大小以外，还有厚度或高度，目前由于对于三维的地理空间目标研究不够，又缺少实用的商品化系统进行处理和管理，人们通常将一些三维现象处理成二维对象进行研究
呈面状分布的地理现象	呈面状分布的地理现象有土壤、耕地、森林、草原、沙漠等，它们具有大范围连续分布的特征。有些面状分布现象有确切的边界，如建筑物、水塘等；有些现象的分布范围从宏观上观察好像具有一条确切的边界，但是在实地上并没有明显的边界，如土壤类型的边界，只能由专家研究提供的结果来确定。显然，描述面状特征的空间数据一定是封闭坐标串。通常，面状地物也称为多边形地物

地理信息系统除了表示地表面的目标以外，还可以表示地下和地表上空的目标的处理和表达，其空间对象包括点、线、面、体等多种目标。

二、地理信息系统的含义

地理信息系统（Geographical Information System, GIS）是一种以采集、存储、管理、分析和描述整个或部分地球表面（包括大气层在内）与空间和地理分布有关的数据的信息系统。它主要涉及测绘学、地理学、遥感科学与技术、计算机科学与技术等。特别是计算机制图、数据库管理、摄影测量与遥感和计量地理学形成了 GIS 的理论和技术基础。计算机制图偏重于图形处理与地图输出；数据库管理系统主要实现对图形和属性数据的存储、管理和查询检索；摄影测量与遥感技术是对遥感图像进行处理和分析以提取专题信息的技术；计量地理学主要利用 GIS 进行地理建模和地理分析。

三、地理空间对象的计算机表达

地理信息系统的核心技术是如何利用计算机表达和管理地理空间对象及其特征。空间对象特征包含了空间特征和属性特征，空间特征又分为空间位置和拓扑关系。空间位置通常用坐标表示，拓扑关系是指空间对象相互之间的关联及邻近等关系，空间拓扑关系在 GIS 中具有重要意义。空间对象的计算机表达即是用数据结构和数据模型表达空间对象的空间位置、拓扑关系和属性信息。空间对象的计算机表达有两种主要形式：一种是基于矢量的表达，另一种是基于栅格的表达。

矢量形式最适合空间对象的计算机表达。在现实世界中，抽象的线画通常用坐标串表示，坐标串即是一种矢量形式。地理现象抽象出来的点、线、面空间对象。在地理信息系统中，每个点、线、面空间对象直接跟随它的空间坐标以及属性，每个对象作为一条记录存储在空间数据库中。空间拓扑关系可以另用表格记录。

空间对象矢量表达的基本形式如下：

点目标：〔目标标识，地物编码，（x，y），用途……〕

线目标：〔目标标识，地物编码，(x_1, y_1)，(x_2, y_2)，…，(x_n, y_n)，长度……〕

面目标：〔目标标识，地物编码，(x_1, y_1)，(x_2, y_2)，…，(x_n, y_n)，周长，面积……〕

栅格数据结构是利用规则格网划分地理空间，形成地理覆盖层。每个空间对象根据地理位置映射到相应的地理格网中，每个格网记录所包含的空间对象的标识或类型。如图 9-8 所示是空间对象的栅格表达，多边形 A、B、C、D、G 等所包含区域对应的格网分别赋予了"A"、B"、"C"、"D"、"G"的值。在计算机中用矩阵表示每个格网的值。矢量数据结构和栅格数据结构各有优缺点。矢量数据结构精度高但数据处理复杂，栅格数据精度低但空间分析方便。至于采用哪一种数据结构，要视地理信息系统的内部数据结构和地理信息系统的用途而定。

第二节　地理信息系统的硬件构成

一、单机模式

对于 GIS 个别应用或小项目的应用，可以采用单机模式，一台主机附带配置几种输入输出设备，如图 8-1 所示。

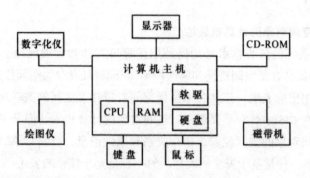

图 8-1　单机模式的硬件配置示意图

图 8-1 所示的硬件即可用来进行地理信息系统应用。计算机主机内包含了计算机的中央处理机（CP（a）、内存（RAM）、软盘驱动器、硬盘以及 CD-ROM 等。显示器用来显示图形和属性及系统菜单等，可进行人机交互。键盘和鼠标用于输入命令、注记、属性、选择菜单或进行图表编辑。数字化仪用来进行图形数字化，绘图仪用于输出图形，磁带机主要用来存储数据和程序。有了 CT-ROM 以后，磁带机的用处已越来越小。

二、局域网模式

单机模式只能进行一些小的 GIS 应用项目。由于 GIS 数据量大，使用磁带机或 CD-ROM 传送数据太麻烦。所以一般的 GIS 应用工程都需要联网，以便于数据和硬、软件资源共享。局域网模式是当前我国 GIS 应用中最为普遍的模式。一个部门或一个单位若在一座大楼之内，可将若干计算机连接成一个局域网络，联网的每台计算机与服务器之间，或与计算机之间，或与外设之间都可进行相互通信。

三、广域网模式

如果 GIS 的用户地域分布较广，用户之间不能用局域网的专线进行连接，就需要借用公共通信网络。使用远程通信光缆、普通电话线或卫星信道进行数据传输，就需要把 GIS 的硬件环境设计成广域网模式。

在广域网中，每个局部范围仍然设计成如图 8-2 所示的局域网配置模式。除此之外，再设计若干条通道与广域网连接。

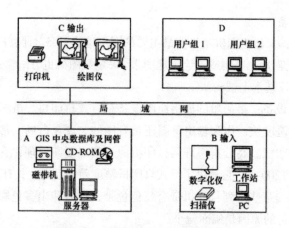

图 8-2　局域网模式硬件配置方案

四、输入设备

1. 数字化仪

数字化仪是 GIS 图形数据输入的基本设备之一，其使用方便，过去得到了普遍应用，现在基本上被扫描仪代替。电子式坐标数字化仪利用电磁感应原理，在台板的 X、Y 方向上有许多平行的印刷线，每隔 $200\mu\mathrm{m}$ 一条，游标中装有一个线圈。当线圈中通有交流信号时，十字丝的中心便产生一个电磁场。当游标在台板上运动时，台板下的印刷线上就会产生感应电流。印刷板周围的多路开关等线路可以检测出最大的信号位置，即十字丝中心所在的位置，从而得到该点的坐标值。

2. 扫描仪

扫描仪目前是 GIS 图形及影像数据输入的一种最重要工具之一。随着地图的识别技术、栅格矢量化技术的发展和效率的提高，人们寄希望于将繁重、枯燥的手扶跟踪数字化交给扫描仪和软件完成。

按照扫描仪结构分为滚筒扫描仪、平板扫描仪和 CCD 摄像扫描仪。滚筒扫描仪是将扫描图件装在圆柱形滚筒上，然后用扫描头对它进行扫描。扫描头在 X 方向运转，滚筒在 Y 方向上转动。平板扫描仪的扫描部件上装有扫描头，可在 X、Y 两个方向上对平放在扫描桌上的图件进行扫描。CCD 摄像机是在摄像架上对图件进行中心投影摄影而取得数字影像。扫描仪又有透光扫描和反光扫描之分。对栅格扫描仪扫描得到的影像，需要进行目标识别和从栅格到矢量的转换。多年来，已有许多专家和公司研究人机交互的半自动地图扫描矢量化系统，将扫描得到的栅格地图，采用人机交互半自动化的方式得到矢量化的空间对象。该方法已得到广泛应用。

五、输出设备

矢量绘图机：矢量绘图机是早期最主要的图形输出设备。计算机控制绘图笔（或刻针），在图纸或膜片上绘制或刻绘出地图来。矢量绘图机也分滚筒式和平台式两种。如今，矢量绘图仪基本上被淘汰。

栅格式绘图设备：最简单的栅格绘图设备是行式打印机。虽然它的图形质量粗糙、精度低，但速度快，作为输出草图还是有用的。现在市场上常用的激光打印机是一种阵列式打印机。高分辨率阵列打印机源于静电复印原理，它的分辨率可达每英寸600点甚至1200点。它解决了行式打印机精度差的问题，具有速度快、精度高、图形美观等优点。某些阵列打印机带有三色色带，可打印出多色彩图。目前它未能作为主要输出设备的原因是幅面偏小。

另一种高精度实用绘图设备是喷墨绘图仪。它由栅格数据的像元值控制喷到纸张上的墨滴大小，控制功能来自于静电电子数目。高质量的喷墨绘图仪具有每英寸600点至1200点甚至更高的分辨率，并且用彩色绘图时能产生几百种颜色，甚至真彩色。这种绘图仪能绘出高质量的彩色地图和遥感影像图。

第三节　地理信息系统的功能与软件构成

一、概述

软件是 GIS 的核心，关系到 GIS 的功能。最下面两层为操作系统和系统库，它们是与硬件有关的，故称为系统软件。再上一层为软件库，以保证图形、数据库、窗口系统及 GIS 其他部分能够运行。这三层统称为基础软件。上面三层包含基本功能软件、应用软件和用户界面，代表了地理信息系统的能力和用途。本节主要阐述 GIS 基础软件的主要功能。

GIS 是对数据进行采集、加工、管理、分析和表达的信息系统，因而可将 GIS 基础软件分为五大子系统（见图 8-3），即数据采集与输入、图形与属性编辑、数据存储与管理、空间查询与空间分析以及空间数据可视化与输出子系统。

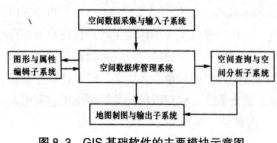

图 8-3　GIS 基础软件的主要模块示意图

二、空间数据采集与输入子系统

空间数据采集与输入子系统（如图 8-4 所示）是将现有地图、外业观测成果、航空像片、遥感数据、文本等资料进行加工、整理、信息提取、编码，转换成 GIS 能够接收和表达的数据。许多计算机操纵的工具都可用于输入。例如，人机交互终端、数字化仪、扫描仪、数字摄影测量仪器、磁带机、CD-ROM 和磁盘等。针对不同的仪器设备，系统配备相应的软件，以保证将得到的数据转换后存入到地理数据库中。

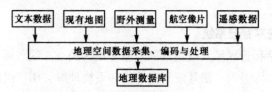

图 8-4　空间数据采集与输入子系统

三、图形及属性编辑子系统

由扫描矢量化或其他系统得到的数据往往不能满足地理信息系统的要求，许多数据存在误差，空间对象的拓扑关系还没有建立起来，所以需要图形及属性编辑子系统对原始输入数据进行处理。现在的地理信息系统都具有很强的图形编辑功能。例如，ARC/INFO 的 ARCEDIT 子系统，GeoStar 的 GeoEdit 子模块等，除负责空间数据输入外，主要功能是用于编辑。一方面原始输入数据有错误，需要编辑修改，另一方面需要建立拓扑关系，进行图幅接边，输入属性数据等。其功能模块如图 8-5 所示。其中图形编辑和拓扑关系建立是最重要的模块之一，它包括增加、删除、移动、修改图形、结点匹配、建立多边形等功能。图 9-19 所示是结点自动匹配的实例。其中，图 8-6（a）是由于数字化误差，本来应该连接在一起的三个结点没有连接在一起，所以需要图形编辑工具（见图 8-6（b））将两个结点连接在一起，从而建立起它们之间的关联拓扑关系。这里的属性数据输入虽然可以在前述的数据输入系统中输入，但在图形编辑系统中设计属性数据的输入功能可以直接参照图形输入属性数据，实现图形数据与属性数据的连结。

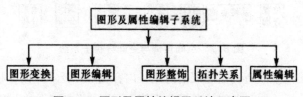

图 8-5　图形及属性编辑子系统示意图

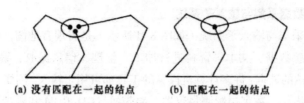

(a) 没有匹配在一起的结点　　(b) 匹配在一起的结点

图 8-6　结点匹配示意图

四、空间数据库管理系统

空间数据存储和管理涉及地理空间对象（地物的点、线、面）的位置、拓扑关系以及属性数据如何组织，使其便于计算机和系统理解。用于组织数据库的计算机程序称为数据库管理系统（DBMS）。数据模型决定了数据库管理系统的类型。关系数据库管理系统是目前最流行的商用数据库管理系统，然而关系模型在表达空间数据方面却存在许多缺陷。最近，一些扩展关系的数据库管理系统如 Oracle,Informix 和 Ingres 等增加了空间数据类型的管理功能，可用于管理 GIS 的图形数据、拓扑数据和属性数据以及数字正射影像和 DEM 数据。

五、空间查询与空间分析子系统

虽然数据库管理一般提供了数据库查询语言，如 SQL 语言，但对于 GIS 而言，需要对通用数据库的查询语言进行补充和重新设计，使之支持空间查询。例如，查询与某个乡相邻乡镇，穿过一座城市的公路，某铁路周围 5km 的居民点等，这些查询问题是 GIS 所特有的。所以一个功能强的 GIS 软件，应该设计一些空间查询语言，满足常见的空间查询的要求。空间查询与空间分析子系统及功能模块如图 8-7 所示。

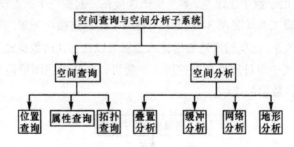

图 8-7　空间查询与空间分析子系统

空间分析是比空间查询更深层的应用，内容更加广泛。空间分析的功能很多，主要包括地形分析（如两点间的通视分析等）、网络分析（如在城市道路中寻找最短行车路径等）、叠置分析（即将两层或多层的数据叠加在一起，如将道路层与行政边界层叠置在一起,可以计算出某一行政区内的道路总长度)、缓冲区分析(给定距离某一空间对象一定范围的区域边界,计算该边界范围内其他的地理要素)等。随着 GIS 应用范围的扩大,GIS 软件的空间分析功能将不断增加。

六、地图制图与输出子系统

地理信息系统的一个主要功能之一是计算机地图制图,它包括地图符号的设计、配置和符号化、地图注记、图框整饰、统计图表与专题图制作、图例与布局等项内容。此外,对属性数据也要设计报表输出,并且这些输出结果需要在显示器、打印机、绘图仪或数据文件中输出。软件也应具有驱动这些输出设备的能力。地图制图与输出子系统如图 8-8 所示。

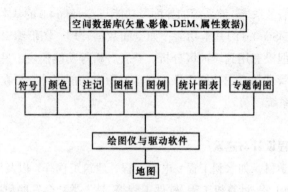

图 8-8 地图制图与输出子系统

第四节 地理信息系统的工程建设与应用

地理信息系统是一种应用非常广泛的信息系统。它可以用于土地、城市、资源、环境、交通、水利、农业、林业、海洋、矿产、电力、电信等各种信息的监测与管理,还可以用于军事上以建立数字化战场环境。前面所述是地理信息系统的基本功能,仅是一般 GIS 软件所具有的基本功能。GIS 软件实际上是一种二次开发平台,用户用它可以开发出各种各样的应用系统。地理信息系统工程建设过程包括空间数据采集、编辑处理、空间数据建库,在此基础上利用空间查询、处理、分析等 GIS 基本功能开发出各种应用系统。

一、GIS 的应用系统开发

各行业、各部门建立的地理信息应用系统千差万别，所以通常情况下，要在地理信息系统基础软件上开发应用系统，但开发的模式与方法随地理信息系统的基础软件的不同而有所差别。随着计算机软件技术的发展，不同时期的 GIS 应用软件的体系结构是不完全相同的。当前的软件技术以组件技术为主，所谓组件是根据不同功能设计的软件模块，通过一种标准化的接口，组装成应用系统，就像汽车的零部件组装成汽车一样。通常，将上节所述的基本功能，如数据采集、图形编辑、数据管理、空间查询、空间分析、地图制图等设计成组件，GIS 应用系统再根据需要开发一些专用的功能组件然后按应用系统的设计要求装配不同的组件模块，并设计出相应的系统界面，以供用户使用。基于地理信息系统基础软件 GeoStar4.0 开发的厦门电力配电管理信息系统。该系统的界面及功能与 GeoStar4.0 的基本模块差别较大，它使用了一些 GeoStar4.0 的基本功能，如空间数据管理、图形编辑、空间查询、地图制图等功能，但没有用到缓冲区分析、叠置分析等功能模块，另外又专门开发了一系列电力配电管理的专用功能组件。将这些所有功能组件装配在一起就形成了电力配电管理信息系统。

二、GIS 工程设计与建设

传统的工程学科，如水利工程、电力工程、建筑工程等，以及现代的工程学科，如气象工程、生物工程、计算机工程、软件工程等，是人类社会发展和技术进步的保障。其中，软件工程在计算机发展和应用中的作用至关重要，是当今信息产业的支柱。

GIS 工程设计与开发，包括 GIS 软件二次开发和空间数据处理，即 GIS 应用系统开发和空间数据库建设，其主体属于软件工程的范畴，可以通俗地理解为计算机软件系统开发和数据库工程建设。其设计和开发过程与传统的工程设计和开发过程有诸多相似之处，同时又有软件开发和设计的特点，最主要的是必须遵循软件工程的方法和原理，主要包括需求分析、系统设计、功能实现、系统使用和维护等过程，它们对应于软件开发活动的不同阶段。在开发过程中，每个阶段必须遵照相应的规范进行，以保障整个系统的成功开发和运行。

GIS 工程设计主要涉及 GIS 工程的规划与组织、方案总体设计和详细设计、系统开发和测试、系统运行和维护等诸多方面。虽然 GIS 工程有很多，应用领域也不同，但是其开发过程和规范基本上一致，下面就 GIS 工程设计与开发的阶段和过程分别讨论。

1. GIS 工程规划与组织

GIS 工程规划与组织是指 GIS 工程项目的规划、组织、管理、质量和进度控制以及项目验收等全过程。主要涉及以下几个方面：①确定工程项目的总体目标；②可行性方案论证（包括现有技术、数据、人员、经费、风险等招投标的组织与实施；③系统开发组织和管理；④系统运行与验收等。

2. GIS 应用系统设计与开发

当该工程项目通过立项、审批、招投标以及签订开发合同后，则进入到项目的设计与开发阶段。整个阶段包括需求分析、总体设计、详细设计、编码实现、空间数据建库、系统测试和运行等。

三、GIS 的主要应用领域

GIS 在许多方面都有广泛应用，凡是与地理空间位置相关的领域都要应用地理信息系统。它主要应用于两大方面：地理分析和空间信息资源的管理与应用。地理分析主要用于地理科学研究和辅助决策方面，如利用 GIS 分析城市的扩展模型，开展土地适应性评价的研究，以及生态与环境变迁的研究等。空间信息资源的管理与应用一般指 GIS 的工程应用，是当前 GIS 最广泛的应用。下面以国土资源管理、城市规划与管理、水利资源与设施管理、电子政务，以及 GIS 在交通、旅游、数字化战场环境等方面的应用为例，介绍地理信息系统的主要工程应用领域。

1. 国土资源管理

国土资源是国家的重要资源，是国民经济和人类生存的基础。国土资源包括土地资源、矿产资源等。由于国土资源一般都与地理空间分布有关，所以国土资源的管理与监测最需要使用地理信息系统技术；国土资源的种类很多，对国土资源进行管理与监测的内容也不尽相同，所以国土资源管理部门需要开发许多不同功能和特点的 GIS 应用系统，包括土地利用监测信息系统、土地规划信息系统、地籍管理信息系统、土地交易信息系统、矿产管理信息系统、矿产采矿权交易信息系统等。下面以土地利用监测信息系统为例介绍地理信息系统在国土资源管理方面的应用。

土地利用监测信息系统，是一种基于地理信息系统和遥感图像处理系统之上开发的应用系统。它首先建立土地利用现状数据库，把各种土地利用的类型数据，如建筑用地、道路用地、林地、耕地、水系等数据通过 GIS 手段建立土地利用现状数据库。然后，每隔一年或几年采用遥感手段对同一地区进行监测，提取相应的土地利用类型数据，并与以前建立的土地利用现状数据库进行对比分析，发现土地类型变化的区域，以监测土地利用类型的变化，为政府决策和宏观经济管理服务。通过航空影像可以发现变化的土地类型，达到动态监测的目的。

2. 水利资源与设施管理信息系统

水利资源及其设施的管理也是地理信息系统的重要应用领域。水利资源的管理包括河流、湖泊、水库等水源、水量、水质的管理，水利设施的管理包括大坝、抽排水设施、水渠等的管理，水利资源的管理又涉及洪水和干旱监测。

3. 基于 GIS 的电子的政务系统

电子政务通俗地说就是政务办公信息系统。由于各级政府的许多工作都与地理空间位置信息有关，所以 GIS 在电子政务系统中具有极其重要的地位，可以说是电子政务信息系统的基础。我国电子政务启动的四大基础数据库中就包含有基础地理空间数据库。在基于 GIS 的电子政务系统中既可以进行宏观规划和宏观决策，也可以用于日常办公管理。如前所述的国土资源管理、规划信息系统、水利资源与设施管理信息系统均属于 GIS 在电子政务方面的应用范畴。

4. 交通旅游信息系统

地理信息系统为大众服务主要体现在交通旅游方面，人们的出行旅游需要位置服务。这种服务可以由网络或移动设备提供，使人们可以在网上或移动终端查找旅行路线，包括公交车换乘的路线和站点等。地理信息系统可以说电子地图，将来最广泛的用途之一是电子地图导航。在汽车上装载电子地图和 GPS 等导航设备，可实时在电子地图上指出汽车当前的位置，并根据终点查找出汽车行驶的最佳路径。

5. 地理空间信息在数字化战场中的应用

地理信息系统、遥感及卫星导航定位技术在现代化战争中的地位越来越重要。战场的地形环境、气象环境、军事目标等都可以在地理信息系统中表现出来，以建立虚拟数字化战场环境。指挥人员可在虚拟数字化战场环境中及时了解战场的地形状况、气象环境状况、敌我双方兵力的部署，以迅速作出决策。

第五节　地理信息系统的起因与发展

一、地理信息系统的发展过程

20 世纪 50 年代，由于计算机技术的发展，测绘工作者和地理工作者开始逐步利用计算机汇总各种来源的数据，借助计算机处理和分析这些数据，最后通过计算机输出一系列结果，作为决策过程的有用信息。50 年代末（1956 年），奥地利测绘部门首先利用电子计算机建立了地籍数据库，以后许多国家的土地测绘部门都相继发展了土地信息系统。60 年代末，加拿大建立了世界上第一个地理信息系统——加拿大地理信息系统（CGIS）（Burrough，1986），用于自然资源的管理和规划。之后，美国哈佛大学研制出 SYMAP 系统软件。尽管当时的计算机水平不高，但 GIS 机助制图能力较强，它能够实现地图的手扶跟踪数字化以及地图数据的拓扑编辑和分幅数据拼接等功能。早期的 GIS 大多数是基于栅格的系统，因而发展了许多基于栅格的操作方法。

进入 70 年代以后，计算机技术的迅速发展，推动了计算机的普及及应用。70 年代推出的大容量存取设备——磁盘，为空间数据的录入、存储、检索和输出提供了强有力的手段。用户屏幕和图形、图像卡的发展，更增强了人机对话和高质量的图形显示功能，促使 GIS 朝实用方向迅速发展。一些发达国家先后建立了各种专业的土地信息系统和地理信息系统。与此同时，一些商业公司开始活跃起来，软件在市场上受到欢迎。据统计，70 年代有 300 多个应用系统投入使用。这期间，许多大学研究机构开始重视 GIS 软件设计和研究，1980 年，美国地质调查所出版了《空间数据处理计算机软件》的报告，总结了 1979 年以前世界各国空间信息系统的发展情况。另外，Mardle 等（1984 年）拟订了空间数据处理计算机软件说明的标准格式。并提出地理信息系统今后的发展应着重研究空间数据处理的算法、数据结构和数据库管理系统等三个方面的内容。

80 年代是 GIS 普及和推广应用的阶段。由于计算机技术的发展，推出了图形工作站和微机等性能价格比从前大为提高的新一代计算机。计算机网络的发展，使地理信息的传输时效得到极大的提高。GIS 基础软件和应用软件的发展，使得它的应用从解决基础设施的管理和规划（如道路、输电线）转向更复杂的区域开发，如土地的利用、城市化的发展、人口规划与布置等。许多工业国家将土地信息系统作为有关部门的必备工具，投入日常运转。与卫星遥感技术相结合，GIS 开始用于解决全球性问题，如全球沙漠化、全球可居住区的评价、厄尔尼诺现象及酸雨、核扩散及核废料，以及全球气候与环境的变化监测。80 年代中期，GIS 软件的研制与开发也取得了很大成绩，仅 1989 年市场上有报价的软件就有 70 多个。并且涌现出一些有代表性的 GIS 软件，如 ARC/INFO,TIGRIS、MGE、SICAD、GENAMAP、SYSTEM9 等，它们可在工作站或微机上运行。

进入 90 年代以后，随着微机和 Windows 的迅速发展，以及图形工作站性能价格比的进一步提高，计算机在全世界迅速普及，一些基于 Windows 的桌面 GIS 软件，如国外的 ARC/INFO、MAPINFO、GeoMedia，以及国产的 GeoStar、MapGIS、SuperMap 等，以其界面友好、易学好用的独特风格，将 GIS 带入到各行各业，使地理信息系统得到广泛应用。目前，无论是国外还是国内，地理信息系统都得到普及应用，成功的应用实例不胜枚举。

二、当代地理信息系统的进展

当代地理信息系统在技术方面的进展主要表现在组件 GIS、互联网 GIS、三维 GIS、移动 GIS 和地理信息共享与互操作等方面，下面分别予以介绍。

1. 组件 GIS

GIS 基础软件可以定性为应用基础软件。它一般不作直接应用，而是需要根据某一行业或某一部门的特定需求进行二次开发，因而软件的体系结构和应用系统二次开发的模式对 GIS 软件的市场竞争力非常重要。

GIS 软件大多数都已经过渡到基于组件的体系结构。一般都采用 COM/DCOM 技术。组件体系结构为 GIS 软件工程化开发提供了强有力的保障。一方面组件采用面向对象技术，使硬软件的模块化更加清晰，软件模块的重用性更好，另一方面也为用户的二次开发提供了良好的接口。组件接口是二进制接口，它可以跨语言平台调用，即用 C++ 开发的 COM 组件可以用 VB 或 Delphi 语言调用，因而二次开发用户可以用通用、易学的 VB 等语言开发应用系统，可以大大提高应用系统的开发效率。

2. 互联网 GIS

随着互联网（Internet）的发展，特别是万维网（World WideWeb，WWW）技术的发展，信息的发布、检索和浏览无论在形式上还是在手段上都发生了革命性的变化，给人们带来极大的方便。网络的发展为 GIS 提供了机遇和挑战，它改变了 GIS 数据信息的获取、传输、发布、共享、应用和可视化等过程和方式。互联网为 GIS 数据在 WWW 上提供了方便的发布与共享方式，互联网的分布式查询为用户利用 GIS 数据提供有效的工具，WWW 和 FTP（File Transport Protocol）使用户从互联网下载 GIS 数据变得十分方便。

互联网为地理信息系统提供了新的操作平台，互联网与地理信息系统的结合，即 WebGIS 是 GIS 发展的必然趋势。WebGIS 使用户不必购买昂贵的 GIS 软件，而直接通过 Internet 获取 GIS 数据和使用 GIS 功能，以满足不同层次用户对 GIS 数据的使用要求。WebGIS 在用户和空间数据之间提供可操作的工具，而且这种数据信息是动态的、实时的。

由于历史上的技术原因，一般基于客户端/服务器模式的地理信息系统都不能在互联网上运行，因而几乎每一个 GIS 软件商除了有一个地理信息系统基础软件平台之外，还开发了一个能运行于互联网的 GIS 软件。如 ARC/INFO 的 ARCIMS、MapInfo 的 MapXtream，GeoStar 的 GeoSurf 等。目前有许多网站提供了地图查询功能，如谷歌地图（GOOgleMaP，网址为：http：//mapS.google, com），微软地图（MicrosoftMapPoint，网址为：http：//www.mappoint.com），百度地图（网址为：http：//map.baidu.com），搜狗地图（网址为：http：//map.sogou.com 或 www.go2map.

com）等，都提供了在网络地图上查询各种与位置相关信息的功能。

3．多维动态 GIS

传统的 GIS 都是二维的，仅能处理和管理二维图形和属性数据。有些软件也具有 2.5 维数字高程模型（DEM）地形分析功能。随着科学技术的发展，三维建模和三维 GIS 迅速发展，而且具有很大的市场潜力。当前的三维 GIS 主要有以下几种：

（1）DEM 地形数据和地面正射影像纹理叠加在一起，形成三维的虚拟地形景观模型。有些系统可能还能够将矢量图形数据叠加进去。这种系统除了具有较强的可视化功能以外，通常还具有 DEM 的分析功能，如坡度分析、坡向分析、可视域分析等。它还可以将 DEM 与二维 GIS 进行联合分析。

（2）在虚拟地形景观模型之上，将地面建筑物竖起来，形成城市三维 GIS。对房屋的处理有三种模式：第一种是每幅房屋一个高度，形状也作了简化，如盒状、墙面纹理四周都采用一个缺省纹理；第二种是房屋形状是通过数字摄影测量实测的，或是通过 CAD 模型导入的，形状与真实物体一致，具有复杂造型，但墙面纹理可能作了简化，一栋房屋采用一种缺省纹理；第三种是在复杂造型的基础上叠上真实纹理，形成虚拟现实景观模型。

（3）真三维 GIS。它不仅表达三维物体（地面和地面建筑物的表面），也表达物体的内部，如矿山，地下水等物体。由于地质矿体和矿山等三维实体不仅它的表面呈不规则状，而且内部物质也不一样，此时 Z 值不能作为一个属性，而应该作为一个空间坐标，矿体内任一点的值是三维坐标的函数，即 $P=f(x, y, z)$。而我们在目前进行三维可视化的时候，z 是 x、y 的函数，如何将 $P=f(x, y, z)$ 幻进行可视化，表现矿体的表面形状，并反映内部结构是一个难题。所以，当前真三维 GIS 还是一个瓶颈问题。虽然推出了一些实用系统，但一般都作了一些简化。

前面所述的第一种和第二种三维 GIS 目前技术比较成熟，市场上有不少这样的系统。但是，当前许多这样的三维 GIS 与 GIS 基础软件脱节，没有与主模块融合在一起，空间分析功能受到限制。另一方面，一般采用文件系统管理数据，不能对大区域范围进行建模和可视化，似乎有点像儿童游戏软件。只有采用了空间数据库的主流技术，包括应用服务器中间件技术，能够建立大区域，如一个特大城市的三维空间数据库，包括分布式数据库，并与传统二维 GIS 紧密结合，才能起到真正的作用。

时态 GIS。传统的 GIS 不能考虑时态。随着 GIS 的普及应用，GIS 的时态问题日益突出。土地利用动态变更调查需要用到时态 GIS，空间数据的更新也要考虑空间数据的多版本和多时态问题，所以时态 GIS 是当前 GIS 研究与发展的一个重要方向。一般在二维 GIS 上加上时间维，称为时态 GIS。如果三维 GIS 之上再考虑时态问题，则称为四维 GIS 或三维动态 GIS。

4. 移动 GIS

随着计算机软、硬件技术的高速发展，特别是 Internet 和移动通信技术的发展，GIS 由信息存储与管理的系统发展到社会化的、面向大众的信息服务系统。移动 GIS 是一种应用服务系统，其定义有狭义与广义之分。狭义的移动 GIS 是指运行于移动终端（如掌上电脑）并具有桌面 GIS 功能的 GIS 系统。它不存在于服务器的交互，是一种离线运行模式。广义的移动 GIS 是一种集成系统，是 GIS、GPS、移动通信、互联网服务、多媒体技术等的集成，如基于手机的移动定位服务。移动 GIS 通常提供移动位置服务和空间信息的移动查询，移动终端有手机、掌上电脑、便携机、车载终端等。

5. 地理信息网络共享与互操作

传统的 GIS 由于各软件数据结构、数据模型、软件体系结构不同，致使不同 GIS 软件的空间信息难以共享。为此，开放地理信息联盟（OGC）和国际标准化组织（ISO/TC211）制定了一系列有关地理信息共享与互操作的标准。当前主要集中于制定基于 Web 服务的地理信息共享标准。网络（Web）服务技术是当今 IT 领域的一个最热门的技术，也是地理信息共享与互操作最容易实现和推广使用的技术。目前多个国际标准化组织制定的基于 Web 的空间信息共享服务规范，得到了各个 GIS 厂商及应用部门的广泛支持，如基于 Web 的地图服务规范，利用具有地理空间位置信息的数据制作地图，并使用 Web 服务技术发布地图信息，它可以被任何支持 Web 服务的软件调用与嵌入，使不同 GIS 软件建立的空间数据库可以相互调用地理信息。由于该规范的接口比较简单，因此得到了许多国家和软件商的支持。

6. 地理空间信息服务技术

随着计算机网络技术的发展和普遍应用，越来越多的地理空间信息被送到网络上提供大众服务，除了传统的二维电子地图数据能够在网上浏览查询以外，影像数据、数字高程模型数据和城市三维数据都可以通过网络进行浏览查询，如谷歌公司的 GoogleEarth（网址为：http：//earth,google, com）和微软公司的 VirtualEarth（网址为：http：//local, live, com）都可以提供全球影像和三维空间信息浏览查询服务，并且允许用户加载与位置相关的信息。

第九章　观测误差理论与测量平差

第一节　基础知识

一、观测误差理论与测量平差的科学任务

测绘学的现代概念就是研究地球和其他实体与地理空间时空分布有关的信息的采集、量测、分析、显示、管理和利用的科学技术。由此,可以认为测绘学科研究内容大致包含了以下三个层次。第一个层次是对与地理空间分布有关的地球信息、地球数据(即通常所说的空间数据)进行采集和量测。采集和量测这两个名词的概念不完全相同,但具有很高的相关性,通常可总称为观测。第二个层次是通过对观测信息和数据的分析、处理,得出所需要的测绘成果,并将此成果进行显示和分发。第三个层次是测绘成果的管理和应用。测绘成果的应用范围覆盖了所有依赖空间数据的各个学科和建设领域。

观测误差理论与测量平差所研究的内容贯彻了上述的三个层次,其核心内容是基于观测数据不可避免地存在误差,因而通过相应的数据处理和分析方法,使所得的测绘成果能最优地满足各类用户的需要。具体地说,其科学任务可简述如下:

(1)研究观测误差的统计规律性,建立观测误差理论,用来研究、分析和处理观测误差。其内容包括误差分布、精度指标、误差估计、误差传播、误差检验以及误差预测和控制等。

(2)针对带有误差的观测值,研究数据处理的最优方法。其内容包括:数学模型的建立及其正确性的检验,针对不同观测类型的数学模型,研究选取合适的最优化准则及其算法,最大限度地排除误差干扰,撷取有效的信息。研究观测量及其所求参数解的统计性质和评定精度。

(3)对测绘成果进行质量控制。根据用户对测绘产品提出的质量要求——误差限值指标,进行确定观测方案计算并规定操作过程中各项内容的具体误差限值指标,以保障最终测绘成果达到用户质量要求,这是测绘工程中质量控制的反演问题。如果已知观测数据的误差大小,通过操作过程的误差传播和误差分布,可以计算出该

成果的误差大小，即对成果进行精度评定，这是质量控制的正演问题。

二、观测（测量）

观测和测量是同义词，可交替使用。观测（测量）是指用一定的仪器、工具、传感器或其他直接或间接手段获取与地球空间分布有关信息的过程和实际结果。实际结果是观测的目的，而其来源的过程决定了观测结果的性质。例如，为布设平面控制网，要用经纬仪、测距仪等仪器工具对网中的角度和边长进行观测，就要包括仪器对中整置、照准和读数等在野外环境变化情况下的一系列操作过程。观测值是实测的角度和边长值；为进行地面点精确定位，要利用 GPS 定位系统，在地面点上架设天线接收 GPS 卫星信号，而其信号是经历了电离层、对流层的传播过程，观测结果是地面点与卫星间的距离；摄影测量是用摄影（航摄或地面摄影）的方法获取物体的影像，用像片表示，这种测量方式与常规的对"点"观测不同，而是一种"面"（影像）的观测方法，测量结果是用来反映所摄物体形状、大小和位置的一批数据。遥感与摄影测量类似，也是一种对"面"的测量结果。

空间数据是多种多样的，其观测结果也可以用多种形式表达，用数值表示观测结果，称为观测量（值），本章讨论的都是数字结果。观测数据是科学和工程技术的基础，通过分析和处理这种观测数据，才能正确地获得观测问题所需的信息。

三、观测误差

我们对事物的认识总是从实践中得来的。当对某个确定的量进行多次观测时，我们就会发现，在这些所测得的结果之间往往存在着一些差异。例如，对同一段距离重复丈量若干次，量得长度经常不是完全相等，而是互有差异。另一种情况是，当对若干个量进行观测时，如果已经知道在这几个量之间应该满足某一理论值，那么，我们就发现，对这些量实际观测的结果则往往不等于其理论上的应有值。例如，从数学上知道一平面三角形内角之和应等于 180°，但对这三个内角进行实际观测时，其和经常不等于其应有值，或各观测值与其理论上应有值之间存在某些差异。这在测量工作中是经常而又普遍发生的现象。为什么会产生这种差异？这是由于观测值中包含有观测误差的缘故。

1. 观测误差产生原因

观测不可避免地存在误差，是测量本身固有属性所决定的，一个测量过程离不开观测员的基本操作、仪器工具的使用、观测的环境及其变化等，任何观测过程都会使观测值产生误差。其产生原因包含以下几个方面。

（1）仪器误差。观测通常是利用特制的仪器工具、传感器等进行的。由于每一种仪器只具有一定限度的精度（即仪器的标称精度），因而使观测结果的精度受到了一定的限制。例如，在用只刻有厘米分划的普通水准尺进行水准测量时，就不能保证厘米以下的精度。另外，仪器制造本身也不是完美无缺的，存在各种仪器误差。例如，经纬仪的水平度盘可能偏心，度盘刻划不均匀等。

（2）人为误差。由于观测者的感觉器官的鉴别能力有着一定的局限性，所以不论在仪器的安置、照准、读数等方面都会产生误差。特别是随着现代数据采集的高度自动化，观测过程将遇到各种因素的误差。例如，GPS无线电信号的传播，遥感卫星的数据采集等。由于科学发展和人类知识水平的限制，还不能全部清除误差来源，致使人在操作过程中会出现这样或那样的误差。

（3）环境误差。任何观测都离不开如温度、湿度、风力、大气折射、无线电波传播与干扰等外界因素及其随时间变化的影响，这些都使观测产生误差。这种误差对于用现代测量技术获得的观测值尤为突出。例如，GPS测量中的电离层误差，对流层误差等。

（4）基准误差。各种测量结果都是基于一定的参考基准的，基准的误差也导致观测值的误差。例如，GPS基准站的误差是GPS瞬时定位和RTK定位观测结果的误差源之一，GPS定位时的定轨误差等都属于基准误差。

2. 观测误差的种类

根据产生误差的原因不同，通常将观测误差分为偶然误差、系统误差和粗差三种类型具体内容见表9-1。

表9-1　观测误差的种类

类别	内容
偶然误差	在相同的观测条件下作一系列的观测，如果误差在大小和符号上都表现出偶然性，即从单个误差看，该系列误差的大小和符号没有规律性，但就大量误差的总体而言，具有一定的统计规律，这种误差称为偶然误差。例如，仪器没有严格照准目标，估读水准尺上毫米数不准，测量时气候变化对观测数据产生微小变化，计算时四舍五入的误差等都属于偶然误差。如果观测数据的误差是由许多观测微小偶然误差项的总和构成的，则其总和也是偶然误差。比如测角误差可能是由照准误差、读数误差、外界条件变化和仪器本身不完善等多项误差的代数和。也就是说，测角误差实际上是许多多项微小误差项的总和，而每项微小误差又随着偶然因素影响而发生无规则的变化，其数值忽大忽小，符号或正或负，这样，由它们所构成的总和，就其个体而言，无论是数值的大小或符号的正负都是不能事先预知的，这是观测数据中存在偶然误差最普遍的情况；总之，所谓偶然误差，是由于偶然因素引起的，不是观测者所能控制的一种误差。如果采用一定的最优化准则处理这种误差，则偶然误差对最后结果的影响是可以允许的

续表

类别	内容
粗差	粗差即粗大误差，是指比在正常观测条件下所可能出现的最大偶然误差还要大的误差。通俗地说，粗差要比偶然误差大上好几倍。例如，观测时大数读错，计算机数据输入错误，航测像片判读错误，控制网起始数据错误等，这种错误可以在一定程度上避免。但还存在不可避免的粗差，特别在现今采用高新测量技术的自动化数据采集中，由于误差来源的复杂性，粗差的出现也是很难避免的，研究粗差的识别和剔除也已成为现今数据处理中一个重要课题
系统误差	在相同的观测条件下作一系列观测，如果误差在大小、符号上表现出系统性，或者在观测过程中按一定的规律变化，或者为某一常数，那么这种误差就称为系统误差。按照对观测结果影响的不同，系统误差分为常差、有规律的系差和随机性系差（半系差）。例如，某一钢尺名义长度为 20m，经鉴定存在尺长误差 0.5mm。假如用该钢尺进行长度测量，则距离愈长，所积累的误差也愈大，这是一种系统误差，称为常差。又如在跨断层的两个水准点上重复进行精密高差测量，由于温度和地下水不断变化等原因，在观测高差中经常存在以年为周期的系统误差；在分析地图数字化误差时，由于数字化仪坐标系与地面坐标系的不一致、图纸变形等原因会产生系统误差，这种系统误差呈现着相似变换的函数关系。这类系统误差属有规律的系差。有的系统误差源对不同观测群的影响，其符号可正、可负，呈现出一定的随机性，从总体上看，这种系统误差属于随机性系统误差，又称半系差。例如，在山区进行水准测量，上坡、下坡由于地形变化引起的系统误差就是这种半系差。此外，在测量中尚存在不少原因不明、但无明显规律性的系统误差，也可认为是半系差；系统误差与偶然误差在观测过程中总是同时产生的。当观测中有显著的系统误差时，偶然误差就居于次要地位，观测误差就呈现出系统的性质。反之，则呈现出偶然的性质；系统误差对于观测结果的影响一般具有累积的作用，它对成果质量的影响也特别显著。在实际工作中，应该采用各种方法来消除或减弱其影响，达到实际上可以忽略不计的程度；如果观测列中已经排除了系统误差的影响，或者与偶然误差相比它已处于次要地位，则该观测列就可认为是带有偶然误差的观测列；但是，在不少测量实际问题中，系统误差的存在及其对观测结果的影响并不能用简单的方法予以排除，而要在数据处理中设法予以消除

第二节　观测误差理论

一、偶然误差的规律性及其统计分布

　　任一被观测的量，客观上总是存在着一个能代表其真正大小的数值。这一数值就称为该被观测量的真值。

　　设对某一量进行了 n 次观测，其观测值为 L_1，L_2，$\cdots$，L_n，由于各观测值都带有一定的误差，因此，每一观测值与其真值 X 之间必存在一差数 Δ，即

$$\Delta_i = X - L_i \ (i=1,\ 2,\cdots,\ n)$$

式中，Δ 称为真误差。此处 Δ 仅指偶然误差。

偶然误差具有如下统计特性，或者说，满足以下特性的观测误差是偶然误差：

（1）在一定的观测条件下，偶然误差的绝对值不会超过一定的限值；

（2）绝对值较小的误差比绝对值较大的误差出现的概率较大；

（3）绝对值相等的正误差与负误差出现的概率相等；

（4）偶然误差的简单平均值，随着观测次数的无限增加而趋向于零，即

$$\lim_{n \to \infty} \frac{\Delta_1 + \Delta_2 + \cdots + \Delta_m}{n} = 0$$

上述第四个特性是由第三个特性导出的。第三个特性说明了在大量偶然误差中，正负误差有互相抵消的性能。因此，当 n 无限增大时，真误差的简单平均值必然趋向于零。

从概率统计的观点，偶然误差是一随机变量，具有确定的概率分布。偶然误差是服从数学期望为零，方差为 σ^2 的正态分布，记为 $\Delta \sim N(0,\ \sigma^2)$，其密度函数为：

$$f(\Delta) = \frac{1}{\sqrt{2\pi}\sigma} e^{-\frac{\Delta^2}{2\sigma^2}}$$

误差分布曲线，如图 9-1 所示。

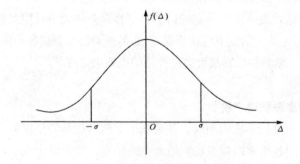

图 9-1　误差分布曲线示意图

误差分布曲线可按下列概率表达式计算偶然误差落入区间（$-x \le \Delta < x$）的概率：

$$P(-x \le \Delta < x) = \int_{-x}^{x} f(\Delta) d\Delta = p$$

误差分布曲线从理论上描述了偶然误差的统计规律。

二、衡量精度的指标

评价观测值或测绘成果的质量，实际上最主要的就是要知道其误差的大小，误差大则质量差，误差小则质量好。由于被观测量的真值未知，观测值的真误差也就不能确定。为此，需要给出一种能衡量观测误差大小的精度指标。这种指标不是唯一的，但在测量数据处理中通常采用中误差（又称标准差）σ 为精度指标。中误差的平方 σ^2 称为方差，计算式为：

$$\sigma = \lim_{n \to \infty} \left[\frac{\sum\limits_{i=1}^{n} \Delta^2{}_i}{n} \right]^{\frac{1}{2}}$$

中误差 σ 是一组独立观测误差平方的平均值开根的极限。σ 就是上式误差分布密度函数中的一个参数。

σ 的大小，不仅反映了误差分布的密集和离散程度，也平均地反映了真误差 Δ 的大小，因为从概率统计观点，σ 与 Δ 有确定的统计数值关系。由上式可计算出 σ 与 Δ 的概率关系为：

$p\left(-\sigma \leqslant \Delta < \sigma\right) = 0.6827$；

$p\left(-2\sigma \leqslant \Delta < 2\sigma\right) = 0.9545$；

$p\left(-3\sigma \leqslant \Delta < 3\sigma\right) = 0.9973$；

上述概率表达式说明了在一定置信度 P 下真误差的大小可用某种范围来表示。例如，在 $p=95.45\%$ 的置信度下可认为误差 Δ 的绝对值不会超过中误差大小的两倍。从而误差的传播、预测和控制都可通过计算中误差来完成。

三、不同精度观测的"权"

当对同一个量进行多次观测时，各观测值之间可能是同精度的，也可能不是同精度的。例如，同时测定四颗卫星到地面点的距离，分别设为 L_1、L_2、L_3 和 L_4，由于卫星的位置、距离长短等各因素不同，所以这 4 个观测值精度也不会相同，此时，设 L 的中误差为 σ_i 各 σ_i 不相同，利用这组观测值进行平差计算，必须顾及 σ_i 的大小，为此在测量平差中引入"权"的概念，用以权衡各个不同精度观测值在平差中的分量轻重。

设一组观测值为 L（$i=1,2,\cdots,n$），其相应的中误差为 σ_i 则权的计算式为：

$$p_i = \frac{\sigma^2_0}{\sigma^2_i}$$

式中，σ^2_0 为可任选的常数，称为方差因子，或单位权（权等于 1）方差。p_i 与 σ^2_i 成反比 σ^2_i 越大，相应的权 p_i 越小，在平差中所占分量越轻；σ^2_i 越小，精度越高，相应的权 p_i 越大，在平差中所占分量也越重。

由上式可知，各观测值的权比为：

$$p_1 : p_2 : \cdots : p_n = \frac{1}{\sigma^2_1} : \frac{1}{\sigma^2_2} : \cdots : \frac{1}{\sigma^2_n}$$

特别地，当 $\sigma^2_1 = \sigma^2_2 = \cdots \sigma^2_n = \sigma^2$，则由上式定义可得：

$$p_1 = p_2 = \cdots p_n = \frac{\sigma^2_0}{\sigma^2}$$

所以若令 $\sigma^2_0 = \sigma^2$，则有 p_i=1，这是等精度观测的情形。

由此可见，权也是一个相对精度指标，但它仅是用来比较各观测值相互之间精度高低的一组比例数。因此权的意义不在于它们本身数值的大小，重要的是它们之间所存在的比例关系。在处理不同精度观测数据时，要顾及这类观测值的权比关系。

四、协方差与相关系数

设有两个观测量 x 和 y，经常会遇到由于受某种或几种误差的共同影响，使观测量 x 和 y 之间误差相关，称 x 和 y 为两个相关观测量。例如，用 GPS 测量测定地面上两个点间的三维坐标差，由于这三个观测值有共同的误差源，所以不能认为它们是独立观测值，而是彼此误差相关。在这种情况下处理观测值时，不仅要考虑三个观测的方差，还要顾及两两观测间的误差相关性。用来描述 x 和 y 之间误差相关的精度指标为协方差，用 σ_{xy} 表示，其计算式为：

$$\sigma xy = \lim_{n \to \infty} \frac{\sum\limits_{i=1}^{n} \Delta_{xi} \Delta_{yi}}{n}$$

式中，Δ_{xi}=X–x_i，Δ_{yi}=Y–y_i，x_i，y_i 为第 i 个观测值，X，Y 为 x_i，y_i 的真值。若 σ_{xy} 为正，表示 x 和 y 正相关；若 σ_{xy} 为负，表示 x 和 y 负相关；若 σ_{xy}=0，表示 x 和：y 不相关。

描述两个变量之间相关性的指标还有相关系数。相关系数是协方差中心化的结果，其计算式为：

$$\rho_{xy} = \frac{\sigma_{xy}}{\sigma_x \sigma_y}$$

式中：σ_x，σ_y 为的中误差。相关系数 ρ_{xy} 的值域为 $[-1，1]$，绝对值 $|\rho_{xy}|$ 的值域为 $[0，1]$，$\rho_{xy}=1$ 为全相关，一般 $0<|\rho_{xy}|<1$，近于 1 为高相关。

五、误差传播

在实际测量问题中，经常会遇到这样的情况，即某一量的大小不是直接测定的，而是由一个或一系列的观测值，通过一定的函数关系间接计算出来的。例如，根据图上量取长度 d 计算其实地距离 D，如用 M 表示该图比例尺的分母，则 $D=Md$，这时 D 和 d 之间是倍乘的函数关系；由同一量的 n 次同精度观测值计算其简单平均值，即：$x = \frac{1}{n}\sum_{i=1}^{n} L_i$，通常称为线性函数关系；由边长 S 及坐标方位角 a 计算平面坐标增量 Δ_x 和 Δ_y，即 $\Delta_x=S\cos a$，$\Delta_y=S\sin a$ 则坐标增量 Δ_x、Δ_y；与观测值 S 和 a 之间为非线性函数的关系。

现在提出这样一个问题，已知观测值（如上例中的 d，L_i，S，a）的中误差，如何求观测值的函数（D，x，Δ_x、Δ_y）的中误差，这种计算过程称为误差传播。一般地，设 Z 是独立观测值的某一函数，即

$$z=f(x，y)$$

已知：x 和 y 的中误差分别是 σ_x 和 σ_y，则观测值函数 z 的中误差 σ_z 与观测值本身的中误差 σ_x 和 σ_y，存在一定的函数关系，现记为：

$$\sigma_z=F(\sigma_x，\sigma_y)$$

如果观测值 x 和 y 是相关的，设 x 和 y 的协方差为 σ_{xy}，则 σ_z 不仅与 σ_x、σ_y 有关，而且也与 σ_{xy} 有关，此时的为：

$$\sigma_z=F(\sigma_x，\sigma_y，\sigma_{xy})$$

阐述这种关系的定律，称为误差传播律。

已知观测值的中误差，求其函数的中误差是误差传播的正演问题。反之，要求函数达到某一中误差的限值，反过来计算各类观测值中误差的限值，则是误差传播的反演问题。正演问题可对测绘成果的精度进行预测，反演问题则是对观测值精度的控制。误差传播是测量数据处理质量控制的关键技术。例如，在测绘学科各分支学科中，各种测量操作规范的制定，都离不开误差、精度、误差传播等误差理论的指导和应用。

六、误差检验

观测值中存在观测误差是不可避免的。如果其中包含有系统误差或粗差，则将严重歪曲观测成果，必须设法将其消除或削弱其主要影响。系统误差和粗差是否存在于观测成果中的检验，是基于数理统计中的统计假设检验理论。误差检验就是检查观测结果误差的性质和分布情况的一种过程，目的在于识别观测结果是否符合偶然误差分布规律。发现系统误差和粗差，是测绘成果质量控制的又一项不可忽略的计算、处理过程。

测量数据处理中的误差检验方法，常用数据统计中各种误差分布特征进行检验。参数检验的基本方法有：U 检验、t 检验、X^2 检验和 F 检验等，还采用以统计检验理论为基础，结合测绘数据实际发展起来的许多检验方法。实践中已取得了显著效果，但由于观测误差的复杂性，偶然误差和系统误差、粗差难以区分，测量数据的误差检验还在研究和发展中。

第三节　测量平差

一、多余观测

设观测值个数为 n，未知量个数为 t，平差问题要求 $n > t$，$r=n-t$ 称为多余观测数，$r > 0$ 即观测值的个数必须多于未知量的个数，这是平差问题的一个基本要求。

例如，对一段距离丈量一次，已可求出其长度，此时 $r=0$，不发生平差问题。对图 9-2 所示三角形，如果仅仅为了确定其形状，那么只要知道其中任意两个内角的大小就行了，这两个内角为所求未知量 $t=2$，如果我们只观测其中两个内角 $t=2$，此时 $r=0$，不需要进行平差。为了检验观测误差，提高未知量估值精度，通常对三个内角都进行观测，此时 $r=3-2=1$，存在一个多余观测，此时三角形内角和产生了闭合差，就产生了平差问题。

一般而言，一个平差问题的多余观测数越多，对检验误差和提高精度就越有好处。但观测次数增多影响经济效益，因此多余观测要求数量适当。合理地处理带有误差的观测数据必须进行多余观测。多余观测的存在，决定了测量平差的必要性，也就是说多余观测是测量平差的前提。

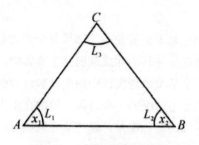

图 9-2　测量三角形示意图

二、平差模型

测量的目的，就是要通过观测量与所求未知量之间所建立的数学模型，来估计未知量的数值。测量平差中的数学模型，称为平差模型。

平差模型由函数模型和随机模型组成。函数模型是描述观测量与待求未知量间的数学函数关系的模型。随机模型则是描述平差问题中的随机量（观测量）及其相互间统计相关性质的模型。

1. 函数模型

什么是函数模型？如下可知，在图 9-2 所示三角形中，所求的未知量设为 $\angle A=x_1$ 和 $\angle B=x_2$，观测三个内角为 L_1，L_2，L_3 其相应的改正数为 v_1，v_2，v_3，平差值。$\hat{L}_1 = L_1 + v_1, L_2 = L_2 + v_2, L_3 = L_3 + v_3$。观测量和未知量之间可建立如下函数关系：

$$\left.\begin{array}{l} L_1 + v_1 = x_1 \\ L_2 + v_2 = x_2 \\ L_3 + v_3 = -x_1 - x_2 + 180^o \end{array}\right\}$$

上式表明，每一个观测值都与所求未知量有着一定的函数关系，称为观测值方程。

这就是为确定三角形最优形状所确定的一种函数模型。函数模型的作用就是通过观测值来确定模型上所求的未知参数，因此任何测量问题都要建立相应的函数模型。函数模型的建立是否符合客观测量实际，或者说平差函数模型是否正确，将直接影响平差成果的精度。

在测量数据处理中，函数模型可分为几何模型、物理模型、动态模型等。工程测量、GPS 定位测量、摄影测量中将像片视为地面点的透视影像时所建的大多是几何模型；重力测量、GPS 定轨、轨道摄影和时间的扫描摄影等所建立的大多是动力模型；以时间为参数的工程和地壳变形测量等动态测量数据所建立的则是动态模型。

2. 随机模型

测量数据处理的对象是带有误差的观测值，决定了参与测量平差的观测量具有已知的统计性质，即描述观测值本身精度的方差和观测值间相关程度的协方差，称为验前的方差和协方差。设有 n 个观测值 L_1，L_2，$\cdots L_n$，其先验前方差已知 σ^2_1，σ^2_2，$\cdots \sigma^2_n$；L_i，L_j 间的协方差为则可构成矩阵。

$$D_L = \begin{bmatrix} \sigma^2_1 \sigma_{12} \cdots \sigma_1 n \\ \sigma_{12} \sigma^2_2 \cdots \sigma_2 n \\ \vdots \\ \sigma_{1n} \sigma_{2n} \cdots \sigma^2_n \end{bmatrix}$$

D_L 称为观测值向量 $L = (L_1，L_2 \cdots，L_n)^T$ 的方差 – 协方差矩阵、验前的方差 – 协方差矩阵。D_L 的主对角线元素为各观测值的方差，非主对角线上的元素则表示相应两个观测值间的协方差。就是测量平差的随机模型，平差时必须顾及此随机模型。简单地说，考虑随机模型，相当于顾及了各观测量之间相关权的比重。考虑随机模型解算函数模型是测量平差解的特点，因此测量平差的算法是代数学解法和数理统计估计方法的结合，具有丰富的内容。

3. 模型误差

由于观测量与被观测量之间的数学物理关系经常是不确定的，所建函数模型和随机模型与客观实际总会存在某种差异，这种差异称为模型误差。模型误差与观测误差一样，也是不可避免的，因此，测量平差不仅要处理观测误差，还要研究模型误差的处理方法。

三、线性方程组的解算

按最优化准则解算平差模型，可归结为解算一个线性方程组（观测方程组、法方程组）。测量平差中遇到的线性方程组种类繁多，如方程组个数大于所求参数个数的矛盾方程组；方程组个数小于所求参数个数的相容方程组；方程组个数与所求参数个数相等的正规方程组和病态方程组；方程组个数与所求参数个数不等的秩亏方程组以及方程组个数特别多的大规模方程组等。研究这种线性方程组的解算和程序编制一直也是测量平差的研究课题。线性方程组解算方法是以线性代数与数理统计中参数估计方法为基础。测绘界的研究成果对此做出了重要贡献，给出了许多符合测量数据实际的解算理论和方法。

第四节　近代测量平差及其在测绘学中的作用

一、近代测量平差综述

自 19 世纪初提出按最小二乘法进行测量平差以来，在很长时间内都是基于观测偶然误差为前提的，属于经典测量平差范畴。近三十多年来，测量数据的采集和需求发生了很大的变化。测量仪器从光学为主发展到电子化、数字化和自动化，观测手段从地面测量扩展至海、陆、空以及卫星测量，用户对观测成果的高精度和质量控制以及交叉学科的需求，促进了测量平差学科的飞跃发展，形成了所谓的近代测量平差体系。

（1）测量平差的理论体系从以代数学为主的体系转化为以概率统计学为主并与近代代数学相结合的理论体系。形成了概率统计学、近代代数学和测量数据处理融一体的测量平差新体系。

（2）以现代手段采集的数据，除包含所需的信息外，偶然误差、系统误差和粗差几乎同时存在，经典的以偶然误差为主的误差理论自然不够用，从而扩展了系统误差和粗差理论及其相应的测量平差方法。

（3）平差问题的最优化准则，从最小二乘估计扩展至极大似然估计、极大验后估计、最小方差估计以及贝叶斯估计等统计估计准则。其主要特点是平差问题的观测量不要求一定服从正态分布，而所求未知量（参数）也可以是随机参数。

（4）产生了不少新的平差方法，其中秩亏自由网平差、滤波、推估和配置以及稳健最小二乘平差等被认为是这一时期的创新成就。

（5）根据观测数据采集的实时化和自动化，动态系统的测量平差理论和方法的研究正在深入，静态平差向动态平差的扩展也是这一时期的发展动向。

二、测量平差在现代测绘中的作用

就研究观测数据处理理论和计算方法而论，测量平差是测绘学中一个基础性的分支学科，但就其应用而言，它融于测绘学其他各分支学科之中，因为这些学科离不开数据的采集和处理，测量平差也因各分支学科的需求而发展。下面举例说明测量平差学科在现代测绘中的作用。

1. 国家控制网的布设与平差

国家平面、高程控制网是建立大地测量系统与参考框架的基础，是我国各项工程建设统一的平面和高程基准。网的布设、观测方案的制定、网点分布的密度以及成果的精度要求等，其中许多内容都要运用误差理论进行设计，以保证其最后成果达到预期精度要求。国家控制网点的坐标、高程是通过全网平差得到的。1982 年完成的中国天文大地网平差，观测数据 30 多万个，坐标未知量 15 万个，需要解算高达 15 万阶的线性方程组。2003 年完成的 2000 国家 GPS 控制网平差，其中 GPS 网点就有 2518 个。这种国家控制网的平差不仅计算工作难度大，而且存在许多难以解决的技术问题。国家控制网平差的高精度成果为我国地学研究和各项工程建设提供了基础性的测绘保障。

2. 摄影测量与大地测量观测值的联合平差

在摄影测量中，为了利用少量的野外控制点来加密测图所需的控制点，进行航摄内业成图，要进行区域网平差。随着摄影测量观测值精度的提高，将大地测量观测值不作为起始数据，而与摄影测量观测值联合平差，由此可获得精密而又可靠的点位测定系统，提高航测成图的精度。随着卫星大地测量、航天摄影测量和遥感的发展，摄影测量和大地测量平差将在范围和规模上趋向一致，通过联合平差，可以实现不需要在地面进行测量的一种摄影测量系统。

3. GIS 数据的精度分析和质量控制

数据是 GIS 最基本的组成部分，数据质量的好坏将直接影响 GIS 产品的质量，因此，GIS 数据质量控制对 GIS 的发展具有重要意义。讨论数据质量好坏，通常用误差或不确定性来描述，其度量指标是中误差或不确定度，不确定度是一种最大误差，它依据误差的实际概率分布给以某种置信概率而确定，其大小是中误差的 k 倍。GIS 数据主要来源于大地测量、工程测量、摄影测量与遥感、地图数字化等，这些数据的精度分析和质量控制都是基于测量误差理论的。此外，数字化数据得到的坐标值也是有误差的观测值，由这种坐标点构成的如房屋的几何图形、道路曲线等由于误差影响而与实体不符，需要进行平差纠正。在矢量 GIS 空间数据中，点、线和面目标是基本要素，点、线、面的精度或不确定度分析也要借助于误差理论和测量平差知识。

4. 动态监测数据分析与物理解释

动态监测包括工程建筑物的变形、地壳运动、卫星轨道、导航、车载 GPS 等多方面，数据处理的任务就是通过动态分析，作出物理解释。下面以地壳运动为例，说明测量平差的作用。地壳运动可表现为大面积的地壳形变，通过布设监测网，进行大地测量，经过平差排除干扰，计算地壳形变大小、方向速率等，并与地震、地质地球物理现象联系起来，分析地壳运动力源等地球物理解释。在这个过程中，充分研究各种误差来源，在平差中予以削弱或消除，是正确作出物理解释的前提。

例如，美国洛杉矶有一个 1.2 万平方千米的地区，用精密水准测量监测地壳垂直运动，发现在 1960 ~ 1974 年上升了 35cm，当时先认为是地震的前兆，但并未发生地震。后又认为是无震垂直运动的典范，当时并没有考虑测量存在误差。进一步研究发现，测量中有严重的折光误差和标尺系统误差。经平差处理，最后平差结果改为 7.5 ± 4.0cm，基本上属于随机误差性质，不是真正的地壳上升运动。

第十章　特殊性岩土的勘察

第一节　膨胀岩土的勘察

膨胀岩土包括膨胀岩和膨胀土。膨胀岩的资料较少，对于膨胀岩的判定还没有统一指标，膨胀岩作为地基时可参照膨胀土的判定方法进行判定，在此主要讨论膨胀土。膨胀土是指由黏粒成分（主要由强亲水性矿物质）组成，并且具有显著胀缩性的黏性土。膨胀土具有强烈的亲水性，遇水后含水率增大，土体液化而丧失强度，导致雨后久久不能进入施工。

一、膨胀岩土的判别

国内外不同的研究者对膨胀岩土的判别标准和方法也不相同，大多采用综合判别法。

1. 膨胀岩土的初判

对膨胀岩土的初判主要是依据地貌形态、土的外观特征和自由膨胀率；终判是在初判的基础上结合各种室内试验及邻近工程损坏原因分析进行。

具有下列特征的土可初判为膨胀土：①多分布在二级或二级以上阶地、山前丘陵和盆地边缘；②地形平缓，无明显自然陡坎；③常见浅层滑坡、地裂、新开挖的路堑、边坡、基槽易发生塌；④裂缝发育、方向不规则，常有光滑面和擦痕，裂缝中常充填灰白、灰绿色黏土；⑤干时坚硬，遇水软化，自然条件下呈坚硬或硬塑状态；⑥自由膨胀率一般大于40%；⑦未经处理的建筑物成群破坏，低层较多层严重，刚性结构较柔性结构严重；⑧建筑物开裂多发生在旱季，裂缝宽度随季节变化。

2. 膨胀岩土的终判

初判为膨胀土的地区，应计算土的膨胀变形量、收缩变形量和胀缩变形量，并划分胀缩等级。计算和划分方法应符合《膨胀土地区建筑技术规范》（GB50112—2013）的规定。有地经验时，亦可根据地区经验分级。

分析判定过程中应注意，虽然自由膨胀率是一个很有用的指标，但不能作为唯一依据，否则易造成误判；从实用出发，应以是否造成工程的损害为最直接的标准，但对于新建工程，不一定有已有工程的经验可借鉴，此时仍可通过各种室内试验指标结合现场特征判定；初判和终判不是互相分割的，应互相结合，综合分析，工作的次序是从初判到终判，但终判时仍应综合考虑现场特征，不能只凭个别试验指标确定。

对于膨胀岩，膨胀率与时间的关系曲线，以及在一定压力下膨胀率与膨胀力的关系对洞室的设计和施工具有重要的意义。

二、膨胀岩土的勘察要点

1. 膨胀岩土地区的工程地质测绘和调查内容

为了综合判定膨胀土，从岩性条件、地形条件、水文地质条件、水文和气象条件以及当地建筑损坏情况和治理膨胀土的经验等诸多方面，判定膨胀土及其膨胀潜势，进行膨胀岩土评价并为治理膨胀岩土提供资料。

（1）查明膨胀岩土的岩性、地质年代、成因、产状、分布以及颜色、节理、裂缝等外观特征。

（2）划分地貌单元和场地类型，查明有无浅层滑坡、地裂、冲沟以及微地貌形态和植被情况。

（3）调查地表水的排泄和积聚情况以及地下水类型、水位和变化规律。

（4）搜集当地降水量、蒸发量、气温、地温、干湿季节、干旱持续时间等气象资料，查明大气影响深度；调查当地建筑经验。

2. 膨胀土地区勘探工作量的布置

（1）勘探点宜结合地貌单元和微地貌形态布置；其数量应比非膨胀岩土地区适当增加，其中采取试样的勘探点不应少于全部勘探点的1/2。

（2）勘探孔的深度，除应满足基础埋深和附加应力的影响深度外，还应超过大气影响深度；控制性勘探孔不应小于8m，我国平坦场地的大气影响深度一般不超过5m，故一般性勘探孔不应小于5m。

（3）在大气影响深度内，每个控制性勘探孔均应采取Ⅰ级、Ⅱ级土试样，采取试样要求从地表以下1m开始，取样间距不应大于1.0m在大气影响深度以下，取样间距可为1.5～2.0m；一般性勘探孔从地表以下1m开始至5m深度内，可取Ⅲ级土试样，测定天然含水率。大气影响深度是膨胀土的活动带，在活动带内，应适当增加试样数量。

3. 膨胀岩土的室内试验

膨胀岩土的室内试验除应包括常规试验项目外，还应测定下列指标：

（1）白由膨胀率 δ_{ef}。《土工试验方法标准》（GB/T50123—1999）规定自由膨胀率是指用人工制备的烘干土，在纯水中膨胀稳定后增加的体积与原有体积之比值，用百分数表示。按下式计算：

$$\delta_{ef} = \frac{V_w - V_o}{V_o}$$

式中：V_w——土样在水中膨胀稳定后的体积，mL；

V_0——土样原有体积，mL。

自由膨胀率可用来定性地判别膨胀土及其膨胀潜势。

（2）膨胀率 δ_{ep}。膨胀率是在一定压力下，浸水膨胀稳定后试样增加的高度（稳定后高度与初始高度之差）与试样初始高度之比，用百分比表示。按下式计算：

$$\delta_{ep} = \frac{h_w - h_o}{h_o}$$

式中：h_w——土样在水中膨胀稳定后的高度，mm；

h_0——土样原有高度，mm。

膨胀率可用来评价地基的膨胀等级，计算膨胀土地基的变形量以及测定膨胀力。

（3）收缩系数。黏性土的收缩性是由于水分蒸发引起的。其收缩过程可分为两个阶段：第一阶段是土体积的缩小与含水率的减小成正比，呈直线关系；土减小的体积等于水分散失的体积；第二阶段土体积的缩小与含水率的减少呈曲线关系。土体积的减少小于失水体积，随着含水率的减少，土体积收缩愈来愈慢。收缩曲线如图 10-1 所示。

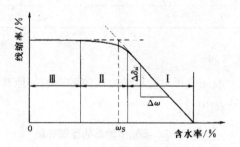

图 10-1　收缩曲线示意图

原状土样在直线收缩阶段，含水率减少 1% 时的竖向线缩率，即为收缩系数，用 λ_s 表示。

$$\lambda_s = \Delta \delta_{si} / \Delta \omega$$

式中：$\Delta\delta_{si}$——收缩曲线上第 I 段两点线缩率之差，%；

$\quad\quad\Delta\omega$——相应于 I 两点含水率之差，%。

收缩系数可用来评价地基的胀缩等级，计算膨胀土地基变形量。

（4）膨胀力（p_e）。不扰动土试样体积不变时，由于浸水膨胀产生的最大应力。膨胀力可用来衡量土的膨胀势和考虑地基的承载能力。膨胀力的测量方法有压缩膨胀法、自由膨胀法、等容法。

三、膨胀土地基评价

1. 膨胀岩土场地分类

按地形地貌条件可分为平坦场地和坡地场地。大量调查研究资料表明，坡地膨胀岩土的问题比平坦场地复杂得多，故将场地类型划分为平坦场地和坡地场地。

符合下列条件之一者应划为平坦场地：地形坡度小于 5°，且同一建筑物范围内局部高差不超过 1m；地形坡度大于 5° 且小于 14°，与坡肩水平距离大于 10m 的坡顶地带。

不符合以上条件的应划为坡地场地。

2. 膨胀潜势

膨胀土的膨胀潜势可按其自由膨胀率分为三类，见表 10-1。

表 10-1　膨胀土的膨胀潜势

自由膨胀率 /%	膨胀潜势
$40 \leqslant \delta_{ef} < 65$	弱
$65 \leqslant \delta_{ef} < 90$	中
$\delta_{ef} > 90$	强

3. 膨胀土的胀缩等级

根据地基的膨胀、收缩变形对低层砖混房屋的影响，地基土的膨胀等级可按分级变形量分为三级，见表 10-2。

表 10-2　膨胀土地基的胀缩等级

地基分级变形量 /mm	级别
$15 \leqslant s_c < 35$	I
$35 \leqslant s_c < 70$	II
$s_c > 70$	III

地基分级变形中膨胀率采用的压力应为50kPa。由于各地区的膨胀土的特征不同,性质也各有差异,有的地区对本地区的膨胀土有深入的研究。因此,膨胀土的分级,亦可按地区经验划分。

4. 膨胀土地基的变形量

膨胀土地基的计算变形量应符合下式要求:

$$s_j \le [s_j]$$

式中：s_j——天然地基或人工地基及采取其他处理措施后的地基变形量计算值,mm;

$[s_j]$——建筑物的地基容许变形值,mm。

膨胀土地基变形量的取值应符合下列规定：膨胀变形量应取基础某点的最大膨胀上升量；收缩变形量应取基础某点的最大收缩下沉量；胀缩变形量应取基础某点的最大膨胀上升量与最大收缩下沉量之和；变形差应取相邻两基础的变形量之差；局部倾斜应取砖混承重结构沿纵墙6~10m内基础两点的变形量之差与其距离的比值。

5. 膨胀土地基承载力确定

载荷试验法。对荷载较大或没有建筑经验的地区,宜采用浸水载荷试验方法确定地基土的承载力。

计算法。采用饱和单轴不排水快剪试验确定土的抗剪强度,再根据建筑地基基础设计规范或岩土工程勘察规范的有关规定计算地基土的承载力。

经验法。对已有建筑经验的地区,可根据成功的建筑经验或地区经验值确定地基土的承载力。

6. 膨胀岩土地基的稳定性

位于坡地场地上的建筑物的地基稳定性按下列几种情况验算：土质均匀且无节理同时按圆弧滑动法验算；岩土层较薄,层间存在软弱层时,取软弱层面为潜在滑动面进行验算；层状构造的膨胀岩土,当层面与坡面斜交角小于45°时,验算层面的稳定性。

验算稳定性时,必须考虑建筑物和堆料荷载,抗剪强度应为土体沿潜在滑动面的抗剪强度,稳定安全系数可取1.2。

7. 膨胀土地区岩土工程评价的要求

当拟建场地或其邻近有膨胀岩土损坏的工程时,应判定为膨胀岩土,并进行详细调查,分析膨胀岩土对工程的破坏机制,估算膨胀力的大小和胀缩等级。

（1）对建在膨胀岩土上的建筑物,其基础埋深、地基处理、桩基设计、总平面布置、建筑和结构措施、施工和维护,应符合《膨胀土地区建筑技术规范》

（GB50112—2013）的规定。

（2）一级工程的地基承载力应采用浸水载荷试验方法确定；二级工程宜采用浸水载荷试验方法确定；三级工程可采用饱和状态下不固结不排水三轴剪切试验计算或根据已有经验确定。

（3）对边坡及位于边坡上的工程，应进行稳定性验算；验算时应考虑坡体内含水率变化的影响；均质土可采用圆弧滑动法，有软弱夹层及层状膨胀岩土应按最不利的滑动面验算；具有胀缩裂缝和地裂缝的膨胀土边坡，应进行沿裂缝滑动的验算。

第二节　红黏土的勘察

红黏土是指在湿热气候条件下碳酸盐系岩石经过第四纪以来的红土化作用形成并覆盖于基岩上，呈棕红、褐黄等色的高塑性黏土。红黏土是一种区域性特殊土，主要分布在贵州、广西、云南等地区，在湖南、湖北、安徽、四川等地区局部也有分布。地貌上一般发育在高原夷平面、台地、丘陵、低山斜坡及洼地上，厚度多在5 ~ 15m，天然条件下，红黏土含水量一般较高，结构疏松，但强度较高，往往被误认为是较好的地基土。由于红黏土的收缩性很强，当水平方向厚度变化大时，极易引起不均匀沉陷而导致建筑破坏。

一、红黏土的工程地质特性

1. 红黏土物理力学性质的基本特点

红黏土的物理力学性质指标与一般黏性土有很大区别，主要表现在以下几点：

（1）粒度组成的高分散性。红黏土中小于0.005mm的黏粒含量为60% ~ 80%；其中小于0.002mm的胶粒含量占40% ~ 70%，使红黏土具有高分散性。

（2）天然含水率、饱和度、塑性界限（液限、塑限、塑性指数）和天然孔隙比都很高，却具有较高的力学强度和较低的压缩性。这与具有类似指标的一般黏性土力学强度低、压缩性高的规律完全不同。

（3）很多指标变化幅度都很大，如天然含水率、液限、塑限、天然孔隙比等。与其相关的力学指标的变化幅度也较大；土中裂隙的存在，使土体与土块的力学参数尤其是抗剪强度指标相差很大。

2. 红黏土的矿物成分

红黏土的矿物成分主要为高岭石、伊利石、绿泥石。黏性矿物具有稳定的结晶格架、细粒组结成稳固的团粒结构、土体近于两相体且土中水又多为结合水，这三者是使红黏土具有良好力学性能的基本因素。

3. 厚度分布特征

（1）红黏土层总的平均厚度不大，这是由其成土特性和母岩岩性所决定的。在高原或山区分布较零星，厚度一般5～8m，少数达15～30m；在准平原或丘陵区分布较连续，厚度一般约10～15m，最厚超过30m。因此，当作为地基时，往往是属于有刚性下卧层的有限厚度地基。

（2）土层厚度在水平方向上变化很大，往往造成可压缩性土层厚度变化悬殊，地基沉降变形均匀性条件很差。

（3）土层厚度变化与母岩岩性有一定关系。厚层、中厚层石灰岩、白云岩地段，岩体表面岩溶发育，岩面起伏大，导致土层厚薄不一；泥灰岩、薄层灰岩地段则土层厚度变化相对较小；在地貌横剖面上，坡顶和坡谷土层较薄，坡麓则较厚。古夷平面及岩溶洼地、槽谷中央土层相对较厚。

4. 上硬下软现象

在红黏土地区天然竖向剖面上，地表往往呈坚硬、硬塑状态，向下逐渐变软，呈可塑、软塑甚至流塑状态。随着这种由硬变软现象，土的天然含水率、含水比和天然孔隙比也随深度递增，力学性质则相应变差。

据统计，上部坚硬、硬塑土层厚度一般大于5m，约占统计土层总厚度的75%以上；可塑土层占10%～20%；软塑土层占5%～10%。较软土层多分布于基岩面的低洼处，水平分布往往不连续。

当红黏土作为一般建筑物天然地基时，基底附加应力随深度减小的幅度往往快于土随深度变软或承载力随深度变小的幅度。因此，在大多数情况下，当持力层承载力验算满足要求时，下卧层承载力验算也能满足要求。

5. 岩土接触关系特征

红黏土是在经历了红土化作用后由岩石变成土的，无论外观、成分还是组织结构上都发生了明显不同于母岩的质地变化。除少数泥灰岩分布地段外，红黏土与下伏基岩均属岩溶不整合接触，它们之间的关系是突变而不是渐变的。

6. 红黏土的胀缩性

红黏土的组成矿物亲水性不强，交换容量不高，交换阳离子以 Ca^{2+}、Mg^{2+} 为主，天然含水率接近塑限，孔隙呈饱和水状态，以致表现在胀缩性能上以收缩为主，在天然状态下膨胀量很小，收缩性很高；红黏土的膨胀势能主要表现在失水收缩后复浸水的过程中，一部分可表现出缩后膨胀，另一部分则无此现象。因此，不宜把红黏土与膨胀土混淆。

7. 红黏土的裂隙性

红黏土在自然陡态下呈致密状，无层理，表部呈坚硬、硬塑状态，失水后含水率低于缩限，土中即开始出现裂缝，近地表处呈竖向开口状，向深处渐弱，呈网状闭合微裂隙。裂隙破坏土的整体性，从而降低土的总体强度；裂隙使失水通道向深部土体延伸，促使深部土体收缩，加深、加宽原有裂隙。严重时甚至形成深长地裂；土中裂隙发育深度一般为 2 ~ 4m，已见最深者可达 8m。裂面中可见光滑镜面、擦痕、铁猛质浸染等现象。

8. 红黏土中的地下水特征

当红黏土呈致密结构时，可视为不透水层；当土中存在裂隙时，碎裂、碎块或镶嵌状的土块周边便具有较大的透气、透水性，大气降水和地表水可渗入其中，在土体中形成依附网状裂隙赋存的含水层。该含水层很不稳定，一般无统一水位，在补给充分、地势低洼地段，才可测到初见水位和稳定水位，一般水量不大，多为潜水或上层滞水，水对混凝土一般不具腐蚀性。

二、红黏土勘察要点

1. 红黏土地区的工程地质测绘和调查内容

红黏土地区的工程地质测绘和调查应符合一般的工程地质测绘和调查规定，是在一般性的工程地质测绘基础上进行的。除此之外，还应着重查明下列内容：不同地貌单元红黏土的分布、厚度、物质组成、土性等特征及其差异；下伏基岩岩性、岩溶发育特征及其与红黏土土性、厚度变化的关系；地裂分布、发育特征及其成因，土体结构特征，土体中裂隙的密度、深度、延展方向及其发育规律；地表水体和地下水的分布、动态及其与红黏土状态垂向分带的关系；现有建筑物开裂原因分析，当地勘察、设计、施工经验等。

2. 红黏土地区勘探工作量的布置

红黏土地区勘探点的布置，应取较密的间距，查明红黏土厚度和状态的变化。初步勘察勘探点间距宜取 30 ~ 50m；详细勘察勘探点间距，对均匀地基宜取 12 ~ 24m，对不均匀地基宜取 6 ~ 12m。厚度和状态变化大的地段，勘探点间距还可加密。各阶段勘探孔的深度可按相应建筑物勘察的有关规定执行。对不均匀地基，勘探孔深度应达到基岩深度。

对不均匀地基、有土洞发育或采用岩面端承桩时，宜进行施工勘察，其勘探点间距和勘探孔深度根据需要确定。由于红黏土具有垂直方向状态变化大、水平方向厚度变化大的特点，故勘探工作应采用较密的点距，特别是土岩组合的不均匀地基。红黏土底部常有软弱土层，基岩面的起伏也很大，故勘探孔的深度不宜单纯根据地基变形计算深度来确定，以免漏掉对场地与地基评价至关重要的信息。对于土岩组合的不均匀地基，勘探孔深度应达到基岩深度，以便获得完整的地层剖面。

基岩面上土层特别软弱，有土洞发育时，详细勘察阶段不一定能查明所有情况，为确保安全，在施工阶段进行补充施工勘察是必要的，也是现实可行的。基岩面高低不平、基岩面倾斜或有临空面时嵌岩桩容易失稳，所以进行施工勘察是必要的。

当岩土工程评价需要详细了解地下水埋藏条件、运动规律和季节变化时，应在测绘调查的基础上补充进行地下水的勘察、试验和观测工作。水文地质条件对红黏土评价是非常重要的因素，仅仅通过地面的测绘调查往往难以满足岩土工程评价的需要，此时进行补充水文地质勘察、试验、观测工作是必要的。

3. 试验工作

红黏土的室内试验应满足室内试验的一般规定，对裂隙发育的红黏土应进行三轴剪切试验或无侧限抗压强度试验。必要时，可进行收缩试验和复浸水试验。当需评价边坡稳定性时，宜进行重复剪切试验。

三、红黏土的岩土工程评价

红黏土的岩土工程评价应符合下列要求：

（1）建筑物应避免跨越地裂密集带或深长地裂地段。

（2）轻型建筑物的基础埋深应大于大气影响急剧层的深度；炉窑等高温设备的基础应考虑地基土的不均匀收缩变形；开挖明渠时应考虑土体干湿循环的影响；在石芽出露的地段，应考虑地表水下渗形成的地面变形。

（3）选择适宜的持力层和基础形式，在满足第（2）条要求的前提下，基础宜浅埋，利用浅部硬壳层，并进行下卧层承载力的验算；不能满足承载力和变形要求时，应建议进行地基处理或采用桩基础。

（4）基坑开挖时宜采取保湿措施，边坡应及时维护，防止失水干缩；红黏土的地基承载力确定方法原则上与一般土并无不同，应结合地区经验按有关标准综合确定，应特别注意红黏土裂隙的影响以及裂隙发展和复浸水可能使其承载力下降，考虑到各种不利的临空边界条件，尽可能选用符合实际的测试方法。过去积累的确定红黏土承载力的地区性成熟经验应予充分利用，当基础浅埋、外侧地面倾斜、有临空面或承受较大水平荷载时，应结合以下因素综合考虑确定红黏土的承载力：土体结构和裂隙对承载力的影响；开挖面长时间暴露，裂隙发展和复浸水对土质的影响。

（5）地裂是红黏土地区的一种特有的现象，地裂规模不等，长可达数百米、深可延伸至地表下数米，所经之处地面建筑无一不受损坏，故评价时应建议建筑物绕避地裂。红黏土中基础埋深的确定可能面临矛盾。从充分利用硬层，减轻下卧软层的压力而言，宜尽量浅埋；但从避免地面不利因素影响而言，又必须大于大气影响急剧层的深度。评价时应充分权衡利弊，提出适当的建议。如果采用天然地基难以解决上述矛盾，则宜放弃天然地基，改用桩基。

第三节　软土的勘察

一、软土的工程性质

软土工程性质的主要内容，见表 10-3。

表 10-3　软土的工程性质

性质	内容
流变性	软土在长期荷载作用下，除会产生排水固结引起的变形外，还会产生缓慢而长期的剪切变形。这对建筑物地基沉降有较大影响，对斜坡、堤岸、码头和地基稳定性不利
触变性	当原状土受到振动或扰动以后，由于上体结构遭破坏，强度会大幅度降低。触变性可用灵敏度 S 表示，软土的灵敏度一般为 3 ~ 4，最大可达 8 ~ 9，故软土属于高灵敏度或极灵敏土。软土地基受振动荷载后，易产生侧向滑动、沉降或基础下土体挤出等现象
不均匀性	由于沉积环境的变化，土质均匀性差。例如，三角洲相、河漫滩相软土常夹有粉土或粉砂薄层，具有明显的微层理构造，水平向渗透性常好于垂直向渗透性。湖泊相、沼泽相软土常在淤泥或淤泥质土层中夹有厚度不等的泥炭或泥炭质土薄层或透镜体，作为建筑物地基易产生不均匀沉降
高压缩性	软土属于高压缩性土，压缩系数大。故软土地基上的建筑物沉降量大
低透水性	软土的含水量虽然很高，但透水性差，特别是垂直向透水性更差，垂直向渗透系数一般为 $i \times (10^{-6} \sim 10^{-8})$ cm/s，属微透水或不透水层。对地基排水固结不利，软土地基上建筑物沉降延续时间长，一般达数年以上。在加载初期，地基中常出现较高的孔隙水压力影响地基强度
低强度	软土不排水抗剪强度一般小于 20kPa。软土地基的承载力很低，软土边坡的稳定性极差

二、软土的勘察要点

1. 软土勘察主要内容

软土勘察除应符合常规要求外，还应查明下列内容：成因类型、成层条件、分布规律、层理特征、水平向和垂直向的均匀性；地表硬壳层的分布与厚度、下伏硬土层或基岩的埋深和起伏；固结历史、应力水平和结构破坏对强度和变形的影响；

微地貌形态和暗埋的塘、浜、沟、坑、穴的分布，埋深及其填土的情况；开挖、回填、支护、工程降水、打桩、沉井等对软土应力状态、强度和压缩性的影响；当地的工程经验。

2. 软土勘察工作布置

（1）软土地区勘察宜采用钻探取样与静力触探相结合的手段。在软土地区用静力触探孔取代相当数量的勘探孔，不仅可以减少钻探取样和土工试验的工作量，缩短勘察周期，而且可以提高勘察下作质量。静力触探是软土地区十分有效的原位测试方法，标准贯入试验对软土并不适用，但可用于软土中的砂土硬黏性土等。

（2）勘探点布置应根据土的成因类型和地基复杂程度，采用不同的布置原则。当土层变化较大或有暗埋的塘、浜、沟、坑、穴时应予以加密。

（3）软土取样应采用薄壁取土器，并符合一般规格要求；勘探孔的深度不要简单地按地基变形计算深度确定，还应根据地质条件、建筑物特点、可能的基础类型确定，此外，还应预计到可能采取的地基处理方案的要求。

3. 试验工作

软土原位测试宜采用静力触探试验、旁压试验、十字板剪切试验、扁铲侧胀试验和螺旋板载荷试验。静力触探最大的优点在于精确的分层，用旁压试验测定软土的模量和强度，用十字板剪切试验测定内摩擦角近似为零的软土强度，实践证明是行之有效的。扁铲侧胀试验和螺旋板载荷试验虽然经验不多，但最适用于软土也是公认的。

软土的力学参数宜采用室内试验、原位测试，结合当地经验确定。有条件时，可根据堆载试验、原型监测反分析确定。抗剪强度指标室内宜采用三轴试验，原位测试宜采用十字板剪切试验。压缩系数、先期固结压力、压缩指数、回弹指数、固结系数可分别采用常规固结试验、尚压固结试验等方法确定。

三、软土的岩土工程评价

软土的岩土工程评价应包括下列内容：

（1）判定地基产生失稳和不均匀变形的可能性；当工程位于池塘、河岸、边坡附近时，应验算其稳定性。

（2）软土地基承载力应根据室内试验，原位测试和当地经验，并结合下列因素综合确定：软土成层条件、应力历史、结构性、灵敏度等力学特性和排水条件；上部结构的类型、刚度、荷载性质和分布，对不均匀沉降的敏感性；基础的类型、尺寸、埋深和刚度等；施工方法和程序。

（3）当建筑物相邻高低层荷载相差较大时，应分析其变形差异和相互影响；当地面有大面积堆载时，应分析对相邻建筑物的不利影响。

（4）地基沉降计算可采用分层总和法或土的应力历史法，并应根据当地经验进行修正，必要时，应考虑软土的次固结效应；提出基础形式和持力层的建议；对于上为硬层，下为软土的双层土地基应进行下卧层验算。

第四节　湿陷性土的勘察

湿陷性土是指那些非饱和、结构不稳定的土，在一定压力作用下受水浸湿后，其结构迅速破坏，并产生显著的附加下沉。湿陷性土在我国分布广泛，除常见的湿陷性黄土外，在我国干旱和半十旱地区特别是在山前洪坡积扇（裙）中常遇到湿陷性碎石土、湿陷性砂土等。湿陷性黄十的勘察应按《湿陷性黄土地区建筑规范》（GB50025—2004）执行。干旱和半干旱地区除黄土以外的湿陷性碎石土、湿陷性砂土和其他湿陷性土的岩土工程勘察按《岩土工程勘察规范》（GB5002—2001）执行。

一、黄土地区的勘察要点

湿陷性黄土属于黄土。当其未受水浸湿时，一般强度较高，压缩性较低。但受水浸湿后，在上覆土层的自重应力或自重应力和建筑物附加应力作用下，土的结构迅速破坏，并发生显著的附加下沉，其强度也随之迅速降低。

湿陷性黄土分布在近地表几米到几十米深度范围内，主要为晚更新世形成的马兰黄土和全新世形成的黄土状土（包括湿陷性黄土和新近堆积黄土）。而中更新世及其以前形成早更新世的离石黄土和午城黄土一般仅在上部具有较微弱的湿陷性或不具有湿陷性。我国陕西、山西、甘肃等地区分布有大面积的湿陷性黄土。

1. 湿陷性黄土的工程性质

（1）粒度成分上，以粉粒为主，砂粒、黏粒含量较少，土质均匀。

（2）密度小，孔隙率大，大孔性明显。在其他条件相同时，孔隙比越大，湿陷性越强烈。

（3）天然含水量较少时，结构强度高，湿陷性强烈；随含水量增大，结构强度降低，湿陷性降低。

（4）塑性较弱，塑性指数为 8 ~ 13。当湿陷性黄土的液限小于 30% 时，湿陷性较强；当液限大于 30% 以后，湿陷性减弱。

（5）湿陷性黄土的压缩性与天然含水量和地质年代有关，天然状态下，压缩性中等，抗剪强度较大。随含水量增加，黄土的压缩性急剧增大，抗剪强度显著降低：新近沉积黄土，土质松软，强度低，压缩性高，湿陷性不一；抗水性弱，遇水强烈崩解，膨胀量小，但失水收缩较明显，遇水湿陷性较强。

2. 黄土地区的工程地质测绘和调查内容

黄土地区的工程地质测绘和调查应符合一般的工程地质测绘和调查规定，是在一般性的工程地质测绘基础上进行的。除此之外，还应着重查明下列内容：

（1）查明湿陷性黄土的地层时代、岩性、成因、分布范围。

（2）湿陷性黄土的厚度。

（3）湿陷系数和自重湿陷系数随深度的变化。

（4）场地湿陷类型和地基湿陷等级及平面分布。

（5）湿陷其实压力随深度的变化。

（6）地下水位升降变化的可能性和变化趋势。

（7）提出湿陷性黄土的处理措施。常采用的处理方法有表 10-4 中的几种。

表 10-4　湿陷性黄土的处理方法

方法	内容
夯实法	可分为重锤夯实法和强夯法。重锤夯实法可处理地表下厚度 1～2m 土层的湿陷性。强夯法可处理 3～6m 土层的湿陷性。适用于饱和度大于 60% 的湿陷性黄土地基
垫层法	将湿陷性土层挖去、换上素土或者灰土，分层夯实。可以处理垫层厚度以内的湿陷性，此方法不能用砂土或者其他粗粒土换垫，仅适用于地下水位以上的地基处理
预浸水法	可用于处理湿陷性土层厚度大于 10m，自重湿陷量 $\triangle_{zs} \geqslant 50cm$ 的场地，以消除土的自重湿陷性。自地面以下 6m 以内的土层，有时因自重应力不足而可能仍有湿陷性，应采用垫层等处理方法
单液硅化或碱液加固法	将硅酸钠溶液注入土中。对已有建筑物地基进行加固时，在非自重湿陷性场地，宜采用压力灌注；在自重湿陷性场地，应让溶液通过灌注孔自行渗入土中。适宜加固非自重湿陷性黄土场地上的已有建筑物
挤密法	采用素土或灰土挤密桩，可处理地基下 5～15m 土层的湿陷性。适用于地下水位以上的地基处理。桩基础，起到荷载传递的作用，而不是消除黄土的湿陷性，故桩端应支承在压缩性较低的非湿陷性土层上

3. 黄土地区勘探工作量的布置

（1）初步勘察

1）勘探线应按地貌单元纵横方向布置，在微地貌变化较大的地段予以加密，在平缓地段可按网格布置。

2）取土和原位测试勘探点，应按地貌单元和控制性地段布置，其数量不得少于全部勘探点的 1/2，其中应包括一定数量的探井。

3）勘探点的深度，根据湿陷性黄土层的厚度和地基主要压缩层的预估深度确定，控制性勘探点中应有一定数量的取土勘探点穿透湿陷性黄土层。

（2）详细勘察

勘探点的布置应根据建筑物平面和建筑物类别以及工程地质条件的复杂程度等因素确定；在单独的甲、乙类建筑场地内，勘探点不应少于 4 个；采取不扰动土样和原位测试的勘探点不得少于全部勘探点的 2/3；其中采取不扰动土样的勘探点不宜少于 1/2，其中应包括一定数量的探井；勘探点的深度，应大于地基主要压缩层的深度，并穿透湿陷性土层，对非自重湿陷性黄土场地，自基础底面算起的勘探点深度应大于 10m，对自重湿陷性黄土场地，陇西－陇东陕北晋西地区，应大于 15m，其他地区应大于 10m。对甲、乙类建筑物，应有一定数量的取样勘探点穿透湿陷性土层。

二、黄土湿陷性评价

黄土地基的岩土工程评价：首先判定黄土是湿陷性黄土还是非湿陷性黄土；如果是湿陷性黄土，再进一步判定湿陷性黄土场地湿陷类型；其次判别湿陷性黄土地基的湿陷等级。

（1）黄土湿陷性判定。黄土湿陷性是按室内浸水压缩试验在规定压力下测定的湿陷值 δ_s 判定。$\delta_s < 0.015$ 时，为非湿陷性黄土；当 $\delta_s \geqslant 0.015$ 时，为湿陷性黄土。

（2）重湿陷性判别。自重湿陷性的判别是测定在饱和自重压力下黄土的自重湿陷系数 δ_{zs} 值，当 $\delta_{zs} < 0.015$ 时，为非自重湿陷性黄土；当 $\delta_{zs} \geqslant 0.015$ 时，为自重湿陷性黄土。

（3）场地湿陷类型。湿陷性黄土场地湿陷类型应按照自重湿陷量的实测值 Δ_{zs}，或计算值 Δ_{zs} 判定：湿陷性黄土场地的湿陷类型按下列条件判别：当自重湿陷量的实测值 Δ_{zs} 或计算值 Δ_{zs} 不大于 7cm 时，应判定为非自重湿陷性黄土场地；当自重湿陷量的实测值 Δ_{zs} 或计算值 Δ_{zs} 大于 7cm 时，应判定为自重湿陷性黄土场地；当自重湿陷量的实测值和计算值 Δ_{zs}，出现 Δ_{zs} 矛盾时，应按自重湿陷量的实测值判定。

三、其他湿陷性土的勘察要点

湿陷性土场地勘察，应遵循一般的勘察要求规定，另外还有如下要求：出于地貌、地质条件比较特殊、土层产状多较复杂，所以勘探点的间距应按各类建筑物勘察规定取小值。对湿陷性土分布极不均匀的场地应加密勘探点；控制性勘探孔深度应穿透湿陷性土层；应查明湿陷性土的年代、成因、分布和其中的夹层、包含物、胶结物的成分和性质；湿陷性碎石土和砂土，宜采用动力触探试验和标准贯入试验确定力学特性；不扰动土试样应在探井中采取；不扰动土试样除测定一般物理力学性质外，尚应做土的湿陷性和湿化试验；对不能取得不扰动土试样的湿陷性土，应在探井中采用大体积法测定密度和含水率；对于厚度超过 2m 的湿陷性土，应在不同深度处分别进行浸水载荷试验，并应不受相邻试验浸水的影响。

四、其他湿陷性土的岩土工程评价

（1）湿陷性判别。这类非黄土的湿陷性土一般采用现场浸水载荷试验作为判定湿陷性土的基本方法，并规定以在 200kPa 压力作用下浸水载荷试验的附加湿陷量与承压板宽度之比不小于 0.023 的土，判定为湿陷性土。

（2）湿陷性土的湿陷程度划分。这是根据浸水荷载试验测得的附加湿陷量的大小划分的。

（3）湿陷性土的地基承载力宜采用载荷试验或其他原位测试确定；对湿陷性土边坡，当浸水因素引起湿陷性土本身或其与下伏地层接触面的强度降低时，应进行稳定性评价。

（4）湿陷性土的地基处理。处理原则和方法，除地面防水和管道防渗漏外，应以地基处理为主要手段，处理方法同湿陷性黄土的处理方法，包括换土、压实、挤密、强夯、桩基及化学加固等方法，应根据土质特征、湿陷等级和当地经验综合考虑。

第十一章 常见不良地质作用和地质灾害勘察

第一节 崩塌和滑坡的岩土工程勘察

一、崩塌勘察

危岩和崩塌勘察宜在可行性研究或初期勘察阶段进行，并应查明产生崩塌的条件及其规模、类型、范围，并对崩塌区作出建筑场地适宜性评价以及提出防治方案建议。

1. 崩塌勘察应查明的内容

危岩和崩塌勘察以工程地质测绘为主，着重分析崩塌形成的基本条件，当不能满足设计要求或需要进行稳定性判定及防止时，可以辅助以必要的勘探测试工作，以取得设计必需的参数。测绘的比例尺宜采用 1∶500 ～ 1∶1000，崩塌方向主剖面的比例尺宜采用 1∶200。应查明的内容有：崩塌区的地形地貌及崩塌类型、规模、范围，崩塌体的尺寸和崩落方向；崩塌区的岩性特征、风化程度和地下水的活动情况；崩塌区的地质构造、岩体结构面（断裂、节理、裂隙等）发育情况；气象、水文和地震活动情况；崩塌前的迹象和崩塌原因；历史上崩塌危害及当地防治崩塌的经验等。绘制崩塌区工程地质图，并附以主剖面地质断面图。

2. 崩塌勘察的实施

当崩塌区下方有工程设施和居民点时，应对岩体张性裂缝进行监测。对有较大危害的大型崩塌，应结合监测结果对可能发生崩塌的时间、规模、滚落方向、危害范围等作出预报。危岩的观测可通过下列步骤实施：对危岩及裂隙进行详细编录；在岩体裂隙主要部位要设置伸缩仪，记录其水平位移量和垂直位移量；绘制时间与水平位移时间与垂直位移的关系曲线；根据位移随时间的变化曲线求得移动速度；必要时可在伸缩仪上连接警报器，当位移量达到一定值或位移突然增大时，即可发出警报。

二、滑坡勘察

滑坡勘察应查明滑坡的范围、规模、地质背景、性质及其危害程度，分析滑坡的主次条件和滑坡原因，并判断其稳定程度，预测其发展趋势和提出预防与治理方案建议，提出是否要进行监测和监测方案。

1. 测绘和调查

滑坡的测绘和调查是滑坡勘察的首要阶段，滑坡测绘与调查的范围应包括滑坡区及其邻近稳定地段，一般包括滑坡后壁外一定距离，滑坡体两侧自然沟谷和滑坡舌前缘一定距离或江、河、湖水边；测绘和调查比例尺可选用 1∶200 ~ 1∶1000。用于整治设计时，比例尺应选用 1∶200 ~ 1∶500。

滑坡区的测绘和调查内容：

（1）搜集当地地质、水文、气象、地震和人类活动等相关资料；查明滑坡的发生与地层结构、岩性、断裂构造（岩体滑坡尤为重要）、地貌及其演变、水文地质条件、地震和人为活动因素的关系，分析引起滑坡的主导因素。

对岩体滑坡应注意缓倾角的层理面、层间错动面、不整合面、断层面、节理面和片理面等的调查，若这邺结构面的倾向与坡向一致，且其倾角小于斜坡前缘临空面倾角，则很可能发展成为滑动面。对土体滑坡，则首先应注意土层与岩层的接触面，其次应注意土体内部岩性差异界面。

（2）调查滑坡的形态要素和演化过程，圈定滑坡周界，确定滑坡壁、滑坡台阶、滑坡舌、滑坡裂缝、滑坡鼓丘等要素；查明滑动带的部位、滑动方向、滑动带岩土体组成状态，裂缝位置、方向、深度、宽度、发生的先后顺序、切割关系和力学属性，作为滑坡体平面上的分块或纵剖面分段的依据；分析滑坡的主滑方向、滑坡的主滑段、抗滑段及其变化；分析滑动面的层数、深度、埋深条件及其发展的可能性。

通过裂缝的调查、测绘，借以分析判断滑动面的深度和倾角大小，并指导勘探工作。滑坡体上裂缝纵横，往往是滑动面埋藏不深的反映；裂缝单一或仅见边界裂缝，则滑动面埋深可能较大；如果基础埋深不大的挡土墙开裂，则滑动面往往不会很深；如果斜坡已有明显位移，而挡土墙等依然完好，则滑动面埋深较大；滑坡壁上的平缓擦痕的倾角，一般与该处滑动面倾角接近一致。应注意测绘调查滑动体上或其邻近的建筑物（包括支挡和排水构筑物）的裂缝，但应注意区分滑坡引起裂缝与施工裂缝、不均匀沉降裂缝、自重与非自重黄土湿陷裂缝、膨胀土裂缝、温度裂缝和冻胀裂缝的差异，避免误判。

（3）调查滑动区地表水自然排泄沟渠的分布和断面、地下水情况，泉的出露点及流量，湿地分布和变迁情况；调查滑坡地区树木的异态、工程设施的变形、位移及其破坏时间和过程等，判断是首次滑动的新生滑坡还是再次滑动的古老滑坡进行调查；调查当地治理滑坡的经验。对滑坡的重点部位应进行摄影或录像。

2. 勘探

（1）勘探的主要任务

查明滑坡体的范围、厚度、物质组成和滑动面（带）的个数、形状及各滑动带的物质组成；查明滑坡内地下水含水层的层数、分布、来源、动态及各含水层间的水力联系。

（2）勘探点的布置原则

勘探线和勘探点的布置应根据工程地质条件、地下水情况和滑坡形态确定。除沿主滑方向应布置勘探线外，在其两侧滑坡体外也应布置一定数量勘探线。勘探点间距不宜大于40m，在滑坡体转折处和预计采取工程措施的地段也应布置勘探点。在滑床转折处，应设控制性勘探孔。勘探方法除钻探和触探外，应有一定数量的探井。对于规模较大的滑坡，宜布置物探工作。

定性阶段。一般沿滑坡主滑断面布置勘探点；对于大型复杂滑坡，还需在主滑断面两侧和垂直主滑断面的方向分别布置1～2条具有代表性的纵（或横）断面。一般情况下，断面中部滑动面（带）变化较小，勘探点间距可大些，断面两头变化较大，勘探点应适当加密。同时，还应考虑整治工程所需资料的搜集。

整治阶段。如以支挡为主，则应满足验算和设计支挡建筑物所需资料。补加验算剖面的数目应视滑动面（带）横向变化情况而定。如果考虑以排水疏干为主要措施，则应在排水构筑物（如排水隧洞检查井）的位置上，增补少量勘探点。

（3）勘探孔深度的确定

勘探孔的深度应穿过最下一层滑面，进入稳定地层，控制性勘探孔应深入稳定地层一定深度，满足滑坡治理需要。在滑坡体、滑动面（带）和稳定地层中应采取土试样，必要时还应采取水试样。

根据滑动面的可能深度确定，必要时可先在滑坡中、下部布置1～2个控制性深孔，其深度应超过滑坡床最大可能埋深3～5m。其他钻孔可钻至最下滑动面以下1～3m；当堆积层滑坡的滑床为基岩时，则钻入基岩的深度应大于堆积层中所见同类岩性最大孤石的直径，则能确定是基岩时终孔；若为向下做垂直疏干排水的勘探孔；应打穿下伏主要排水层，以了解其厚度、岩性和排水性能。在抗滑桩地段的勘探深度，则应按其预计锚固深度确定。

（4）钻进过程中应注意的事项

滑动面（带）的鉴定。滑带土的特点是潮湿饱水或含水量较高，比较松软，颜色和成分较杂，常具滑动形成的揉皱或微斜层理、镜面和擦痕；所含角砾、碎屑具有磨光现象，条状、片状碎石有错断的新鲜断口。同时还应鉴定滑带土的物质组成，并将该段岩芯晾干，用锤轻敲或用刀沿滑面剖开，测出滑面倾角和沿擦痕方向的视倾角，供确定滑动面时参考。

黄土滑坡的滑动面（带）往往不清楚，应特别注意黄土结构有无扰动现象及古土壤、卵石层产状的变化。这些往往是分析滑面位置的主要依据。

钻进过程中应注意钻进速度及感觉的变化，并量测缩孔、掉块、漏水，套管变形的部位，同时注意地下水位的观测。这些对确定滑动面（带）的意义很大。

3．试验工作

（1）抽（提）水试验，测定滑坡体内含水层的涌水量和渗透系数；分层止水试验和连通试验，观测滑坡体各含水层的水位动态，地下水流速；流向及相互联系；进行水质分析用滑坡体内、外水质对比和体内分层对比，判断水的补给来源和含水层数。

（2）除对滑坡体不同地层分别做天然含水量、密度试验外，更主要的是对软弱地层特别是滑带土作物理力学性质试验。

（3）滑带土的抗剪强度直接影响滑坡稳定性验算和防治工程的设计；因此测定 c、ϕ 值应根据滑坡的性质，组成滑带土的岩性、结构和滑坡目前的运动状态，选择尽量符合实际情况的剪切试验（或测试）方法。

三、崩塌和滑坡的监测

1．崩塌的监测

当需判定危岩的稳定性时，宜对张裂缝进行监测。对有较大危害的大型危岩，应结合监测结果，对可能发生崩塌的时间、规模、滚落方向、途径、危害范围等作出预报。

2．滑坡的监测

规模较大以及对工程有重要影响的滑坡，应进行监测。滑坡监测的内容包括：滑带（面）的孔隙水压力；滑体内外地下水位、水质、水温和流量；支挡结构承受的压力及位移；滑体上工程设施的位移等。滑坡监测资料，结合降雨、地震活动和人为活动等因素综合分析，可作为滑坡时间预报的依据。

滑坡的监测应视工程各阶段（可行性研究、初步设计、施工阶段、初期运行、正常运行），从简单到复杂逐步完善监测系统。

（1）监测等级

根据工程的不同设计阶段和滑坡的发育情况，监测可分为三级，见表 11-1。

表 11-1　监测的等级

级别	内容
Ⅰ级监测	建立一般性监测系统，探测工程初设阶段的不稳定性，测量初设所需的岩土设计参数
Ⅱ级监测	当一般性监测和岩土工程技术资料采集系统不能达到精度要求时，开始Ⅱ级监测
Ⅲ级监测	针对滑坡不稳定部位，确定经济有效的工程措施和为工程连续施工或运行提供条件时，设置Ⅲ级监测

（2）监测程序设计

确定滑坡监测内容。包括滑坡位置、滑坡体形状、滑坡的地层岩性条件和地质构造条件、地下水对滑坡影响情况、工程环境条件、滑坡对生命财产的威胁、工程使用年限等。监测设计前应广泛收集工程资料，必要时进行现场调查、勘测和试验，查清工程薄弱点和敏感。主要对工程区进行全面的监测、查明潜在不稳定部位的监测、对实际不稳定部位的监测。

监测变量选择。包括温度、降水量、蒸发量、库水位变化量、变形信息。

监测仪器选择。滑坡监测的精度很大程度上取决于仪器的精度。因此，选择仪器的基本原则、技术性能和质量标准、适用范围和使用权等条件，是进行滑坡监测的重要因素。了解仪器的使用历史和适用环境，调查仪器使用年限、事故发生率、准确度和精度范围。使用可靠的正规厂家的产品并对使用仪器进行定期校验。监测仪器必须有足够的可靠性和稳定性、准确度、精度、灵敏度和分辨力、耐久度、可重复使用性、校正的一致性。根据滑坡性态的预测结果、物理变化范围、使用条件和使用年限确定选用仪器类型和型号。

滑坡监测常用仪器有以下几种：

①钻孔多点位移计：主要用于坡体深部岩土体内部相对位移量的观测。由探测器、测杆、指示器组成，用探测器将钻孔中磁铁的位置信息转换成频率信号，经调制载波后，通过铝制测杆发射，由指示器接收探测器发出的无线信号，从中解调出携带磁铁位置信息的原低频信号，并用表头指示出磁铁位置，测出岩体变形位移量。

②收敛计：应用范围广，简便快捷，但在高差较大时不易操作。

③测斜仪：应用比较广泛，多用于观测不稳定边坡潜在滑动面位置或已有滑动面的变形位置，适用于滑坡变形量小的坡体中。

④大地测量仪器：如红外光电测距仪。

⑤GPS卫星定位仪：已逐步在有条件的地方或通视条件差的林区使用。

其他比如滑动测微计、沉降仪、应变计、测缝计、剪切位移计等仪器均在不同环境下使用。

（3）滑坡监测施工组织设计

监测是隐蔽性较强、精度和准确度要求较高的工程，同时它又贯穿在总体工程之中，因此必须做好施工组织设计。施工组织设计的依据是工程概预算和招投标文件，它是工程施工的指导性文件，其中包含监测系统布置、优化设计方案、组织施工设计。编制施工组织文件应力求保证工程质量、避免干扰总体工程、尽量缩短工期、降低工程造价等。其步骤分为：调查分析工程特性和施工条件；确定施工程序和施工方法；编制进度计划；编制施工技术规程。

（4）监测质量控制

从监测设计到施工运行应有明确的质量标准要求，主要从表 11-2 中的几个方面进行。

表 11-2　监测质量控制

项目	内容
质量控制的环节	收集反映质量的信息和检验数据，对每一环节进行质检，对仪器进行标定，对监测数据进行反分析，依质量标准进行评价和处理
质量控制的保证	通过建立明确的监测责任制和检查校核制予以保证
质量控制的步骤	初期控制（仪器率定，出厂合格证）、施工控制（安装和埋设精度）、监测控制（数据采集过程的控制）、合格控制（仪器安装合格验收、监测交付使用前的合格验收等）

（5）观测仪器的安装与埋设

监测施工的中心内容就是观测仪的安装与埋设，仪器安装质量的好坏会严重影响监测的精度和准确度。因此，施工必须按设计要求进行、保证安装和埋设的质量。

（6）观测方法

各种监测仪器设定基准值后，即可进行正式监测。根据仪器不同和监测要求的区别可分为定期测渎数据、自动记录数据。在观测过程中出现异常的测点应进行现场巡视、结合其他仪器的观测结果进行分析校验。

四、崩塌和滑坡岩土工程分析评价

1. 崩塌岩土工程分析评价

（1）评价原则

崩塌区岩土工程评价应根据山体地质构造格局、变形特征进行崩塌的工程分类，圈出可能崩塌的范围和危险区，对各类建筑物和线路工程的场地适宜性作出评价，并提出防治对策和方案。各类危岩和崩塌的岩土工程评价应符合下列规定：

①规模大，破坏后果很严重，难于治理的，不宜作为工程场地，线路工程应绕避。

②规模较大，破坏后果严重的应采取防护措施，应对可能产生崩塌的危岩进行加固，线路工程应采取防护措施。

（2）评价方法

①工程地质类比法。对已有的崩塌或附近崩塌区以及稳定区的山体形态，斜坡坡度，岩体构造，结构面分布、产状、闭合及填充情况进行调查对比，分析山体的稳定性，危岩的分布，判断产生崩塌落石的可能性及其破坏力。

②力学分析法。在分析可能崩塌体及落石受力条件的基础上，用"块体平衡理论"计算其稳定性。计算时应考虑当地地震力、风力、爆破力、地面水和地下水冲刷力以及冰冻力等的影响。对各类危岩和崩塌体的稳定性验算可参照有关规范，不再详述。

2. 滑坡岩土工程分析评价

滑坡稳定性的综合评价，应根据滑坡的规模、主导因素、滑坡前兆、滑坡区的工程地质和水文地质条件，以及稳定性验算结果进行，并应分析发展趋势和危害程度，提出治理方案和建议。

（1）滑坡稳定性野外判别，可分为三级，即稳定性好、稳定性较差、稳定性差。

（2）定量评价。滑坡稳定性评价应根据滑坡滑动面类型和物质成分选用恰当的方法，并可参考有限元法、有限差分法等综合考虑。

具体评价应参照国家行业或地区性现行规范、规程进行评价。

（3）数据分析与反馈。利用监测数据进行滑坡稳定性分析是一个十分复杂的问题，它涉及多方面因素，诸如地形、地质、水文等方面的历史和现状；自然因素（如降雨、地震）和人为活动（如施工开挖、水库蓄水和泄水）等影响。稳定性分析包括地质分析、模型试验、数值计算及图解法等多种方法。而监测数据最终以图解的形式对滑坡的稳定性进行分析和判识。

相对稳定的判识。位移–时间过程曲线中，随时间增加、位移没有明显的突变迹象，只是随时间有一定的起伏变化时，应考虑滑坡处于相对稳定状态。

出现潜在滑动破坏危险的判识。位移–时间过程曲线中，随时间增加、深部某一部位或地表某一区域的位移有明显地突变、且有持续增长迹象，明显不同于其他周边部位的这种差异变形出现时，应考虑滑坡处于潜在滑动破坏的危险状态。

滑坡发展的趋势性分析。位移–时间过程曲线结合变形矢量线方向判断滑坡是处于持续变形状态或稳定波动状态。同时，还可以通过位移–时间过程曲线利用多种方法对滑坡的破坏时间进行预测分析。

滑坡影响因素分析。施工开挖影响、水库蓄水影响、地震影响、降雨影响等因素均可引起滑坡变形增大，需要找出影响滑坡的敏感性因素。

位移反分析。根据现场监测资料，通过严格的力学分析计算，对设计采用的基本力学参数进行调整和修改，使之更符合工程实际。

五、崩塌、滑坡勘察报告的内容

1. 崩塌勘察报告的内容

危岩和崩塌区的岩土工程勘察报告除应包括岩土工程勘察报告基本内容外，还应阐明危岩和崩塌区的范围、类型、作为工程场地的适宜性，并提出防治方案的建议。

2. 滑坡勘察报告的内容

根据《滑坡防治工程勘察规范》（DZ/T0218—2006）的要求，滑坡勘察报告应包括表 11-3 中的内容。

表 11-3　滑坡勘察报告应包括内容

序号	内容
1	文字部分。包括：序言，地质环境条件，滑坡区工程地质和水文地质条件，滑坡体结构特征，滑带特征，滑坡变形破坏特征及稳定性评价，推力分析，滑坡防治工程和监测方案的建议等
2	附图及附件。提供相应的平面图（综合地质测绘图、勘探点平面布置图），剖面图，滑体等厚线图，地下水等水位线图钻孔柱状图，竖井展示图，各层岩、土物理力学测试报告，地下水动态监测报告等工程特性指标
3	滑坡稳定分析；滑坡防治和监测的建议

第二节　泥石流地区岩土工程勘察

一、泥石流勘察

1. 勘察阶段的划分及工作内容

泥石流勘察的主要目的是判断城镇和房屋建筑场地上游沟谷或线路（铁路、公路等）通过的沟谷产生泥石流的可能性，预测泥石流的规模、类型、活动规律及其对工程的危害程度。在此基础上评价工程场地（线路）的稳定性，并提出相应的防治对策与措施。

对城镇与房屋建筑场地来说，勘察工作一般应在工程选址和初勘阶段进行；对线路工程其各个勘察阶段均应进行勘察调查。新建交通线路各勘测阶段泥石流勘察的任务和内容介绍如下。

2. 各阶段泥石流勘察的任务

（1）可行性论证阶段的任务是了解影响线路方案的泥石流工程地质问题，为编制可行性研究报告提供泥石流地质资料。内容主要是搜集线路方案泥石流分布地段的有关资料，初步了解泥石流的分布、类型、规模和发育阶段，概略评价大型、特大型泥石流的发育趋势。

（2）初步设计阶段的任务主要是查明线路各方案的泥石流分布、类型，以及重点泥石流沟的规模、发育阶段，预测其发展趋势，提出方案比选意见，为初步设计提供泥石流勘察资料。内容主要包括：泥石流沟的平面形态；沟坡的稳定性，崩塌、滑坡等不良地质现象分布与发展趋势；泥石流堆积物的分布范围、物质组成与厚度；泥痕及人类活动情况等。对重点泥石流沟的工程地质条件要详加调查。此阶段除工程地质测绘调查外，根据需要应进行勘探、取样和测试工作。

（3）施工图设计阶段的任务是详细查明选定线路方案沿线泥石流沟的特征、活动规律及发展趋势结合工程进行补充调查，具体确定线路通过泥石流沟的位置，为工程设计提供泥石流地质资料。从流通区通过时，应详细查明跨越泥石流沟桥渡上下游一定范围内沟坡的稳定性及桥基的地质情况，详细调查并核实桥位附近泥痕的高度与坡度，调查既有跨越泥石流沟建筑物遭受泥石流破坏的情况。从堆积区通过时，应详细查明堆积扇的物质组成、结构和冲淤特点以及堆积扇上沟床摆动情况，提出防治措施意见。

此阶段对形成区主要泥石流物源区的崩塌、滑坡等不良地质现象，应查明其稳定性，提出整治所需的岩土工程资料。

（4）施工阶段泥石流勘察的任务是复查、核实、修改设计图中的泥石流资料，预测施工过程中可能出现的泥石流灾害，提出施工对策。

3. 各阶段泥石流勘察的内容

（1）施工阶段泥石流勘察的内容：在泥石流复查的基础上，根据预测的泥石流发展趋势，结合施工具体情况，提出施工中应注意的事项；根据泥石流沟的情况，提出弃渣堆放和沟中取土的意见；做好施工过程中泥石流暴发时的全过程记录，尤其要记录流体的性质和危害情况。

（2）运营期间泥石流勘察任务是：对泥石流进行监测；评价既有建筑物的安全；提出改建工程或防治工程设计所需的泥石流地质资料。

（3）运营期间泥石流勘察的内容：分析、研究勘测设计与施工过程中积累的泥石流资料，了解全线（段）泥石流的分布与规模，建立泥石流档案；调查线路运营后环境改变对泥石流的影响，预测泥石流发展的趋势；对较严重的泥石流沟，建立监测点，并根据监测资料的综合分析，评价既有建筑物的安全，提出抢险措施与整治方案建议；搜集并提供改建工程设计或防治工程所需的地质资料。

4. 泥石流测绘

泥石流勘察应以工程地质测绘和调查为主。测绘范围应包括沟谷至分水岭的全部地段和可能受泥石流影响的地段，即包括泥石流的形成区、流通区和堆积区。

泥石流沟谷在地形地貌和流域形态上往往有其独特反映，典型的泥石流沟谷形成区多为高山环抱的山间盆地，流通区多为峡谷，沟谷两侧山坡陡峻，沟床顺直，纵坡梯度大；堆积区则多呈扇形或锥形分布，沟道摆动频繁，大小石块混杂堆积，垄岗起伏不平。对于典型的泥石流沟谷，这些区段均能明显划分，但对不典型的泥石流沟谷，则无明显的流通区、形成区与堆积区直接相连，研究泥石流沟谷的地形、地貌特征，可从宏观上判定沟谷是否属泥石流沟谷，并进一步划分区段，具体内容见表11-4。

表11-4　泥石流沟谷划分

区段	内容
形成区	形成区是测绘调查的重点，应详细调查各种松散碎屑物质的分布范围和数量，调查流域汇水范围内地层岩性及其风化情况，风化物质及厚度、堆积物部位；地质构造型式、断裂破碎带展布；冲沟切割敢深度、宽度和密度，山坡稳定性，崩塌、滑坡的发育程度、分布范围和规模；植被和水土保持状况；人类活动（开矿弃渣、修路切坡、砍伐森林、开荒放牧等）的影响。应预估可供泥石流固体松散物储量
流通区	流通区应详细调查沟床纵坡，因为典型的泥石流沟谷，流通区没有冲淤现象，其纵坡梯度是确定"不冲淤坡度"（设计疏导工程所必需的参数）的重要计算参数。沟谷的急弯、基岩跌水陡坎往往可减弱泥石流的流通，是抑制泥石流活动的有利条件。沟谷的阻塞情况可说明泥石流的活动强度，阻塞严重者多为破坏性较强的黏性泥石流，反之则为破坏性较弱的稀性泥石流。固体物质的供给主要来源于形成区，但流通区两侧山坡及沟床内仍可能有固体物质供给，调查时应予以注意，泥石流痕迹是了解沟谷在历史上是否发生过泥石流及其强度的重要依据，并可了解历史上泥石流的形成过程、规模、判定目前的稳定程度，预测今后的发展趋势。在流通区，应查明沟谷的长度、形态、横断面类型、沟床纵坡度、跌水、急弯等；两侧沟谷的岩性及其稳定性，崩塌、滑坡发育情况；沟槽中冲淤均衡及变迁情况；泥石流痕迹（泥位、擦痕），截弯取直及阻塞地段的堆积等
堆积区	堆积区应调查堆积区范围，最新堆积物分布特点等，以分析历次泥石流活动规律，判定其活动程度、危害性，取得一次最大堆积量等重要数据。要查明堆积扇的形态、扇面纵横坡度，堆积物的成分、性质、厚度、层次、结构及密实程度；堆积扇被江河、冲沟的切割情况及发展趋势；当地防治泥石流的经验及已有的建筑经验

一般来说，堆积扇范围大，说明以往的泥石流规模也较大，堆积区目前的河道如已形成了较固定的河槽，说明近期泥石流活动已不强烈，从堆积物质的粒径大小、堆积的韵律，亦可分析以往泥石流的规模和暴发的频繁程度。

测绘比例尺，对全流域宜采用 1：5 万；对中下游可采用 1：2000 ～ 1：1 万。应调查下列内容：冰雪融化和暴雨强度、一次最大降雨量，平均及最大流量，地下水活动等情况；地形地貌特征，包括沟谷的发育程度、切割情况，坡度、弯曲、粗糙程度，并划分泥石流的形成区、流通区和堆积区，圈绘整个沟谷的汇水面积；形成区的水源类型、水量、汇水条件、山坡坡度，岩层性质和风化程度；查明断裂、滑坡、崩塌、岩堆等不良地质作用的发育情况及可能形成泥石流固体物质的分布范围、储量；流通区的沟床纵横坡度、跌水、急弯等特征；查明沟床两侧山坡坡度、稳定程度，沟床的冲淤变化和泥石流的痕迹；堆积区的堆积扇分布范围，表面形态，纵坡，植被，沟道变迁和冲淤情况；查明堆积物的性质、层次、厚度、一般粒径和最大粒径；判定堆积区的形成历史、堆积速度，估算一次最大堆积量；泥石流沟谷的历史，历次泥石流的发生时间、频数、规模、形成过程、暴发前的降雨情况和暴发后产生的灾害情况；开矿弃渣、修路切坡、砍伐森林、陡坡开荒和过度放牧等人类活动情况；当地防治泥石流的经验。

对于城镇房屋建筑，它们一般位于泥石流的堆积区。相对于形成区和流通区来说，堆积区地形较开阔平坦，交通运输也较方便。勘察调查的内容，主要包括搜集区域资料和实地工程地质测绘与调查访问，这是泥石流勘察的主要内容，并辅以必要的勘探及有关指标的测定与计算工作。搜集区域资料的内容有：区域地形图、航（卫）片、水文、气象、地层岩性和地质构造分布、历史地震、历史泥石流发育概况以及人类活动资料等。通过资料分析，了解泥石流的流域面积和地形地貌特征，初步掌握泥石流的形成条件，并了解泥石流发生、发展过程及整治的经验教训。在分析区域地质资料的基础上进行泥石流流域的工程地质测绘，按地形条件分区进行调查。

泥石流发生过程主要通过访问当地居民详细回忆暴发泥石流时的具体情况。访问内容有：泥石流暴发的时间、规模、有无阵流现象、大致物质组成以及大石块的漂浮、流动情况；泥石流暴发前的降雨情况、暴雨出现的时间、强度及其延续时间，或高山气温骤升、冰川、积雪的分布、消融情况；是否发生过地震、大滑坡；泥石流的危害情况等。

当需要对泥石流采取防治措施时，应进一步查明泥石流物源区松散堆积物以及堆积扇的组成结构与厚度，应采用勘探工作，包括物探和钻探、坑探工程。并取样在现场测试，以测定代表性泥石流堆积体的颗粒组成、密度以及流速、流量等定量指标。

对危害严重的大规模泥石流沟，应配合有关专业建立观测试验站和动态监测站，以获取泥石流各项特征值的定量指标，对泥石流活动规律作中、长期动态监测和基本参数变化的短周期动态监测。其中遥感技术（如多光谱航摄和地面录摄）的运用是有效的。

5. 勘探和试验

勘探工作主要布置在泥石流堆积区和可能采取防治工程的地段。勘探工程以钻探为主，附以物探和坑槽探等轻型山地工程。在形成区一般不采用钻探工程。一般在泥石流防治工程场址的主勘探线上布置钻孔，间距 30 ~ 50m，当松散堆积层深厚时不必揭穿其厚度，孔深一般为设计建筑物高度的 0.5 ~ 1.5 倍；当基岩浅埋时孔深进入弱风化层 5 ~ 10m。在泥石流形成区，多布置 1 ~ 2 排物探剖面，对松散堆积层的岩性、厚度、基岩面的起伏进行推断。在泥石流形成区、流通区、堆积区的重点地段布置坑、槽探等轻型山地工程，了解松散堆积层的岩性、厚度、基岩的岩性、风化、结构等情况，并取样进行物理力学试验。

试验：进行各类岩、土体的物理、力学指标测定，抽水或注水试验、水质检分析等。

二、泥石流的监测

1. 监测内容

气象水文条件监测：降雨量、降雨历时，消融水量、消融历时。

动态监测：暴发时间、历时、过程、类型、流态、流速、泥位、流面宽度、爬高、阵流次数、沟床纵横坡度变化、输移冲淤变化、堆积情况，并取样分析，测定输沙率、输沙量、泥石流流量、总径流量、固体总径流量。

2. 监测方法

对固体物质的监测可以在不同地质条件地段设立标准片蚀监测点，监测不同降雨条件下的冲刷侵蚀量，分析泥石流临界雨量的固体物质供给量。

监测降雨主要在气象站，监测气温、风向、风速、降雨量等。

泥石流动态监测应选定若干断面进行，如频发地段宜采用专门仪器，如雷达测速仪、各种传感器、超声波泥位计等。

三、泥石流场地评价

泥石流场地评价首先要根据搜集和现场调查所获的各项资料，对泥石流进行工程分类，随后在此基础上作建筑适宜性评价。

根据航空遥感影像的特征和沟谷地形地貌、地质、水文气象和人类活动等条件，首先应判断是否属泥石流沟，随后根据定性描述和定量指标将泥石流沟划分为不同的严重程度。

（1）严重泥石流地区。交通线路采取绕避方案，即尽量绕避，或以隧道、明洞、渡槽通过，或采用跨河桥展线，以避开泥石流强烈发育的地段。

（2）中等泥石流地区。一般不宜作为建筑场地；当必须进行工程建筑时，应根据建筑类型采取适当的线路和场址方案。交通线路穿过泥石流流通区时，要修建跨越桥。在堆积区通过时，可有通过扇前、扇后和扇身的几种方案。其中，扇后通过方案较好，最好用净空大跨度单孔桥或明洞、隧道等形式通过。线路通过扇身的方案原则上应愈靠近扇前部愈好，而且线路应尽量与堆积扇上的各股水流呈正交，跨越桥下应有足够的净空。

（3）轻微泥石流地区。其全流域皆可作为建筑场地。在形成区内应做好水土保持工作，不稳定的山坡和滑坡、崩塌地段应采用工程措施给予整治。流通区交通线路的桥跨下面应防止淤积，且有足够净空。堆积区应做好泥石流排导工程，建筑物一般应避免正对沟口；此外，交通线路通过堆积扇上的沟流时，桥梁应采取适当的孔跨，并需适当增加高桥下净空。

泥石流场地评价应在编制大比例尺（1∶1万或1∶5万）泥石流分布图基础上进行。图面内容应包括泥石流形成条件中的各类要素，如地层岩性、地质构造、地形地貌、崩塌滑坡现象、降雨量、植被，以及以往泥石流活动历史、已有运动特征值、以往危害程度等。图件的主要任务是详尽评价建设场地及其附近泥石流现象，尤其是对场地安全有重要影响的大泥石流沟的流域特征。

泥石流场地评价结果的表示应体现于预测预报图上，包括泥石流可能发生的地点、规模、运动特征值以及可能发生的时间等。预测预报图上还应给出最终的场地安全级别评价。

四、泥石流勘察报告内容

泥石流勘察报告内容除包括一般岩土工程勘察规定内容外，还应增加以下内容：泥石流的地质背景和形成条件；形成区、流通区、堆积区的分布和特征，绘制专门工程地质图；划分泥石流类型，评价其对工程建设的适宜性；泥石流防治和监测的建议。

第三节　高地震烈度地区岩土工程勘察

一、高地震烈度区场地类型划分

1. 场地土类别划分

《岩土工程勘察规范》（GB50021—2001）和《建筑抗震设计规范》（GB50011—

2010）规定，抗震设防烈度不小于Ⅵ度的地区（也称为强震区或高烈度地震区），在进行场地和地基岩土工程勘察时，须划分场地和场地土类别。

2. 场地覆盖层厚度的确定

建筑场地覆盖层厚度的确定，应符合下列要求：一般情况下，应按地面至剪切波速大于500m/s且其下卧各层岩土的剪切波速均不小于500m/s的上层顶面的距离确定；当地面5m以下存在剪切波速大于其上部各土层剪切波速2.5倍的土层，且该层及其下卧各层岩土的剪切波速均不小于400m/s时，可按地面至该土层顶面的距离确定；剪切波速大于500m/s的孤石、透镜体，应视同周围土层；土层中的火山岩硬夹层，应视为刚体，其厚度应从覆盖土层中扣除。

3. 岩土层的剪切波速

土层的等效剪切波速，应按下列公式计算：

$$u_{se}=d_0/t$$

$$u_{se}=\sum_{i=1}^{n}(\frac{d_i}{u_{si}})$$

式中：u_{se}——土层等效剪切波速，m/s；

d_0——计算深度，m，取覆盖层厚度和20m两者的较小值；

t——剪切波在地面至计算深度之间的传播时间；

d_i——计算深度范围内第 i 土层的厚度，m；

u_{si}——计算深度范围内第 i 土层的剪切波速，m/s；

n——计算深度范围内土层的分层数。

4. 建筑地段的划分

在强震区选择建筑物场地具有全局意义，应选择对建筑抗震有利地段，避免不利地段，并不宜在危险地段建造甲、乙、丙类建筑物。选择建筑场地时，应根据工程需要和地震活动情况、工程地质和地震地质的有关资料，对抗震有利、一般、不利和危险地段作出综合评价。对不利地段，应提出避开要求；当无法避开时应采取有效的措施。对危险地段，严禁建造甲、乙类的建筑，不应建造丙类的建筑。

建筑场地为Ⅰ类时，对甲、乙类的建筑应允许仍按本地区抗震设防烈度的要求采取抗震构造措施；对丙类的建筑应允许按本地区抗震设防烈度降低一度的要求采取抗震构造措施，但抗震设防烈度为Ⅵ度时仍应按本地区抗震设防烈度的要求采取抗震构造措施。

二、高地震烈度区场地勘察要点

抗震设防烈度不小于Ⅵ度的地区，应进行场地和地基地震效应的岩土工程勘察，并应根据国家批准的地震动参数区划和有关的规范，提出勘察场地的抗震设防烈度、设计基本地震加速度和设计特征周期分区。

抗震设防烈度不小于Ⅶ度的重大工程场地应进行活动断裂勘察。活动断裂勘察应查明断裂的位置和类型，分析其活动性和地震效应，评价断裂对工程建设可能产生的影响，并提出处理方案。对核电厂的断裂勘察，应按核安全法规和导则进行专门研究。

1. 历史地震调查

历史地震勘察以宏观震害调查为主。在工作中，不仅在震中区需要重点调查近场震害，对远场波及区也要给予注意。在方法上，不仅要注意研究场地条件与震害的关系，而且还要研究其震害发生的机制及过程，并评价其最终结果。在进行地面调查的同时，还需做必要的勘探测试工作。其目的在于查明地面震害与地下岩土类型、地层结构及古地貌特征等各方面的关系，用以指导未来的抗震设防工作。

宏观震害调查包括：不同烈度区的宏观震害标志、地表永久性不连续变形（断裂、地裂缝）、地震液化、震陷和崩塌、滑坡等。预测调查场地、地基可能发生的震害。根据工程的重要性、场地条件及工作要求分别予以评价，并提出合理的工程措施。

2. 勘察要求

（1）抗震设防烈度为Ⅵ度时，可不考虑液化的影响，但对沉陷敏感的乙类建筑，可按Ⅶ度进行液化判别。甲类建筑应进行专门的液化勘察。

（2）场地地震液化判别应先进行初步判别，当初步判别认为有液化可能时，应再作进一步判别。液化的判别宜采用多种方法，综合判定液化可能性和液化等级。

（3）为划分场地类别布置的勘探孔，当缺乏资料时，其深度应大于覆盖层厚度。当覆盖层厚度大于80m时，勘探孔深度应大于80m，并分层测定剪切波速。10层和高度30m以下的丙类和工类建筑，无实测剪切波速时，可按《建筑抗震设计规范》（GB50011—2010）的规定，按土的名称和性状估计土的剪切波速。

（4）缺乏历史资料和建筑经验的地区，应根据设计要求，提供土层剖面、地面峰值加速度、场地特征周期、覆盖层厚度和剪切波速度等有关参数。任务需要时，可进行地震安全性评估或抗震设防区划。

（5）液化初步判别除按现行国家有关抗震规范进行外，还应结合下列内容进行综合判别：分析场地地形、地貌、地层、地下水等与液化有关的场地条件。当场地及其附近存在历史地震液化遗迹时，宜分析液化重复发生的可能性。倾斜场地或液化层倾向水面或临空面时，应评价液化引起土体滑移的可能性。

（6）地震液化的进一步判别应在地面以下 15m 的范围内进行；对于桩基和基础埋深大于 5m 的天然地基，判别深度应加深至 20m。对判别液化而布置的勘探点不应少于 3 个，勘探孔深度应大于液化判别深度。

（7）地震液化的进一步判别，除应按《建筑抗震设计规范》（GB50011—2010）的规定执行外，还可采用其他成熟方法进行综合判别。当采用标准贯入试验判别液化时，应按每个试验孔的实测击数进行。在需作判定的土层中，试验点的竖向间距宜为 1.0 ~ 1.5m，每层土的试验点数不宜少于 6 个。

（8）按《建筑抗震设计规范》（GB50011—2010）的规定在饱和砂土和饱和粉土（不含黄土）的地基，除Ⅵ度设防外，还应进行液化判别；存在液化土层的地基，应根据建筑物的抗震设防类别、地基的液化等级，结合具体情勘察报告除应阐明可液化的土层、各孔的液化指数外，还应根据各孔液化指数综合确定场地液化等级。

（9）抗震设防烈度不小于Ⅵ度的厚层软土分布区，宜判别软土震陷的可能性和估算震陷量。

（10）场地或场地附近有滑坡、滑移、崩塌、塌陷、泥石流、采空区等不良地质作用时，应进行专门勘察，分析评价在地震作用时的稳定性。重要城市和重大工程应进行断裂勘察。必要时宜作地震危险性分析或地震小区划和震害预测。

三、地震液化

松散饱水的土体在地震的动力荷载下，受到强烈震动而丧失抗剪强度，土颗粒处于悬浮状态，致使其产生地基失效的现象，称为振动液化。这种现象多发生在砂土地基中，故也称为砂土液化。

地震液化造成地面下沉、地表塌陷、地面流滑及地基土承载力丧失等宏观震害现象，他们对工程设施都具有危害性。

抗震设防烈度为Ⅵ度时，可不考虑液化的影响，但对沉陷敏感的乙类建筑，可按Ⅵ度进行液化判别。甲类建筑应进行专门的液化勘察。场地地震液化判别应先进行初步判别，当初步判别认为有液化可能时，应再作进一步判别。液化的判别宜采用多种方法，综合判定液化可能性和液化等级。

1. 地震液化的判别

（1）首先根据地层条件，进行初步判别。液化初步判别除按现行国家有关抗震规范进行外，尚宜包括下列内容进行综合判别：①分析场地地形、地貌、地层、地下水等与液化有关的场地条件；②当场地及其附近存在历史地震液化遗迹时，宜分析液化重复发生的可能性；③倾斜场地或液化层倾向水面或临空面时，应评价液化引起土体滑移的可能性。

饱和的砂土或粉土（不含黄土），当符合下列条件之一时，可初步判别为不液化或可不考虑液化影响：

1）地质年代为第四纪晚更新世（Q_3）及其以前时，Ⅶ度、Ⅷ度时可判别为不液化。

2）粉土的黏粒（粒径小于 0.005mm 的颗粒）含量百分率，Ⅶ度、Ⅷ度和Ⅸ度分别不小于 10、13 和 16 时，可判别为不液化土。

3）浅埋天然地基的建筑，当上覆非液化土层厚度和地下水位深度符合下列条件之一时，可不考虑液化影响：

$$d_u > d_o+d_b-2$$
$$d_w > d_o+d_b-3$$
$$d_u+d_w > 1.5d_o+2d_b-4.5$$

式中：d_w——地下水位深度，m，宜按设计基准期内年平均最高水位采用，也可按近期内年最高水位采用；

d_u——上覆盖非液化土层厚度，m，计算时宜将淤泥和淤泥质土层扣除；

d_b——基础埋置深度，m，不超过 2m 时应采用 2m；

d_o——液化土特征深度，m。

（2）当初步判定认为需进一步进行液化判别时，应用标准贯入试验判别法判别地面下 15m 深度范围内的液化；当采用桩基或埋深大于 5m 的深基础时，尚应判别 15～20m 范围内土的液化。当饱和土标准贯入锤击数（未经杆长修正）小于液化判别标准贯入锤击数临界值时，应判为液化土。当有成熟经验时，尚可采用其他判别方法。

在地面下 20m 深度范围内，液化判别标准贯入锤击数临界值可按下式计算：

$$N_o < N_{cr}$$

$$N_{cr}=N_o\beta\left[1n(0.6\,d_s+1.5)-0.1d_w\right]\sqrt{3/\rho_c}$$

式中：N_O——饱和土标准贯入击数实测值（未作杆长修正）；

N_{cr}——液化判别标准贯入击数临界值；

β——调整系数，设计地震第一组取 0.80，第二组取 0.95，第三组取 1.05；

d_s——饱和土标准贯入点深度；

d_w——地下水位，m；

ρ_c——黏粒含量百分率，当小于 3 或为砂土时，均应采用 3。

（3）存在液化土层的地基，应进一步探明各液化土层的深度和厚度，并应按下式计算液化指数：

$$I_{lE} = \sum_{i=1}^{n} [1 - \frac{N_i}{N_{cri}}] d_i W_i$$

式中：I_{lE}——液化指数；

　　　n——在判别深度范围内每一个钻孔标准贯入试验点的总数；

　N_i、N_{cri}——分别为 i 点标准贯入锤击数的实测值和临界值，当实测值大于临界值时应取临界值的数值；当只需要判别 15m 范围内的液化时，15m 以下的实测值可按临界值采用；

　　　d_i——i 点所代表的土层厚度，m，可采用与该标贯试验点相邻的上、下两标贯试验点深度差的一半，但上界不小于地下水位深度，下界不大于液化深度；

　　　W_i——i 土层考虑单位土层厚度的层位影响权函数值，m^{-1}，当该层中点深度不大于 5m 时应采用 10，等于 20m 时应采用零值，5 ~ 20m 时应按线性内插法取值。

评价液化等级的基本方法是：逐点判别（按照每个标准贯入试验点判别液化可能性），按孔计算（按每个试验孔计算液化指数），综合评价（按照每个孔的计算结果，结合场地的地质地貌条件，综合确定场地液化等级）。

2. 地震液化的防治措施

地震液化的常用防治措施有：合理选择建筑场地、地基处理、基础和上部结构等。在强震区应合理选择建筑场地，以尽量避开可能液化土层分布的地段。一般应以地形平坦、地下水埋藏较深、上覆非液化土层较厚的地段作为建筑场地。地基处理可以消除液化可能性或减轻其液化程度。地震液化的地基处理措施很多，主要有换土、增加盖重、强夯、振冲、砂桩挤密、爆破振密和围封等方法，可以部分或全部消除液化的影响。

建立在液化土层上的建筑物，若为低层或多层建筑，以整体性和刚度较好的筏基、箱基和钢筋混凝土十字形条基为宜。若为高层建筑，则应采用穿过液化土层的深基础，如桩基础、管桩基础等，以全部消除液化的影响，切不可采用浅摩擦桩。此外，应增强上部结构的整体刚度和均匀对称性，合理设置沉降缝。

四、地震效应勘察报告内容

勘察报告除应阐明可液化的土层、各孔的液化指数外，还应根据各孔液化指数综合确定场地液化等级。

抗震设防烈度不小于Ⅶ度的厚层软土分布区，宜判别软土震陷的可能性和估算震陷量。场地或场地附近有滑坡、滑移、崩塌、塌陷、泥石流、采空区等不良地质作用时，应进行专门勘察，分析评价在地震作用时的稳定性。

第四节　岩溶地区岩土工程勘察

一、岩溶勘察

1. 岩溶勘察阶段划分

岩溶勘察阶段应与设计相应的阶段一致。岩溶勘察宜采用工程地质测绘和调查、物探、钻探等多种手段相结合的方法进行。岩溶勘察的工作方法和程序，强调以下几点：

（1）岩溶区进行工程建设，会带来严重的工程稳定性问题，在可行性研究或选址勘察时，应深入研究、预测危害，作出正确抉择。

（2）岩溶土洞是一种形态奇特、分布复杂的自然现象，宏观上虽有发育规律，但是具体场地上，分布和形态则是无偿的，因此施工勘察非常必要。

（3）重视工程地质研究，在工作程序上必须坚持工程地质测绘和调查为先导。

（4）岩溶规律研究和勘探应遵循从面到点、先地表后地下、先定性后定量、先控制后一般以及先疏后密的工作准则。

（5）应有针对性地选择勘探手段，如为查明浅层岩溶，可采用槽探，为查明浅层土洞可用钎探，为查明深埋土洞可用静力触探等。

（6）采用综合物探，用多种方法相互印证，但不宜以未经验证的物探成果作为施工图设计和地基处理的依据；岩溶地区有大片非可溶性岩石存在时，勘察工作应与岩溶区段有所区别，可按一般岩质地基进行勘察。

2. 岩溶勘察方法

（1）工程地质测绘和调查

岩溶场地的工程地质测绘和调查，除应满足现行规范、规程一般要求外，应重点调查下列内容：岩溶洞隙的分布、形态和发育规律；岩面起伏、形态和覆盖层厚度；地下水赋存条件、水位变化和运动规律；岩溶发育与地貌、构造、岩性、地下水的关系；土洞和塌陷的分布、形态和发育规律；土洞和塌陷的成因及其发展趋势；当地治理岩溶，土洞和塌陷的经验。

（2）物探

根据多年来的工程经验，为满足不同的探测目的和要求，可采用下列物探方法：复合对称四极剖面法辅以联合剖面法、浅层地震法、钻孔间地震法等，主要用于探测岩溶洞隙的分布位置及相关的地质构造、基岩面起伏等。

无线电波透视法、波速测试法、探地雷达法、电测深配合电剖面法、电视测井法等，主要用于探测岩溶洞穴的位置、形状、大小及填充状况等。

充电法、自然电场法可用于追索地下暗河河道位置、测定地下水流速和流向等。

地下水位畸变分析法。在岩溶强烈发育地带，尤其在管状通道（暗河）处，地下水由于流动阻力小，将会形成坡降相对较平缓的"凹槽"；而在其他地段，将形成陡坡的"坡"。同时，其水位的稳定过程也有很大不同。在不同钻孔中，同时进行各钻孔的地下水位的连续观测工作，可以帮助分析、判断基岩中各地段的岩溶发育程度。

（3）钻探

工程地质钻探的目的是为了查明场地下伏基岩埋藏深度和基岩面起伏情况，岩溶的发育程度和空间分布，岩溶水的埋深、动态、水动力特征等。钻探施工过程中，尤其要注意掉钻、卡钻和井壁塌，以防止事故发生，同时也要做好现场记录，注意冲洗液消耗量的变化及统计线性岩溶率（单位长度上岩溶空间形态长度的百分比）和体积岩溶率（单位面积上岩溶空间形态面积的百分比）。对勘探点的布置也要注意以下两点：

①钻探点的密度除应满足一般岩土工程勘探要求外，还应对某些特殊地段进行重点勘探并加密勘探点，如地面塌陷、地下水消失地段；地下水活动强烈的地段；可溶性岩层与非可溶性岩层接触的地段；基岩埋藏较浅且起伏较大的石芽发育地段；软弱土层分布不均匀的地段；物探异常或基础下有溶洞、暗河分布的地段等。

②钻探点的深度除满足一般岩土工程勘探要求外，对有可能影响场地地基稳定性的溶洞，勘探孔应深入完整基岩 3 ~ 5m 或至少穿越溶洞，对重要建筑物基础还应当加深。对于为验证物探异常带而布设的勘探孔，一般应钻入异常带以下适当深度。

二、岩溶勘察的测试和观测

岩溶勘察的测试和观测宜符合下列要求：当追索隐伏洞隙的联系时，可进行连通试验；评价洞隙稳定性时，可采取洞体顶板岩样和充填物土样作物理力学性质试验，必要时可进行现场顶板岩体的载荷试验；当需查明土的性状与土洞形成的关系时，可进行湿化、胀缩、可溶性和剪切试验；当需查明地下水动力条件、潜蚀作用、地表水与地下水联系，预测土洞和塌陷的发生、发展时，可进行流速、流向测定和水位、水质的长期观测。

岩溶发育区应着重监测下列内容：地面变形、地下水位的动态变化、场区及其附近的抽水情况、地下水位变化对土洞发育和塌陷发生的影响。

三、岩溶勘察岩土工程分析评价

（1）当场地存在浅层洞体或溶洞群，洞径大，且不稳定的地段；埋藏的漏斗、槽谷等，并覆盖有软弱土体的地段；土洞或塌陷成群发育地段；岩溶水排泄不畅，可能暂时淹没的地段，情况之一时，可判定为未经处理不宜作为地基的不利地段。

（2）当基础底面以下土层厚度大于独立基础宽度的3倍或条形基础宽度的6倍，且不具备形成土洞或其他地面变形的条件；基础底面与洞体顶板间岩土厚度虽小于独立基础宽度的3倍或条形基础宽度的6倍，但洞隙或岩溶漏斗被密实的沉积物填满且无被水冲蚀的可能、洞体为基本质量等级为1级或2级岩体，顶板岩石厚度大于或等于洞跨、洞体较小，基础底面大于洞的平面尺寸，并有足够的支承长度、宽度或直径小于1.0m的竖向洞隙、落水洞近旁地段的地基，对2级和3级工程可不考虑岩溶稳定性的不利影响。

（3）当存在顶板不稳定，但洞内为密实堆积物充填且无水流活动时，可认为堆填物受力，按不均匀地基进行评价；当能取得计算参数时，可将洞体顶板视为结构自承重体系进行力学分析；有工程经验的地区，可按类比法进行稳定性评价；在基础近旁有洞隙和临空面时，应验算向临空面倾覆或沿裂面滑移的可能；当地基为石膏、岩盐等易溶岩时，应考虑溶蚀继续作用的不利影响；对不稳定的岩溶洞隙可建议采用地基处理或桩基础。

四、岩溶勘察报告内容

岩溶勘察报告除应包括岩土工程勘察报告基本的内容外，尚应包括下列内容：岩溶发育的地质背景和形成条件；洞隙、土洞、塌陷的形态、平面位置和顶底标高；岩溶稳定性分析；岩溶治理和监测的建议。

第五节　采空区和地面沉降岩土工程勘察

一、勘察要点

1. 采空区勘察要点

由于不同采空区的勘察内容和评价方法不同，所以把采空区划分为老采空区、现采空区和未来采空区三类。

地下采空区勘察的主要目的是查明老采空区的分布范围、埋深、充填程度和密实程度及上覆岩层的稳定性，预测现采空区和未来采空区的地表变形特征和规律，计算变形特征值，为建筑工程选址、设计和施工提供可靠的地质和岩土工程资料，作为建筑场地的适宜性和对建筑物的危害程度的判别依据。

采空区勘察主要通过搜集资料和调查访问，必要时辅以物探，勘探和地表移动的观测，以查明采空区的特征和地表移动的基本参数。

采空区的勘察宜以搜集资料、调查访问为主，并应查明下列内容：

（1）矿层的分布、层数、厚度、深度、埋藏特征和上覆岩层的岩性、构造等。

（2）矿层开采的范围、深度、厚度、时间、方法和顶板管理，采空区的塌落、密实程度、空隙和积水等。

（3）地表变形特征和分布，包括地表陷坑、台阶、裂缝的位置、形状、大小、深度、延伸方向及其与地质构造、开采边界、工作面推进方向等的关系。

（4）地表移动盆地的特征，划分中间区、内边缘区和外边缘区，确定地表移动和变形的特征值。

（5）采空区附近的抽水和排水情况及其对采空区稳定的影响；搜集建筑物变形资料和防治措施的经验。

对老采空区和现采空区，当工程地质调查不能查明采空区的特征时，应进行物探和钻探。

采空区场地的物探工作应根据岩土的物性条件和当地经验采用综合物探方法，如地震法、电法等。

钻探工作除满足一级岩土工程详勘要求外，在异常点和可疑部位应加密勘探点，必要时可一桩一孔。

采深小、地表变形剧烈且为非连续变形的小窑采空区，应通过搜集资料、调查、物探和钻探等工作，查明采空区和巷道的位置、大小、埋藏深度、开采时间、开采方式、回填塌落和充水等情况；并查明地表裂缝、陷坑的位置、形状、大小、深度、延伸方向及其与采空区的关系。

2. 地面沉降勘察要点

对已发生地面沉降的地区，地面沉降勘察应查明其原因和现状，并预测其发展趋势，提出控制和治理方案。

对可能发生地面沉降的地区，应预测发生的可能性，并对可能的沉降层位作出估计，对沉降量进行估算，提出预防和控制地面沉降的建议。

地面沉降勘察一般是在可行性研究和初步设计阶段进行，勘察手段主要是工程地质测绘和调查，必要时进行岩土工程试验工作。

（1）沉降原因的调查

场地的地貌和微地貌；第四纪堆积物的年代、成因、厚度、埋藏条件和土性特征，硬土层和软弱压缩层的分布；地下水位以下可压缩层的固结状态和变形参数；含水层和隔水层的埋藏条件和承压性质,含水层的渗透系数、单位涌水量等水文地质参数；地下水的补给、径流、排泄条件、含水层间或地下水与地面水的水力联系；历年地下水位、水头的变化幅度和速率；历年地下水的开采量和回灌量,开采或回灌的层段；地下水位下降漏斗及回灌时地下水反漏斗的形成和发展过程。

（2）对地面沉降现状的调查

按精密水准测量要求进行长期观测,并按不同的结构单元设置高程基准标、地面沉降标和分层沉降标；对地下水的水位升降,开采量和回灌量,化学成分,污染情况和孔隙水压力消散、增长情况进行观测；调查地面沉降对建筑物的影响,包括建筑物的沉降、倾斜、裂缝及其发生时间和发展过程；绘制不同时间的地面沉降等值线图,并分析地面沉降中心与地下水位下降漏斗的关系及地面回弹与地下水位反漏斗的关系；绘制以地面沉降为特征的工程地质分区图。

二、采空区岩土工程评价

对现采空区和未来采空区,应通过计算预测地表移动和变形的特征值,计算方法可按《建筑物、水体、铁路及主要井巷煤柱留设与压煤开采规程》执行。

采空区应根据开采情况,地表移动盆地特征和变形大小,划分为不宜作为建筑的场地和相对稳定的场地。

1. 不宜作为建筑的场地

在开采过程中可能出现非连续变形的地段；地表移动活跃的地段；特厚矿层和倾角大于 55° 的厚矿层露头地段；由于地表移动和变形引起边坡失稳和山崖崩塌的地段；地表倾斜大于 10mm/m,地表曲率大于 0.6mm/m² 或地表水平变形大于 6mm/m 的地段。

2. 应作适宜性评价的建筑场地

采空区采深采厚比小于 30 的地段；采深小,上覆岩层极坚硬,并采用非正规开采方法的地段；地表倾斜为 3 ~ 10mm/m,地表曲率为 0.2 ~ 0.6mm/m² 或地表水平变形为 2 ~ 6mm/m 的地段。

3. 小窑采空区的建筑物应避开地表裂缝和陷坑地段

对次要建筑且采空区采深采厚比大于 30,地表已经稳定时可不进行稳定性评价；当采深采厚比小于 30 时,可根据建筑物的基底压力、采空区的埋深、范围和上覆岩层的性质等评价地基的稳定性,并根据矿区经验提出处理措施的建议。

三、地面沉降防治措施

（1）对已发生地面沉降的地区，可根据工程地质和水文地质条件，建议采取下列控制和治理方案：减少地下水开采量和水位降深，调整开采层次，合理开发，当地面沉降发展剧烈时，应暂时停止开采地下水；对地下水进行人工补给，回灌时应控制回灌水源的水质标准，以防止地下水被污染；限制工程建设中的人工降低地下水位。

（2）对可能发生地面沉降的地区应预测地面沉降的可能性和估算沉降量，并可采取下列预测和防治措施：根据场地工程地质、水文地质条件，预测可压缩层的分布；根据抽水压密试验、渗透试验、先期固结压力试验、流变试验、载荷试验等的测试成果和沉降观测资料，计算分析地面沉降量和发展趋势；提出合理开采地下水资源，限制人工降低地下水位及在地面沉降区内进行工程建设应采取措施的建议。

四、勘察报告内容

地下采空区勘察报告内容除应包括岩土工程勘察报告基本的内容外，还应根据采空区勘察工作特殊的勘察内容和工作要求作适当补充；地面沉降勘察报告内容除应包括一般岩土工程勘察内容外，还应该包括地面沉降原因分析、地面沉降预测、地面沉降的工程评价等内容。

第十二章　建筑岩土工程勘察

第一节　房屋建筑与构筑物岩土工程勘察

一、房屋建筑与构筑物勘察要点

建筑物的岩土工程勘察宜分阶段进行，可行性研究勘察应符合选择场址方案的要求，一般进行工程地质测绘和调查；初步勘察应符合初步设计的要求；详细勘察应符合施工图设计的要求；场地条件复杂或有特殊要求的工程，宜进行施工勘察。

场地较小且无特殊要求的工程可合并勘察阶段。当建筑物平面布置已经确定，且场地或其附近已有岩土下程资料时，可根据实际情况，直接进行详细勘察。

房屋建筑和构筑物（以下简称建筑物）的岩土工程勘察，应在搜集建筑物上部荷载、功能特点、结构类型、基础形式、埋置深度和变形限制等方面资料的基础上进行。其主要工作内容应符合下列规定：查明场地和地基的稳定性、地层结构、持力层和下卧层的工程特性、土的应力历史和地下水条件以及不良地质作用等；提供满足设计、施工所需的岩土参数，确定地基承载力，预测地基变形性状；提出地基基础、基坑支护、工程降水和地基处理设计与施工方案的建议；提出对建筑物有影响的不良地质作用的防治方案建议；对于抗震设防烈度不小于Ⅵ度的场地，进行场地与地基的地震效应评价。

1. 可行性研究阶段

可行性研究勘察.应对拟建场地的稳定性和适宜性作出评价，并应符合下列要求：

（1）搜集区域地质、地形地貌、地震、矿产、当地的工程地质、岩土工程和建筑经验等资料。

（2）在充分搜集和分析已有资料的基础上，通过踏勘了解场地的地层、构造、岩性、不良地质作用和地下水等工程地质条件。

（3）当拟建场地工程地质条件复杂，已有资料不能满足要求时，应根据具体情况进行工程地质测绘和必要的勘探工作；当有两个或两个以上拟选场地时，应进行比选分析。

2. 初步勘察阶段

（1）初步勘察应对场地内拟建建筑地段的稳定性作出评价，并进行下列主要工作：

搜集拟建工程的有关文件、工程地质和岩土工程资料以及工程场地范围的地形图；初步查明地质构造、地层结构、岩土工程特性、地下水埋藏条件；查明场地不良地质作用的成因、分布、规模、发展趋势，并对场地的稳定性作出评价；对抗震设防烈度不小于Ⅵ度的场地，应对场地和地基的地震效应作出初步评价；季节性冻土地区，应调查场地土的标准冻结深度；初步判定水和土对建筑材料的腐蚀性；高层建筑初步勘察时，应对可能采取的地基基础类型、基坑开挖与支护、工程降水方案进行初步分析评价。

（2）初步勘察的勘探工作应符合下列要求：

勘探线应垂直地貌单元、地质构造和地层界线布置；每个地貌单元均应布置勘探点，在地貌单元交接部位和地层变化较大的地段，勘探点应予以加密；在地形平坦地区，可按网格布置勘探点；对岩质地基，勘探线和勘探点的布置，勘探孔的深度，应根据地质构造、岩体特性、风化情况等，按地方标准或当地经验确定，土质地基，应符合下面的规定。

（3）勘探点的布置。初步勘察勘探线勘探点间距按规定确定，局部异常地段应予以加密。当遇到下列情形之一时，应适当增减勘探孔深度：

当勘探孔的地面标高与预计整平地面标高相差较大时，应按其差值调整勘探孔深度；在预定深度内遇基岩时，除控制性勘探孔仍应钻入基岩适当深度外，其他勘探孔达到确认的基岩后即可终止钻入；在预定深度内有厚度较大，且分布均匀的坚实土层（如碎石土、密实砂、老沉积土等）时，除控制性勘探孔应达到规定深度外，一般性勘探孔的深度可适当减小；当预定深度内有软弱土层时，勘探孔深度应适当增加，部分控制性勘探孔应穿透软弱土层或达到预计控制深度；对重型工业建筑应根据结构特点和荷载条件适当增加勘探孔深度。

（4）初步勘察采取土试样和进行原位测试应符合下列要求：

采取土试样和原位测试的勘探点应结合地貌单元、地层结构和土的工程性质布置，其数量可占勘探点总数的 1/4～1/2；采取土试样的数量和孔内原位测试的竖向间距，应按地层特点和土的均匀程度确定；每层土均应采取土试样或进行原位测试，其数量不宜少于 6 个。

（5）初步勘察应进行下列水文地质工作：

调查含水层的埋藏条件，地下水类型、补给排泄条件，各层地下水位，调查其变化幅度,必要时应设置长期观测孔,监测水位变化;当需绘制地下水等水位线图时,应根据地下水的埋藏条件和层位,统一量测地下水位;当地下水可能浸湿基础时,应采取水试样进行腐蚀性评价。

3. 详细勘察阶段

(1)详细勘察应按单体建筑物或建筑群提出详细的岩土工程资料和设计、施工所需的岩土参数;对建筑地基作出岩土工程评价,并对地基类型、基础形式、地基处理、基坑支护、工程降水和不良地质作用的防治等提出建议。应进行下列工作:

搜集附有坐标和地形的建筑总平面图,场区的地面整平标高,建筑物的性质、规模、荷载、结构特点、基础形式、埋置深度、地基允许变形等资料;查明不良地质作用的类型、成因、分布范围、发展趋势和危害程度,提出整治方案的建议;查明建筑范围内岩土层的类型、深度、分布、工程特性、分析和评价地基的稳定性、均匀性和承载力;对需进行沉降计算的建筑物,提供地基变形计算参数,预测建筑物的变形特征;查明埋藏的河道、沟浜、墓穴、防空洞、孤石等对工程不利的埋藏物;查明地下水的埋藏条件,提供地下水位及其变化幅度;在季节性冻土地区,提供场地土的标准冻结深度;判定水和土对建筑材料的腐蚀性。

(2)详细勘察阶段工作应符合下列要求:

对抗震设防烈度不小于Ⅵ度的场地,勘察工作应按场地地震效应情况进行布置;当建筑物采用桩基础时,应按桩基勘察进行工作量布置;当需进行基坑开挖、支护和降水设计时,应按基坑工程勘察要求执行;工程需要时,详细勘察应论证地基土和地下水在建筑施工和使用期间可能产生的变化及其对工程和环境的影响,提出防治方案、防水设计水位和抗浮设计水位的建议;详细勘察勘探点布置和勘探孔深度,应根据建筑物特性和岩土工程条件确定。对岩质地基,应根据地质构造、岩体特性、风化情况等,结合建筑物对地基的要求,按地方标准或当地经验确定。对土质地基,应符合下列各条的规定。

(3)勘探点的布置。详细勘察的勘探点布置应符合下列规定:

勘探点宜按建筑物周边线和角点布置,对无特殊要求的其他建筑物或建筑群的范围布置;同一建筑范围内的主要受力层或有影响的下卧层起伏较大时,应加密勘探点,查明其变化;重大设备基础应单独布置勘探点,重大的动力机器基础和高耸构筑物,勘探点不宜少于3个;勘探手段宜采用钻探与触探相配合,在复杂地质条件、湿陷性土、膨胀岩土、风化岩和残积土地区、宜布置适量探井。

详细勘察的单栋高层建筑勘探点的布置,应满足对地基均匀性评价的要求,且不应少于4个;对密集的高层建筑群,勘探点可适当减少,但每栋建筑物至少应有1个控制性勘探点。

（4）勘探深度。详细勘察的勘探深度自基础底面算起：

勘探孔深度应能控制地基主要受力层，当基础底面宽度不大于 5m 时，勘探孔的深度对条形基础不应小于基础底面宽度的 3 倍，对单独柱基不应小于 1.5 倍，且不应小于 5m；对高层建筑和需作变形计算的地基，控制性勘探孔的深度应超过地基变形计算深度；高层建筑的一般性勘探孔应达到基底下 0.5 ~ 1.0 倍的基础宽度，并深入稳定分布的地层；对仅有地下室的建筑或高层建筑的裙房，当不能满足抗浮设计要求，需设置抗浮桩或锚杆时，勘探孔深度应满足抗拔承载力评价的要求；当有大面积地面堆载或软弱下卧层时，应适当加深控制性勘探孔的深度；在上述规定深度内当遇基岩或厚层碎石土等稳定地层时，勘探孔深度应根据情况进行调整；地基变形计算深度，对中、低压缩性土可取附加压力等于上覆土层有效自重压力 20% 的深度；对于高压缩性土层可取附加压力等于上覆土层有效自重压力 10% 的深度；建筑总平面内的裙房或仅有地下室部分（或当基底附加压力 $p_0 \leqslant 0$ 时）的控制性勘探孔的深度可适当减小，但应深入稳定分布地层，且根据荷载和土质条件不宜少于基底下 0.5 ~ 1.0 倍基础宽度；当需进行地基整体稳定性验算时，控制性勘探孔深度应根据具体条件满足验算要求；当需确定场地抗震类别而邻近无可靠的覆盖层厚度资料时，应布置波速测试孔，其深度应满足确定覆盖层厚度的要求；大型设备基础勘探孔深度不宜小于基础底面宽度的 2 倍；当需进行地基处理时，勘探孔的深度应满足地基处理设计与施工要求；当采用桩基时，勘探孔的深度应满足桩基勘察的要求。

高层建筑详细勘察阶段勘探孔的深度应符合下列规定：

控制性勘探孔深度应超过地基变形的计算深度。

控制性勘探孔深度，对于箱形基础或筏形基础，在不具备变形深度计算条件时，可按下式计算确定：

$$d_c = d + a_c \beta b$$

式中：d_c——控制性勘探孔的深度，

　　　　d——箱形基础或筏式基础埋置深度，m；

　　　　a_c——与土的压缩性有关的经验系数；

　　　　β——与高层建筑层数或基底压力有关的经验系数，对勘察等级为甲级的高层建筑可取 1.1，对乙级可取 1.0；

　　　　b——箱形基础或筏式基础宽度，对圆形基础或环形基础，按最大直径考虑，对不规则形状的基础，按面积等代成方形、矩形或圆形面积的宽度或直径，m。

一般性勘探孔的深度应适当大于主要受力层的深度，箱形基础或筏形基础可按下式计算确定：

$$d_g = d + a_g \beta b$$

式中：β———一般性勘探孔的深度，m；

a_g———与土的压缩性有关的经验系数，根据基础下的地基主要土层按表4.4 取值。

一般性勘探孔，在预定深度范围内，有比较稳定且厚度超过 3m 的坚硬地层时，可钻入该层适当深度，以能正确定名和判明其性质；如在预定深度内遇软弱地层时应加深或钻穿。

在基岩和浅层岩溶发育地区，当基础底面下的土层厚度小于地基变形计算深度时，一般性钻孔应钻至完整、较完整基岩面；控制性钻孔应深入完整、较完整基岩 3 ~ 5m，勘察等级为甲级的高层建筑取大值，乙级取小值；专门查明溶洞或土洞的钻孔深度应深入洞底完整地层 3 ~ 5m。

在花岗岩残积土地区，应查清残积土和全风化岩的分布深度。计算箱形基础或筏形基础勘探孔深度时，其 a_c 和 a_g 系数，对残积砾质黏性土和残积砂质黏性土可按表 4.4 中粉土的值确定，对残积黏性土可按表 4.4 中黏性土的值确定，对全风化岩可按表 4.4 中碎石土的值确定。在预定深度内遇基岩时，控制性钻孔深度应深入强风化岩 3 ~ 5m，勘察等级为甲级的高层建筑宜取大值，乙级宜取小值。一般性钻孔达强风化岩顶面即可。

评价土的湿陷性、膨胀性、砂土地震液化、确定场地覆盖层厚度、查明地下水渗透性等钻孔深度，应按有关规范的要求确定。

在断裂破碎带、冲沟地段、地裂缝等不良地质作用发育场地及位于斜坡上或坡脚下的高层建筑，当需进行整体稳定性验算时，控制性勘探孔的深度应满足评价和验算的要求。

（5）取样和测试。详细勘察采取土试样和进行原位测试应符合岩土工程评价要求，并符合下列要求：

采取土试样和进行原位测试的勘探孔的数量，应根据地层结构、地基土的均匀性和工程特点确定，且不应少于勘探孔总数的 1/2，钻探取土试样孔的数量不应少于勘探孔总数的 1/3；每个场地每一主要土层的原状土试样或原位测试数据不应少于 6 件（组），当采用连续记录的静力触探或动力触探为主要勘察手段时，每个场地不应少于 3 个孔；在地基主要受力层内，对厚度大于 0.5m 的夹层或透镜体，应采取土试样或进行原位测试；当土层性质不均匀时，应增加取土试样或原位测试数量。

4. 施工勘察

基坑或基槽开挖后，岩土条件与勘察资料不符或发现必须查明的异常情况时，应进行施工勘察；在工程施工或使用期间，当地基土、边坡体、地下水等发生未估计到的变化时，应进行监测，并对工程和环境的影响进行分析评价。

二、地基的评价与计算

地基的评价与计算是在工程地质测绘、勘探、测试和搜集已有资料的基础上，结合工程特点确定的。

1. 地基评价内容

（1）天然地基评价内容

场地、地基稳定性和处理措施的建议；地基均匀性；确定和提供各土层尤其是地基持力层承载力特征值的建议值和使用条件；预测高层和高低层建筑地基的变形特征；对地基基础方案提出建议；抗震设防区应对场地地段划分、场地类别、覆盖层厚度、地震稳定性等作出评价；对地下室防水和抗浮进行评价；基坑工程评价；当场地有不良地质作用或特殊性岩土时，应进行相应的分析与评价，并提出工程措施建议；有沉降分析任务时，宜专门编写沉降分析报告；评价土、水对建筑材料的腐蚀性；天然地基方案应在拟建场地整体稳定性基础上进行分析论证，并应考虑附属建筑、相邻的既有或拟建建筑、地下设施和地基条件可能发生显著变化的影响。

（2）桩基工程评价内容

推荐经济合理的桩端持力层；对可能采用的桩型、规格及相应的桩端入土深度（或高程）提出建议；提供所建议桩型的侧阻力、端阻力和桩基设计、施工所需的其他岩土参数；对沉（成）桩可能性、桩基施工对环境影响的评价和对策以及其他设计、施工应注意的事项提出建议。

当工程需要（且条件具备时），对下列内容进一步评价或提出专门的工程咨询报告。

估算单桩、群桩承载力和桩基沉降量，提供与建议桩基方案相类似的工程实例或试桩及沉降观测等资料；对各种可能的桩基方案进行技术经济分析比选，并提出建议；对欠固结土和大面积堆载的桩基，分析桩侧产生负摩阻力的可能性及其对桩基承载力的影响并提出相应防治措施的建议。

（3）基坑工程的分析与计算内容

边坡的局部稳定性、整体稳定性和坑底抗隆起稳定性；坑底和侧壁的渗透稳定性；挡土结构和边坡可能发生的变形；降水效果和降水对环境的影响；开挖和降水对邻近建筑物和地下设施的影响。

（4）场地地震效应评价

当场地所在地属于强震区时，勘察报告分析与计算内容除应遵守上述规定外，还应遵循下列规定：

场地地震的基本烈度；建筑场地类别；场地所处位置属于对抗震有利、不利还是危险地段；场地断裂的地震工程类型，是否属于发震断裂或全新活动断裂对工程稳定性的影响；对场地土地震液化进行判别，并计算液化指数，划分液化等级；对场地与地基的抗震措施提出建议；在岸边和斜坡地带勘察时，应对地震时场地的稳定性进行分析评价。

2. 场地稳定性评价

（1）高层建筑岩土工程勘察应查明影响场地稳定性的不良地质作用，评价其对场地稳定性的影响程度。

（2）对有直接危害的不良地质作用地段，不得选作高层建筑建设场地。对于有不良地质作用存在，但经技术经济论证可以治理的高层建筑场地，应提出防治方案建议，并采取安全可靠的整治措施。

（3）高层建筑场地稳定性评价应符合下列要求：①评价划分建筑场地属有利、不利还是危险地段，提供建筑场地类别和对岩土的地震稳定性评价，对需要采用时程分析法补充计算的建筑，还应根据设计要求提供有代表性的地层结构剖面、场地覆盖层厚度和有关动力参数；②应避开浅埋的全新活动断裂和发震断裂，避让的最小距离应按《建筑抗震设计规范》（GB50011-2001）的规定确定；③可不避开非全新活动断裂，但应查明破碎带发育程度，并采取相应的地基处理措施；④应避开正在活动的地裂缝，避开的距离和采取的措施应按有关地方标准的规定确定；⑤在地面沉降持续发展地区，应搜集地面沉降历史资料，预测地面沉降发展趋势. 提出高层建筑应采取的措施。

（4）位于斜坡地段的高层建筑，其场地稳定性评价应符合下列规定：①高层建筑场地不应选在滑坡体上，对选在滑坡体附近的建筑场地，应对滑坡进行专门勘察，验算滑坡稳定性，论证建筑场地的适宜性，并提出治理措施；②位于坡顶或临近边坡下的高层建筑，应评价边坡整体稳定性、分析判断发生整体滑动的可能性；③当边坡整体稳定时，尚应验算基础外边缘至坡顶的安全距离；④位于边坡下的高层建筑，应根据边坡整体稳定性论证分析结果，确定离坡脚的安全距离。

（5）抗震设防地区的高层建筑场地应选择在抗震有利地段，避开不利地段，当不能避开时，应采取有效的防护治理措施，并不应在危险地段建设高层建筑。

（6）应根据土层等效剪切波速和场地覆盖层厚度划分建筑场地类别，抗震设防烈度为Ⅶ～Ⅸ度地区，均应采用多种方法综合判定饱和砂土和粉土（不含黄土）地震液化的可能性，并提出处理措施建议；Ⅵ度地区一般不进行判别和处理，但对液化沉陷敏感的乙类建筑可按Ⅶ度的要求进行判别和处理。

（7）在溶洞和土洞强烈发育地段，应查明基础底面以下溶洞，土洞大小和顶板厚度，研究地基加固措施。经技术经济分析认为不可取时，应另选场地；在地下采空区，应查明采空区上覆岩层的性质，地表变形特征、采空区的埋深和范围，根据高层建筑的基底压力，评价场地稳定性。对有塌陷可能的地下采空区，应另选场地。

多层建筑与其他建筑的场地稳定性评价可参考上述规定进行。

3. 地基均匀性评价

地基均匀性评价是天然地基评价中的重要内容。对于不均匀地基，应进行沉降、差异沉降倾斜等特征分析评价，并提出相应建议。评价地基均匀性时，应从工程地质单元、地基土层工程特性差异性、地基土层压缩性、持力层底面坡度等方面评价。地基土层符合下列情况之一者，应判别为不均匀地基。

地基持力层跨越不同地貌单元或工程地质单元，工程特性差异显著。

地基持力层虽属于同一地貌单元或工程地质单元，但遇下列情况之一者，应判别为不均匀地基。①中 – 高压缩性地基，持力层底面或相邻基底标高的坡度大于 10%；②中 – 高压缩性地基，持力层及其下卧层在基础宽度方向的厚度差值大于 0.05b（b 为基础宽度）；③同一高层建筑虽处于同一地貌单元或同一工程地质单元，但各处地基土的压缩性有较太差异时，可在计算各钻孔地基变形计算深度范围内当量模量的基础上，根据当量模量最大值 $\overline{E}_{s\max}$ 和当量模量最小值 $\overline{E}_{s\min}$ 的比值判定地基的均匀性。当 $\overline{E}_{s\max} / \overline{E}_{s\min}$ 大于地基不均与系数界限值 K 时，可按不均匀地基考虑。

4. 地基承载力确定

地基极限承载力：使地基土发生剪切破坏而即将失去整体稳定性时相应的最小基础底面压力。

地基容许承载力：要求作用在基底的压应力不超过地基的极限承载力，并且有足够的安全度，而且所引起的变形不能超过建筑物的容许变形，满足以上两项要求，地基单位面积上所能承受的荷载就定义为地基的容许承载力。

《建筑地基基础设计规范》（GB50007—2002）规定：

地基承载力特征值（f_{ak}）：由载荷试验测定的地基土压力变形曲线线性变形段内规定的变形所对应的压力值，其最大值为比例界限值。

修正后的地基承载力特征值（f_a）从载荷试验或其他原位测试、经验值等方法确定的地基承载力特征值经深宽修正后的地基承载力值。按理论公式计算得来的地基承载力特征值不需修正。

《建筑地基基础设计规范》（GBJ7—89）曾作以下规定：

地基承载力基本值（f_0）是指按有关规范规定的一定的基础宽度和埋置深度条件下的地基承载能力，按有关规范查表确定。

地基承载力标准值（f_k）是指按有关规范规定的标准方法试验并经统计处理后

的承载力值。

地基承载力设计值（f）是地基承载力标准值经深宽修正后的地基承载力值。按载荷试验和用实际基础宽度、深度按理论公式计算所得地基承载力即为设计值。

地基承载力不仅取决于地基土的性质，还受到诸多因素影响，如基础形式、基础埋置深度与基础底面尺寸，建筑物的类型、结构特点、覆盖层抗剪强度、地下水位和下卧层等因素的影响。确定地基承载力常用的方法有以下几种：

（1）按现场静载荷试验方法确定。

（2）按其他原位测试结果确定，如静力触探、标准贯入试验、旁压试验等。

（3）按土的抗剪强度指标利用理论公式计算确定。

（4）按当地建筑经验方法确定。

《建筑地基基础设计规范》（GB50007—2002）规定，地基承载力特征值可由载荷试验或其他原位测试、公式计算，并结合工程实践经验等方法综合确定。具体确定时，应结合当地建筑经验按下列方法综合考虑。对一级建筑物采用载荷试验、理论公式计算及原位试验方法综合确定；对二级建筑物可按当地有关规范查表，或原位试验确定，有些二级建筑物尚应结合理论公式计算确定；对三级建筑物可根据邻近建筑物的经验确定。

5. 地基沉降计算

为了保证建筑物的安全稳定，地基设计除了进行地基承载力计算外，还应根据规范要求进行地基变形验算。

（1）需验算地基变形的建筑物范围

根据建筑物地基基础设计等级及长期荷载作用下地基变形对上部结构的影响程度，需验算地基变形建筑物应符合下列规定：

设计等级为甲级、乙级的建筑物，均应按地基变形设计。如有下列情况之一时，仍应做变形验算：地基承载力特征值小于130kPa，且体型复杂的建筑；在基础上及其附近有地面堆载或相邻基础荷载差异较大，可能引起地基产生过大的不均匀沉降时；软弱地基上的建筑物存在偏心荷载时；相邻建筑距离过近，可能发生倾斜时；地基内有厚度较大或厚薄不均的填土，其自重固结未完成时。

对经常受水平荷载作用的高层建筑、高耸结构和挡土墙等，以及建造在斜坡上或边坡附近的建筑物和构筑物，还应验算其稳定性；基坑工程应进行稳定性验算；当地下水埋藏较浅，建筑地下室或地下构筑物存在上浮问题时，尚应进行抗浮验算。

（2）建筑物地基变形允许值

计算沉降的目的是预测建筑物建成后基础的沉降量（包括差异沉降）是否超过建筑物安全和正常使用规定的地基变形允许值。在《建筑地基基础设计规范》

（GB50007—2002）中规定：为保证建筑物的正常使用，必须使建筑物的地基变形值不大于地基变形允许值。要求地基的变形值在允许的范围内。

三、桩基础勘察要点

1. 桩基岩土工程勘察内容

（1）查明场地各层岩土的类型、深度、分布、工程特性和变化规律。

（2）当采用基岩作为桩的持力层时，应查明基岩的岩性、构造、岩面变化、风化程度，确定其坚硬程度、完整程度和基本质量等级，判定有无洞穴、临空面、破碎岩体或软弱岩层。

（3）查明水文地质条件，评价地下水对桩基设计和施工的影响，判定水质对建筑材料的腐蚀性。

（4）查明不良地质作用，可液化土层和特殊性岩土的分布及其对桩基的危害程度，并提出防治措施的建议；评价成桩可能性，论证桩的施工条件及其对环境的影响。

2. 桩基岩土工程勘察要求

（1）土质地基勘探点间距规定：①对端承桩宜为 12 ~ 24m，相邻勘探孔揭露的持力层层面高差宜控制为 1 ~ 2m；②对摩擦桩宜为 20 ~ 35m，当地层条件复杂，影响成桩或设计有特殊要求时，勘探点应适当加密；③复杂地基的一柱一桩工程，宜每柱设置勘探点。

（2）勘探孔的深度规定：①一般性勘探孔的深度应达到预计桩长以下（3 ~ 5）d（d 为桩径），且不得小于 3m，对大直径桩，不得小于 5m；②控制性勘探孔深度应满足下卧层验算要求，对需验算沉降的桩基，应超过地基变形计算深度，控制性钻孔数量应不少于勘探孔总数的 1/3；③钻至预计深度遇软弱层时，应予加深，在预计勘探孔深度内遇稳定坚实岩土时，可适当减小；④对嵌岩桩，应钻入预计嵌岩面以下（3 ~ 5）d，并穿过溶洞、破碎带、到达稳定地层；⑤对可能有多种桩长方案时，应根据最长桩方案确定。

（3）桩基岩土工程勘察宜采用钻探和触探以及其他原位测试相结合的方式进行，对软上、黏性土、粉土和砂土的测试手段，宜采用静力触探和标准贯入试验；对碎石土宜采用重型或超重型圆锥动力触探。

（4）岩土室内试验要求：①当需估算桩的侧阻力、端阻力和验算下卧层强度时，宜进行三轴剪切试验或无侧限抗压强度试验，三轴剪切试验的受力条件应模拟工程的实际情况；②对需估算沉降的桩基工程，应进行压缩试验，试验最大压力应大于上覆自重压力与附加压力之和，桩端以下的压缩模量取值应采用实际压力段下的压缩模量；③当桩端持力层为基岩时，应采取岩样进行饱和单轴抗压强度试验，必要时还应进行软化试验，对软岩和极软岩，可进行天然湿度的单轴抗压强度试验；对无法取样的破碎和极破碎的岩石，宜进行原位测试。

（5）单桩竖向和水平承载力，应根据工程等级、岩土性质和原位测试成果并结合当地经验确定。对地基基础设计等级为甲级的建筑物和缺乏经验的地区，应建议作静载荷试验，试验数量不宜少于工程桩数的1%，且每个场地不少于3个。对承受较大水平荷载的桩，应建议进行桩的水平载荷试验；对承受上拔力的桩，应建议进行抗拔试验。

（6）对需要进行沉降计算的桩基工程，应提供计算所需的各层岩土的变形参数，并宜根据任务要求，进行沉降估算。

（7）桩基工程的岩土工程勘察报告除应符合岩土工程勘察报告的一般要求，并按上述第（5）、（6）条提供承载力和变形参数外，还应包括以下内容：①提供可选的装机类型和桩端持力层，提出桩长和桩径方案的建议；②当有软弱下卧层时，岩石软弱下卧层强度；③对欠固结土和有大面积堆载的工程，应分析桩分析桩侧产生负摩阻力的可能性及其对桩基承载力的影响，并提供负摩阻力系数和减少负摩阻力措施的建议；④分析成桩可能性，成桩和挤土效应的影响，并提出保护措施的建议；⑤持力层为倾斜地层，基岩面凸凹不平或岩土中有洞穴时，应评价桩的稳定性，并提出处理措施的建议。

四、基坑工程勘察要点

本节主要适用于土质基坑的勘察，对岩质基坑，应根据场地的地质构造、岩体特征、风化情况、基坑开挖深度等，按当地标准或当地经验进行勘察。

1. 勘察内容

需进行基坑设计的工程，勘察时应包括基坑工程勘察的内容。在初步勘察阶段，应根据岩土工程条件，初步判定开挖可能发生的问题和需要采取的支护措施；在详细勘察阶段，应针对基坑工程设计的要求进行勘察；在施工阶段，必要时还应进行补充勘察。

2. 勘察要求

基坑工程勘察的范围和深度应根据场地条件和设计要求确定。勘察深度宜为开挖深度的2～3倍，在此深度内如果遇到坚硬黏性土、碎石土和岩层，可根据岩土类别和支护设计要求减少深度。勘察的平面范围宜超出开挖边界外开挖深度的2～3倍。在深厚软土区，勘察深度和范围尚应适当扩大。在开挖边界外，勘察手段以调查研究、搜集已有资料为主，复杂场地和斜坡场地应布置适量的勘探点。

在受基坑开挖影响和可能设置支护结构的范围内，应查明岩土分布，分层提供支护设计所需的抗剪强度指标。土的抗剪强度试验方法，应与基坑工程设计要求一致，符合设计采用的标准，并应在勘察报告中说明。

当场地水文地质条件复杂，在基坑开挖过程中需要对地下水进行治理（降水或隔渗）时，应进行专门的水文地质勘察。

当基坑开挖可能产生流沙、流土、管涌等渗透性破坏时，应有针对性地进行勘察，分析评价其产生的可能性及对工程的影响。当基坑开挖过程中有渗流时，地下水的渗流作用宜通过渗流计算确定。

基坑工程勘察，应进行环境状况的调查，查明邻近建筑物和地下设施的现状、结构特点以及对开挖变形的承受能力。在城市地下管网密集分布区，可通过地理信息系统或其他档案资料了解管线的类别、平面位置、埋深和规模，必要时应采用有效方法进行地下管线探测。

在特殊性岩土分布区进行基坑工程勘察时，可根据特殊性岩土的勘察要求进行勘察，对软土的蠕变和长期强度，软岩和极软岩的失水崩解，膨胀土的膨胀性和裂隙性以及非饱和土增湿软化等对基坑影响进行分析评价。

基坑工程勘察，应根据开挖深度、岩土和地下水条件以及环境要求，对基坑边坡的处理方式提出建议。

基坑工程勘察应针对以下内容进行分析，提供有关计算参数和建议：①边坡的局部稳定性、整体稳定性和坑底抗隆起稳定性；②坑底和侧壁的渗透稳定性；③挡土结构和边坡可能发生的变形；④降水效果和降水对环境的影响；⑤开挖和降水对邻近建筑物和地下设施的影响。

岩土工程勘察报告中与基坑工程有关的部分应包括下列内容：①与基坑开挖有关的场地条件、土质条件和工程条件；②提出处理方式、计算参数和支护结构选型的建议；③提出地下水控制方法、计算参数和施工控制的建议；④提出施工方法和施工中可能遇到的问题的防治措施的建议；⑤对施工阶段的环境保护和监测工作的建议。

五、建筑场地地下水的勘察要求

在工程建设中，地下水的存在是否对建筑工程的安全和稳定有很大影响。例如，地下水的静水压力对岩土体产生浮托作用，从而降低岩土体的有效重量；在地下水的动水压力下，土中的细小颗粒被冲刷带走，破坏土体结构；地下水对建筑材料的腐蚀性等都会影响工程建设。因此，在岩土工程勘察时，应提供场地地下水的完整资料，评价地下水的作用和影响，提出合理建议。建筑场地地下水勘察应符合下列要求。

（1）岩土工程勘察应根据工程要求，通过搜集资料和勘察工作，掌握下列水文地质条件：

地下水的类型和赋存状态；主要含水层的分布规律；区域性气候资料。如年降水量、蒸发量及其变化和对地下水位的影响；地下水的补给排泄条件、地表水与地下水的补排关系及其对地下水位的影响；勘察时的地下水位、历史最高地下水位、近3～5年最高地下水位、水位变化趋势和主要影响因素；是否存在地下水和地表水的污染源及其可能的污染程度。

（2）对常年缺乏地下水位监测资料的地区，对高层建筑或重大工程的初步勘察时，宜设置长期观测孔，对有关层位的地下水进行长期观测。

（3）对高层建筑或重大工程，当水文地质条件对地基评价、基础抗浮和工程降水有重大影响时，宜进行专门的水文地质勘察。

（4）专门的水文地质勘察应符合下列要求：

查明含水层和隔水层的埋藏条件，地下水类型、流向、水位及其变化幅度，当场地有多层对工程有影响的地下水时，应分层量测地下水位，并说明相互之间的补给关系；查明场地质条件对地下水赋存和渗流状态的影响；必要时应设置观测孔，或在不同深度处设孔隙水压力计，量测压力水头随深度的变化；通过现场试验，测定地层渗透系数等水文地质参数。

六、房屋建筑与构筑物勘察报告内容

（1）初步勘察报告应满足高层建筑初步设计的要求，对拟建场地的稳定性和建筑适宜性作出明确结论，为合理确定高层建筑总平面布置，选择地基基础结构类型，防治不良地质作用提供依据。

（2）详细勘察报告应满足施工图设计要求，为高层建筑地基基础设计、地基处理、基坑工程、基础施工方案及降水截水方案的确定等提供岩土工程资料，并应作出相应的分析和评价。

（3）对高层建筑岩土工程勘察详细勘察阶段报告，除应满足一般建筑详细勘察报告的基本要求外，还应包括下列主要内容：

高层建筑的建筑结构及荷载特点，地下室层数、基础埋深及形式等情况；场地和地基的稳定性、不良地质作用、特殊性岩土和地震效应评价；采用天然地基的可能性、地基均匀性评价；复合地基和桩基的桩型和桩端持力层选择的建议；地基变形特征预测；地下水和地下室抗浮评价。

（4）对高层建筑建设中遇到的下列特殊岩土工程问题，应根据专门岩土工程工作或分析研究，提出专题咨询报告。

场地范围内或附近存在性质或规模尚不明的活动断裂及地裂缝、滑坡、高边坡、地下采空区等不良地质作用的工程；水文地质条件复杂或环境特殊，需现场进行专门水文地质试验，以确定水文地质参数的工程；或需进行专门的施工降水、截水设计，并需分析研究降水、截水对建筑本身及邻近建筑和设施影响的工程；对地下水防护有特殊要求，需进行专门的地下水动态分析研究，并需进行地下室抗浮设计的工程；建筑结构特殊或对差异沉降有特殊要求，需进行专门的上部结构、地基与基础共同作用分析计算与评价的工程；根据工程要求，需对地基基础方案进行优化、比选分析论证的工程；抗震设计所需的时程分析评价；有关工程设计重要参数的最终检测、核定等。

第二节　地基处理工程岩土工程勘察

一、地基处理工程勘察的要求

地基处理的岩土工程勘察应满足下列要求：

（1）针对可能采用的地基处理方案，提供地基处理设计和施工所需的岩土特性参数。

（2）预测所选地基处理方法对环境和邻近建筑物的影响。

（3）提出地基处理方案的建议。

（4）当场地条件复杂且缺乏成功经验时，应在施工现场对拟选方案进行试验或对比试验，检验方案的设计参数和处理效果。

（5）在地基处理施工期间，应进行施工质量和施工对周围环境和邻近工程设施影响的监测。

二、不同地基处理方法的岩土工程勘察内容

1. 换填垫层法的岩土工程勘察内容

（1）查明待换填的不良土层的分布范围和埋深。

（2）测定换填材料的最优含水率、最大干密度。

（3）评定垫层以下软弱下卧层的承载力和抗滑稳定性，估算建筑物的沉降。

（4）评定换填材料对地下水的环境影响。

（5）对换填施工过程应注意的事项提出建议。

（6）对换填垫层的质量进行检验或现场试验。

2. 预压法的岩土工程勘察内容

（1）查明土的成层条件，水平和垂直方向的分布，排水层和夹砂层的埋深和厚度，地下水的补给和排泄条件等。

（2）提供待处理软土的先期固结压力、压缩性参数、固结特性参数和抗剪强度指标、软土在预压过程中强度的增长规律。

（3）预估预压荷载的分级和大小、加荷速率、预压时间、强度可能发生的增长和沉降。

（4）对重要工程，建议选择代表性试验区进行预压试验；采用室内试验、原位测试、变形和孔压的现场监测等手段，推算软土的固结系数、固结度与时间的关系和最终沉降量，为预压处理的设计、施工提供可靠依据。

（5）检验预压处理效果，必要时进行现场载荷试验。

3. 强夯法的岩土工程勘察内容

（1）查明强夯影响深度范围内土层的组成、分布、强度、压缩性、透水性和地下水条件。

（2）查明施工场地和周围受影响范围内的地下管线和构筑物的位置、标高；查明有无对振动敏感的设施，是否需在强夯施工期间进行监测。

（3）根据强夯设计，选择代表性试验区进行试夯，采用室内试验、原位测试、现场监测等手段，查明强夯的有效加固深度，夯击能量、夯击遍数与夯沉量的关系，夯坑周围地面的振动和地面隆起，土中孔隙水压力的增长和消散规律。

4. 桩土复合地基的岩土工程勘察内容

（1）查明暗塘、暗浜、暗沟、洞穴等的分布和埋深。

（2）查明土的组成、分布和物理力学性质，软弱土的厚度和埋深，可作为桩基持力层的相对硬层的埋深。

（3）预估成桩施工的可能性（有无地下障碍、地下洞穴、地下管线、电缆等）和成桩工艺对周围土体、邻近建筑、工程设施和环境的影响（噪声、振动、侧向挤土、地面沉陷或隆起等），桩体与水间的相互作用（地下水对桩材的腐蚀性，桩材对周围水土环境的污染等）。

（4）评定桩间土承载力，预估单桩承载力和复合地基承载力。

（5）评定桩间土、桩身、复合地基、桩端以下变形计算深度范围内土层的压缩性，当任务需要时估算复合地基的沉降量。

（6）对需验算复合地基稳定性的工程，提供桩间土、桩身的抗剪强度；任务需要时应根据桩土复合地基的设计，进行桩间土、单桩和复合地基载荷试验，检验复合地基承载力。

5. 注浆法的岩土工程勘察内容

（1）查明土的级配、孔隙性或岩石的裂隙宽度和分布规律，岩土渗透性，地下水埋深、流向和流速，岩土的化学成分和有机质含量；岩土的渗透性宜通过现场试验测定。

（2）根据岩土性质和工程要求选择浆液和注浆方法（渗透注浆、劈裂注浆、压密注浆等），根据地区经验或通过现场试验确定浆液浓度、黏度、压力、凝结时间、有效加固半径或范围，评定加固后地基的承载力、压缩性、稳定性或抗渗性。

（3）在加固施工过程中对地面、既有建筑物和地下管线等进行跟踪变形观测，以控制灌注顺序、注浆压力、注浆速率等。

（4）通过开挖、室内试验、动力触探或其他原位测试，对注浆加固效果进行检验；注浆加固后，应对建筑物或构筑物进行沉降观测，直至沉降稳定为止，观测时间不宜少于半年。

三、地基处理工程勘察报告内容

除应包含岩土工程勘察报告基本内容要求外，还要包含地基处理方式的选择，以及勘察结果。复合地基方案应根据高层建筑特征及场地条件建议一种或几种复合地基加固方案，并分析确定加固深度或桩端持力层。应提供复合地基承载力及变形分析计算所需的岩土参数，条件具备时，应分析评价复合地基承载力及复合地基的变形特征。

第三节　地下洞室岩土工程勘察

一、地下洞室勘察任务及各阶段勘察的手段和内容

1. 地下洞室的岩土工程勘察任务

选择地质条件优越的洞址、洞位、洞口；进行洞室围岩分类和稳定性评价；提出设计、施工参数和支护结构方案的建议；提出洞室、洞口布置方案和施工方法的建议；对地面变形和既有建筑物的影响进行评价。

2. 可行性研究勘察

可行性研究勘察应通过搜集区域地质资料，现场踏勘和调查，了解拟选方案的地形地貌、地层岩性、地质构造、工程地质、水文地质和环境条件，作出可行性评价，

选择合适的洞址和洞口。

3. 初步勘察

初步勘察应采用工程地质测绘、勘探和测试等方法，初步查明选定方案的地质条件和环境条件，初步确定岩体质量等级（围岩类别），对洞址和洞口的稳定性作出评价，为初步设计提供依据。

初步勘察时，工程地质测绘和调查应初步查明下列问题：地貌形态和成因类型；地层岩性、产状、厚度、风化程度；断裂和主要裂隙的性质、产状、充填、胶结、贯通及组合关系；不良地质作用的类型、规模和分布；地震地质背景；地应力的最大主应力作用方向；地下水类型、埋藏条件、补给、排泄和动态变化；地表水体的分布及其与地下水的关系，淤积物的特征；洞室穿越地面建筑物、地下构筑物、管道等既有工程时的相互影响。

4. 详细勘察

详细勘察应采用钻探、钻孔物探和测试为主的勘察方法，必要时可结合施工导洞布置洞探，详细查明洞址、洞口、洞室穿越线路的工程地质和水文地质条件，分段划分岩体质量等级（围岩类别），评价洞体和围岩的稳定性，为设计支护结构和确定施工方案提供资料。

详细勘察应进行下列工作：查明地层岩性及其分布，划分岩组和风化程度，进行岩石物理力学性质试验；查明断裂构造和破碎带的位置、规模、产状和力学属性，划分岩体结构类型；查明不良地质作用的类型、性质、分布，并提出防治措施的建议；查明主要含水层的分布、厚度、埋深，地下水的类型、水位、补给排泄条件，预测开挖期间出水状态、涌水量和水质的腐蚀性；城市地下洞室需降水施工时，应分段提出工程降水方案和有关参数；查明洞室所在位置及邻近地段的地面建筑和地下构筑物、管线状况，预测洞室开挖可能产生的影响，提出防护措施。

详细勘察可采用浅层地震勘探和孔间地震 CT 或孔间电磁波 CT 测试等方法，详细查明基岩埋深、岩石风化程度，隐伏体（如溶洞、破碎带等）的位置，在钻孔中进行弹性波速测试，为确定岩体质量等级（围岩类别），评价岩体完整性，计算动力参数提供资料。

二、地下洞室勘察的要求

1. 初步勘察

勘探与测试应符合下列要求：采用浅层地震剖面法或其他有效方法圈定稳伏断裂、构造破碎带，查明基岩埋深、划分风化带；勘探点宜沿洞室外侧交叉布置，勘探点间距宜为 100～200m，采取试样和原位测试勘探孔不宜少于勘探孔总数的

2/3；控制性勘探孔深度，对岩体基本质量等级为 I 级和 II 级的岩体宜钻入洞底设计标高下 1 ~ 3m；对 B1 级岩体应钻入 3 ~ 5m，对 IV 级、V 级的岩体和土层，勘探孔深度应根据实际情况确定；每一主要岩层和土层均应采取试样，当有地下水时应采取水试样；当洞区存在有害气体或地温异常时，应进行有害气体成分、含量或地温测定；对高地应力地区，应进行地应力量测；必要时，可进行钻孔弹性波或声波测试，钻孔地震 CT 或钻孔电磁波 CT 测试；室内岩石试验和土工试验项目，应按岩土工程勘察室内试验的规定执行。

2. 详细勘察

勘探点宜在洞室中线外侧 6 ~ 8m 交叉布置，山区地下洞室按地质构造布置，且勘探点间距不应大于 50m；城市地下洞室的勘探点间距，岩土变化复杂的场地宜小于 25m，中等复杂的宜为 25 ~ 40m，简单的宜为 40 ~ 80m。

采集试样和原位测试勘探孔数量不应少于勘探孔总数的 1/2；第四系中的控制性勘探孔深度应根据工程地质、水文地质条件、洞室埋深、防护设计等需要确定；一般性勘探孔可钻至基底设计标高下 6 ~ 10m。控制性勘探孔深度，与初步勘察控制性勘探孔深度确定方法相同。

室内试验和原位测试，除应满足初步勘察的要求外，对城市地下洞室尚应根据设计要求进行下列试验：

（1）采用承压板边长为 30cm 的载荷试验测求地基基床系数。

（2）采用面热源法或热线比较法进行热物理指标试验，计算热物理参数：导温系数、导热系数和比热谷。

（3）当需提供动力参数时，可用压缩波波速外和剪切波波速^计算求得，必要时，可采用室内动力性质试验，提供动力参数。

3. 施工勘察

施工勘察应配合导洞或毛洞开挖进行，当发现与勘察资料有较大出入时，应提出修改设计和施工方案的建议。

地下洞室勘察，仅凭工程地质测绘、工程物探和少量的钻探工作，其精度是难以满足施工要求的，还需依靠施工勘察和超前地质预报加以补充和修正。因此，施工勘察和地质超前预报关系到地下洞室掘进速度和施工安全，可以起到指导设计和施工的作用。超前地质预报主要内容包括下列四方面：①断裂、破碎带和风化囊的预报；②不稳定块体的预报；③地下水活动情况的预报；④地应力状况的预报。

超前预报的方法主要有超前导坑预报法、超前钻孔测试法和掌子面位移量测法等。

三、地下洞室监测

由于洞室的开挖，破坏了岩体的原始应力状态，洞室将产生表面的位移收敛，对洞室进行收敛量测，可以评价其稳定性，并对防护设计工作具有指导意义。

收敛量测可以了解洞室的变形形态，判断围岩压力类型，推算最大位移，以正确指导设计和施工。收敛量测特别适用于软质岩石，因软质岩石在开挖后变形延续时间很长，变形后一般处在残余阶段。收敛位移的量测采用仪器有铟钢丝收敛计、卷尺式伸长计和套管式收敛计。

洞室收敛量测拱断面的选择一般包括三条基线：边墙－拱顶，边墙－拱腰，拱腰－拱顶。测点的埋设可采用膨胀式锚钉，用直径2mm、深30mm的小孔，放入锚栓，拧紧后即可测量。

量测工作应在下一步开挖循环前进行，并距上次爆破时间不超过24h。根据量测记录绘制收敛曲线（位移与观测时间曲线），并分析岩体的应力状态、收敛的对称性和岩体的流变形。

四、地下洞室岩土工程评价

地下洞室围岩的稳定性评价可采用工程地质分析与理论计算相结合的方法，理论分析可采用数值法或弹性有限元图谱法计算。当洞室可能产生偏压、膨胀压力、岩爆和其他特殊情况时，应进行专门研究。

五、地下洞室勘察报告内容

地下洞室岩土工程勘察报告，除包括岩土工程勘察一般要求外，还应包括下列内容：

划分围岩类别；提出洞址、洞口、洞轴线位置的建议；对洞口、洞体的稳定性进行评价；提出支护方案和施工方法的建议；对地面变形和既有建筑的影响进行评价。

第四节　岸边工程岩土工程勘察

一、岸边工程勘察阶段的划分及主要手段

岸边工程的勘察阶段，对于大、中型工程分为可行性研究、初步设计和施工图设计三个勘察阶段；对小型工程、地质条件简单或有成熟经验地区的工程可简化勘察阶段。

（1）可行性研究勘察时，应进行工程地质测绘或踏勘调查，其内容包括地层分布、构造特点、地貌特征、岸坡形态、冲刷淤积、水位升降、岸滩变迁、淹没范围等情况和发展趋势。必要时应布置一定数量的勘探工作，并应对岸坡的稳定性和场址的适宜性作出评价，提出最优场址方案的建议。

（2）初步设计阶段勘察应符合下列规定：工程地质测绘，应调查岸线变迁和动力地质作用对岸线变迁的影响；埋藏河、湖、沟谷的分布及其对工程的影响；潜蚀、沙丘等不良地质作用的成因、分布、发展趋势及其对场地稳定性的影响；勘探线宜垂直岸向布置；勘探线和勘探点的间距，应根据工程要求、地貌特征、岩土分布、不良地质作用等确定；岸坡地段和岩石与土层组合地段宜适当加密；勘探孔的深度应根据工程规模、设计要求和岩土条件确定；水域地段可采用浅层地震剖面或其他物探方法；对场地的稳定性应作出进一步评价，并对总平面布置、结构和基础形式、施工方法和不良地质作用的防治提出建议。

（3）施工图设计阶段勘察时，勘探线和勘探点应结合地貌特征和地质条件，根据工程总平面布置确定，复杂地基地段应予加密。勘探孔深度应根据工程规模、设计要求和岩土条件确定，除建筑物和结构物特点与荷载外，应考虑岸坡稳定性、坡体开挖、支护结构、桩基等的分析计算需要。

据勘察结果，应对地基基础的设计和施工及不良地质作用的防治提出建议。

测定土的抗剪强度选用剪切试验方法时，应考虑下列因素：非饱和土在施工期间和竣工以后受水浸成为饱和土的可能性；土的固结状态在施工和竣工后的变化；挖方卸荷或填方增荷对土性的影响；各勘察阶段勘探线和勘探点的间距、勘探孔的深度、原位测试和室内试验的数量等的具体要求，应符合现行有关标准的规定。

二、岸边工程勘察的要求

岸边工程勘察应着重查明下列内容：

（1）地貌特征和地貌单元交界处的复杂地层。

（2）高灵敏软土、层状构造土、混合土等特殊土和基本质量等级为Ⅴ级岩体的分布和工程特性。

（3）岸边滑坡、崩塌、冲刷、淤积、潜蚀、沙丘等不良地质作用。

三、岸边工程原位测试

岸边工程原位测试应符合岩土工程勘察原位测试各项要求，软土中可用静力触探或静力触探与旁压试验相结合，进行分层，测定土的模量、强度和地基承载力等；

用十字板剪切试验，测定土的不排水抗剪强度。

测定土的抗剪强度时剪切试验方法选用，应考虑下列因素：非饱和土在施工期间和竣工以后受水浸成为饱和土的可能性；土的固结状态在施工和竣工后的变化；挖方卸荷或填方增荷对土性的影响。

四、岸边工程岩土工程评价

评价岸坡和地基稳定性时，应考虑下列因素：正确选用设计水位；出现较大水头差和水位骤降的可能性；施工时的临时超载；较陡的挖方边坡；波浪作用；打桩影响；不良地质作用的影响。

五、岸边工程勘察报告内容

岸边工程岩土工程勘察报告除应包括岩土工程勘察报告一般内容外，还应根据相应勘察阶段的要求编写勘察报告，一般还应包括下列内容：分析评价岸坡稳定性和地基稳定性；提出地基基础与支护设计方案的建议；提出防治不良地质作用的建议；提出岸边工程监测的建议。

第五节　边坡工程岩土工程勘察

一、边坡工程勘察阶段的划分及要求

1. 大型边坡勘察各阶段的要求

大型边坡勘察宜分阶段进行，各阶段应符合下列要求：

（1）初步勘察应搜集地质资料，进行工程地质测绘和少量的勘探和室内试验，初步评价边坡的稳定性。

（2）详细勘察应对可能失稳的边坡及相邻地段进行工程地质测绘、勘探、试验、观测和分析计算，作出稳定性评价，对人工边坡提出最优开挖坡角；对可能失稳的边坡提出防护处理措施的建议。

（3）施工勘察应配合施工开挖进行地质编录，核对、补充前阶段的勘察资料，必要时进行施工.安全预报，提出修改设计的建议。

2. 边坡工程勘察应查明的内容

（1）地貌形态，当存在滑坡、危岩和崩塌、泥石流等不良地质作用时，应符合不良地质作用勘察要求。

（2）岩土的类型、成因、工程特性、覆盖层厚度、基岩面的形态和坡度。

（3）岩体主要结构面的类型、产状、延展情况、闭合程度、填充状况、充水状况、力学属性和组合关系，主要结构面与临空面关系，是否存在外倾结构面。

（4）地下水的类型、水位、水压、水量、补给和动态变化，岩土的透水性和地下水的出露情况。

（5）地区气象条件（特别是雨期、暴雨强度），汇水面积、坡面植被，地表水对坡面、坡脚的冲刷情况。

（6）岩土的物理力学性质和软弱结构面的抗剪强度。

对于岩质边坡，工程地质测绘是勘察工作首要内容，并应着重查明：①边坡的形态和坡角，这对于确定边坡类型和稳定坡率是十分重要的；②软弱结构面的产状和性质，因为软弱结构面一般是控制岩质边坡稳定的主要因素；③测绘范围不能仅限于边坡地段，应适当扩大到可能对边坡稳定有影响的地段。

二、边坡工程勘察工作量布置原则

勘探线应垂直边坡走向布置，勘探点间距应根据地质条件确定。当遇有软弱夹层或不利结构面时，应适当加密。勘探孔深度应穿过潜在滑动面并深入稳定层 2 ~ 5m。除常规钻探外，可根据需要，采用探洞、探槽、探井和斜孔。主要岩土层和软弱层应采取试样。每层的试样对土层不应少于 6 件，对岩层不应少于 9 件，软弱层宜连续取样。

三、室内试验、原位测试要求

三轴剪切试验的最高围压和直剪试验的最大法向压力的选择，应与试样在坡体中的实际受力情况相近。对控制边坡稳定的软弱结构面，宜进行原位剪切试验。对大型边坡，必要时可进行岩体应力测试、波速测试、动力测试、孔隙水压力测试和模型试验；抗剪强度指标，应根据实测结果结合当地经验确定，并宜采用反分析方法验证。对永久性边坡，尚应考虑强度可能随时间降低的效应；大型边坡应进行监测，监测内容根据具体情况可包括边坡变形、地下水动态和易风化岩体的风化速度等。

四、边坡工程岩土工程评价方法

边坡的稳定性评价，应在确定边坡破坏模式的基础上进行，可采用工程地质类比法、图解分析法、极限平衡法、有限单元法进行综合评价。各区段条件不一致时，应分区段分析。

边坡稳定系数 F_s 的取值，对新设计的边坡、重要工程宜取 1.30 ~ 1.50，一般工程宜取 1.15 ～ 1.30, 次要工程宜取 1.05 ～ 1.15。采用峰值强度时取大值, 采取残余强度时取小值。验算已有边坡稳定时, F_s 取 1.10 ～ 1.25。

五、边坡工程勘察报告内容

　　边坡岩土工程勘察报告应包括一般岩土工程勘探规定的内容, 还应论述下列内容: 边坡的工程地质条件和岩土工程计算参数; 分析边坡和建在坡顶、坡上建筑物的稳定性, 对坡下建筑物的影响; 提出最优坡形和坡角的建议; 提出不稳定边坡整治措施和监测方案的建议。

第十三章　水利水电工程地质勘察

第一节　水利水电工程地质勘察阶段划分

一、规划阶段工程地质勘察

规划阶段工程地质勘察应对规划方案和近期开发工程选择进行地质论证，并提供下程地质资料。规划阶段工程地质勘察任务是了解规划河流、河段或工程的区域地质和地震概况；了解规划河流、河段或工程的基本工程地质条件和主要工程地质问题；对规划河流（段）和各类规划工程天然建筑材料进行普查。为各类水资源综合利用工程规划选点、选线和合理布局进行地质论证并提供工程地质资料。

1. 主要勘察工作内容

（1）坝址区：对梯级开发坝区来说，要了解基本工程地质条件，注意河谷第四系分布，重要不良地质现象的分布和规模；岩层透水性及可能产生渗漏的地段。近期开发工程和控制性工程的坝区，应在上述基础上进一步了解坝基软弱夹层大致分布；坝区内大断层、活断层及缓倾角断层情况；风化壳深度；透水层及隔水层大致深度；岸坡稳定条件及地下水高程。对第四系地区应了解其厚度及基本物理性状，尤其要注意不良土石体的分布。

（2）水库区：梯级开发库区内，要了解严重威胁水库规划方案成立的重大不良地质现象（主要是滑坡、泥石流，岩溶的分布）以及大规模的浸没、塌岸和严重渗漏可能性问题。近期开发工程和控制性地段，应对上述有关问题作出初步评价。

2. 一般勘察方法

（1）坝址区：梯级开发区以工程地质测绘和物探为主，测绘比例尺选用1：5000～1：1万（平原区1：1万～1：2.5万），物探工作主要布置不少于3～5条物探剖面，以了解覆盖层厚度、地下水和地质构造情况。适当做些试验工作。近期开发和控制性区段，在上述工作基础上，在代表性勘探剖面上布置3～5个钻孔，主要了解地层情况，结合钻孔做压水试验工作。两岸适量布置轻型坑探工程。

（2）水库区：主要结合区域地质调查来进行，对近期开发和控制性工程，如存在重大岩土工程问题，要进行专门工程地质测绘，有重点地布置少量勘探工作。水库工程地质测绘比例尺应选用 1：2.5 万～1：5 万，测绘范围应包括研究渗漏问题有关的分水岭及邻谷地区。

二、可行性研究阶段工程地质勘察

可行性研究阶段工程地质勘察应在河流、河段或工程规划方案的基础上选择工程建设位置，并应对选定的坝址、场址、线路等和推荐的建筑物基本形式、代表性工程布置方案进行地质论证，提供工程地质资料。

1. 主要勘察内容

（1）坝址区：①了解河床及两岸第四系地层厚度、分布和物质组成，特别是软土层及砂砾卵石层分布；②了解基岩岩性、分层（类），软弱夹层的分布、厚度、性质，分析其与工程的关系；③了解坝区断裂带的产状、延伸、性质、规模、充填物质，尤其是顺河断裂及缓倾角断裂，分析它们对工程的影响；④了解风化分带及各带厚度、分布规律和强度性质；⑤初步分析存在的崩、滑体等不良地质现象的形成条件、稳定性和危害程度；⑥了解坝址区水文地质条件及岩土体透水性，岩溶发育深度和主要岩溶现象的存在情况，分析渗漏的可能性。

（2）水库区：在全面了解库区工程地质条件基础上，着重针对库区岩土工程问题进行勘察研究，即①调查库区水文地质条件，分析通过各种渗漏通道产生渗漏的可能性，特别是岩溶区，要结合岩溶发育程度和隔水层分布情况，分析渗漏途径和形式，并进行渗漏量估算，分析其对建库的影响和处理的可能性；②根据地形地貌条件、水文地质条件和第四系地层分布情况，研究浸没的可能性，初步预测浸没区范围；③调查对工程有影响的滑坡、泥石流分布，初步评价其稳定性，对土岸的塌岸情况也要作出预测；④配合地震部门对水库诱发地震问题作出可能性判断。

2. 一般勘察方法

（1）坝址区：采用 1：2000～1：5000 比例尺（平原区 1：2000～1：1 万）的工程地质测绘。各比较坝址布置 1～3 条勘探剖面，其剖面应能控制坝址河床、软弱夹层、顺河断层、不稳定岸坡。手段以钻探为主，峡谷陡岸坝肩部位也可考虑平洞勘探，物探工作主要用来配合查明地质结构、风化层、覆盖层、不稳定坡体以及钻孔测井工作。钻孔应分段做水压试验（第四系地层作抽水试验）。岩土试验以室内物理力学指标测试和现场简单测试为主。对这些重要现象可开展长期观测工作。

（2）水库区：主要采用 1：1 万～1：5 万比例尺工程地质测绘，重点研究地段可选用较大比例尺测绘。应用物探方法配合调查滑坡体、地下水情况、岩溶、断裂带等。影响库坝址选择的重大岩土工程问题，应布置勘探剖面进行钻探工作，结合钻探进行一些试验工作。

三、初步设计阶段工程地质勘察

初步设计阶段勘察是整个勘察工作中最关键和最重要的阶段。勘察工作是在选定的坝址和建场地上进行的，旨在全面查明建筑区工程地质条件和库区存在的岩土工程问题，为选定大坝及其他主要建筑的轴线、形式、规模以及有关岩土工程问题处理方案提供地质资料、数据和建议。

1. 主要勘察内容

（1）坝址区：在前阶段工作基础上，进一步加深了解如下地质内容：①在查明场地内第四土层分布和厚度基础上，进一步提出各土层的变形模量、压缩系数、允许渗透梯度等参数，查明砂类土的振动液化条件；②在岩体详细的分层（类）基础上，结合建筑要求，分段分类提出岩体的有关物理、力学性质指标，进一步查明坝基（肩）岩体内软弱夹层（或软弱结构面）的物质成分、起伏差、连通率、组合关系以及力学参数；③了解岩体各风化带的物理力学性质和抗水性，提出开挖深度和处理措施；④深入查清对工程有影响的断裂破碎带的一些细节内容，包括准确的产状、宽度、构造岩的物理力学性质等，并提出处理措施；⑤查明岩土体的水文地质结构，各层的渗透系数，渗漏带的边界条件，预测渗漏量及基坑涌水量，提出防渗处理范围和深度；⑥查清坝基（肩）的工程地质条件，针对不稳定结构体、渗透变形的土石体存在情况，对坝基（肩）岩体的稳定性作出评价。

（2）水库区：中心内容是深入查清所存在的主要岩土工程问题，并作出确切结论。具体有：①详细查明渗漏地段的渗漏途径和通道、边界条件、渗透性大小等，计算渗漏量，确定防渗处理范围和深度；②在前阶段圈定的可能浸没区内，进一步搞清土层分布、结构、厚度、物理性质、毛细性、渗透性、地下水位、浸没的地下水临界深度，作出预测并提出防治措施；③查明不稳定边坡的边界条件，对近坝区的崩滑体做出稳定性判断，第四系土体库岸要预测塌岸范围，提出防治措施；④如果存在水库诱发地震可能性，即应进一步开展工作，对产生水库诱发地震的地质条件作出分析评价。

2. 一般勘察方法

（1）坝址区：进行 1∶1000 ~ 1∶2000 比例尺的工程地质测绘。物探工作主要是配合钻探和坑探进行，结合建筑物需要布置勘探剖面，进行一定数量的钻探工作，如坝基处要沿坝轴线布置主勘探剖面和上、下游辅助勘探剖面，勘探点间距 20 ~ 100m 不等，一般孔深应深入到拟定建基面以下 1/3 ~ 1/2 倍坝高。大型和重要工程，一般均需布置重型坑探工程和大口径钻探，拱坝坝肩也应布置坑探工程，查明岩体结构等。结合室内试验开展一些现场试验工作，如岩体坝基的现场变形模量试验不少于4点，软弱面原位抗剪试验不少于4组。水文地质试验要兼顾到灌浆处理工程情况，进行压水（抽水）试验。视情况开展长期观测工作。

（2）水库区：应针对专门问题采取相应的勘察方法。一般都要进行1：2000～1：1万比例尺工程地质测绘。此外，如研究渗漏问题可采用物探方法探测溶洞发育情况、地下水情况；采用钻孔揭露地下水位和进行地下水位动态长期观测工作；地下水调查的连通试验工作等。如研究浸没问题应布置适当的勘探剖面，原则上，浸没区每一地貌单元至少有两个控制钻孔；勘探剖面之间可以结合物探方法了解地下水位等条件；试验工作主要了解土的渗透性、毛细性、基本物理性质相化学性质，每一浸没区主要土层的物理、化学性质试验不少于10组，塌岸区的工程地质勘察中，一般每隔200～3000m布置一条勘探剖面；各土层应做不少于10组的物理力学性质试验。

四、施工详图设计阶段工程地质勘察

本阶段的基本任务是利用施工开挖条件验证已有地质资料，补充论证新发现的岩土工程问题。进行施工地质编录、预报和验收工作，提出施工期工程地质监测工作的建议。

主要工作内容是对新发现的问题和临时建筑地点的补充勘察和评价；施工开挖方面的记录描述工作；配合设计、施工等部门进行地基处理和其他验收工作。

勘察的方法视具体情况而定，一般采用超大比例尺的测绘、专门性的勘探、试验工作。同时，继续完善长期观测工作。

第二节 水利水电枢纽工程地质勘察

在水利水电工程地质勘察中，枢纽地区的勘察最重要，也最繁重。大坝是水利枢纽的主体建筑物，因此枢纽地区工程地质勘察以大坝为主，所以又称为坝址区的工程地质勘察。

一、不同坝型对工程地质条件的要求

水坝起拦挡水流、抬高上游水位的作用，是水工建筑物中的主要建筑。水坝类型较多，不同类型的水坝其工作特点和对工程地质条件的要求不同。按筑坝的材料不同，主要可分为散体堆填坝和混凝土（或浆砌石）坝两类。前者是适应于较大变形的柔性结构，又可分为土坝、堆石坝、干砌石坝等；而后者则是变形敏感的相对刚性结构，按结构又可分为重力坝、拱坝和支墩坝等。

1. 土坝

土坝是利用当地土料堆筑而成的历史最悠久、采用最广泛的坝型。它有很多优点：①可以就地取材、造价相对较低；②结构简单，施工容易，既可以大规模机械化施工，又可以小规模机械化施工；③属柔性结构物，抗震性能好；④对地质条件要求低，几乎在所有条件下均可修建；⑤寿命较长，维修简单，后期加高、加宽均较容易，因此，在各国坝工建设中所占比例最大。我国15m以上的水坝中土坝占95%；美国土坝比例占45%，日本占86%。有些国家采用这种坝型堆筑高坝，如苏联、加拿大和美国。

土坝对工程地质条件的要求见表13-1。

表 13-1　土坝对工程地质条件的要求

要求	内容
坝基透水性要小	坝基若是深厚的砂卵石层或岩溶化强烈的碳酸盐岩类，则不仅会产生严重的渗漏，影响水库蓄水效益，而且可能会出现渗透稳定问题。在河谷地段地下水位较低、岩石透水性较强的碳酸盐岩地区建坝，常会出现"干库"。因此，在查明以上条件后，要进行防渗设计
坝基有一定强度	由于土坝允许产生较大的变形，故可以在土基（软基）上修建。但它是以自身的重力抵挡库水的推力而维持稳定的结构物，体积很大，荷载被分布在较大的面积上，所以要求坝基材料具有一定承载能力和抗剪强度。选择坝址时，应避免淤泥软土层，膨胀、崩解性较强的土层，湿陷性较强的黄土层以及易溶盐含量较高的岩层作为坝基。考虑到高坝地基产生的沉陷量较大，坝体应采取超高建筑的形式设计，使超高等于所计算的最终沉降量
要有修建泄洪道的合适地形、地质条件	需要修建泄洪道是土坝的特点，在选坝必须考虑有无修建泄洪道的有利地形、地质条件；否则会增加工程布置的复杂性和造价
附近应有数量足够、质量合乎要求的土料	包括一般堆填料和防渗土料，它直接影响坝的经济条件和坝的体质

2. 堆石坝（干砌石坝）

坝体用石料堆筑（干砌）而成，它也是一种就地取材的古老坝型。现今由于机械化施工和定向爆破技术的不断发展，堆石坝已成为经济坝型的一种。

堆石坝对工程地质条件要求与土坝大致相同，但地基要求要高些。一般岩基均能满足此种坝的要求；而松软的淤泥土、易被冲刷的粉细砂、地下水位较低的强烈岩溶化地层，则不适宜修建此种坝型。此外，采用刚性斜墙防渗结构的堆石坝，应修建在岩基上，修建堆石坝的另一重要条件是坝址区要有足够的石料，其质量的要求是有足够的强度和刚度及有较高的抗风化和抗水能力。

3. 重力坝

重力坝也是一种常见坝型，有混凝土重力坝和浆砌石重力坝。由于它结构简单，工作可靠、安全，对地形适应性好，施工导流方便，易于机械化施工，速度快，使用年限长，养护费用低，安全性好，所以重力坝在近代发展很快，在各种坝型中的比例仅次于土坝。目前世界上最高的重力坝是瑞士的大获克逊（Grand Dixence）坝，高为285m。

重力坝的特点是重量大，依靠其自重与地基间产生的摩擦力来抵抗坝前库水等的水平推力，保持大坝稳定。同时，还利用其自重在上游面产生的压应力，足以抵消库水等在坝体内接触面上产生的拉应力，使之不致发生拉张破坏。重力坝在满足抗滑稳定及无拉应力两个主要条件的同时，坝体内的压应力通常是不高的。如一座高达70m的重力坝，其坝体最大压应力一般不超过2MPa，所以材料强度未能被充分利用，不经济。同时，由于基础面较宽，地基面上的压应力也较小。

浇筑混凝土坝体时，由于温度效应会使其产生裂缝。为了克服上述缺点和节省材料，近数十年来国内外创造发展了宽缝式、空腹式、空腹填渣式及预应力式等新型重力坝。重力坝对工程地质条件的要求如下：

（1）坝基岩石的强度要高。要求坝基岩石坚硬完整，有较高的抗压强度，以支持坝体的重量。同时，也应具有较大的抗剪强度，以利于抗滑稳定性。因此，一般要求重力坝修建在坚硬的岩石地基上，软基是不适宜的。当坝基中有缓倾角的软弱夹层、泥化夹层和断层破碎带等软弱结构面时，对重力坝的抗滑极为不利，尤其是那些倾向与工程作用力方向一致的缓倾角结构面。坝基中若有河流覆盖层和强风化基岩时，需清除或加固。

（2）坝基岩石的渗透性要弱。坝基岩石中的缝隙，会产生渗漏及扬压力，对水库蓄水效益和坝基抗滑稳定均不利。特别是强烈岩溶化地层及顺河向的大断裂破碎带，在坝址勘察时应十分注意，对它们的处理常常是复杂和困难的。

（3）就近应有足够的、合乎质量要求的砂砾石和碎石等混凝土骨料，它往往是确定重力坝型的依据之一。

4. 拱坝

拱坝在平面上呈圆弧形，凸向上游，拱脚支撑于两岸。作用于坝体上的库水压力等，借助于拱的推力作用传递给拱端两岸的山体，并依靠它的支承力来维持稳定。拱坝是一个整体的空间壳体结构。从水平切面上看，它是由许多上下等厚或变厚的拱圈叠成，大部分荷载即由拱的作用传递到两岸山体上。在铅直断面上，则是由许多弯曲的悬臂梁组成，少部分荷载依靠梁的作用传递给坝基。由于拱是推力结构，只要充分利用它的作用，即可充分发挥材料强度。典型的薄拱坝，比起相同高度的重力坝可节省 80% 混凝土量，如法国的托拉（Tora）拱坝高为 85m，其最大厚度仅 2.4m。因而，拱坝是一种经济合理的坝型，但它的施工技术要求很高。

拱坝具有较强的抗震性能和超载能力。位于阿尔卑斯山区的瓦伊昂（Vaiont）双曲拱坝，高为 261.6m，当 1963 年 10 月 9 日水库左岸的高速巨大滑坡体进入库内时，能激起 250m 高的涌浪，高 150m 的洪波溢过坝顶泄向下游，而坝体却安然无恙。

拱坝的上述结构特点，决定了它对工程地质条件的特殊要求如下：

（1）坝址应为左右对称的峡谷地形。河谷高宽比（L/H）应小于 2，越狭窄的 V 字形峡谷，越有利于发挥拱坝的推力结构作用。若地形不对称，就需开挖或采取结构措施使之对称。

（2）坝基及拱端应坐落在坚硬、完整、新鲜、均匀的基岩上，上、下游岸坡和拱端岩体稳定，且无与推力方向一致的软弱结构面存在；拱坝要求变形量小，特别应注意地基的不均匀沉降和潜蚀等现象。

5. 支墩坝

支墩坝是由相隔一定距离的支墩和向上游倾斜的挡水盖板组成。库水压力等由盖板经支墩传递给地基。为了增加支墩的整体性和侧向稳定性，支墩还常设有加劲梁。根据盖板的形状不同，支墩坝可分为平板坝、大头坝和连拱坝。

支墩坝是一种轻型坝，它的特点是能比较充分地利用材料强度，能利用上游面的水重提高坝体稳定，扬压力对它的作用很小。因此，可节省大量材料；支墩坝对工程地质条件要求较低，可修建在各种地基上，在地基较差的河段中修建支墩坝时，通常设有基础板，把荷载分布在地基上，以免除由不均匀沉陷而产生扭应力。支墩坝可修建在较宽阔的河谷中，但要求两岸坡度不易过陡；否则，必须做一段重力墩来过渡。

由于支墩坝的坝轴方向整体性差和对坝肩岩体变形抵抗能力低，在强震区和坝肩存在蠕滑体时，不宜选用此种坝型。

二、坝址选择的工程地质论证

选择坝址是水利水电建设中一项具有战略意义的工作。它直接关系到水工建筑物的安全、经济和正常使用。工程地质条件在选坝中占有极其重要的地位，选择一个地质条件优良的坝址，并据此合理配置水利枢纽的各个建筑物，以便充分利用有利的地质因素，避开或改造不利的地质因素。

坝址的概念应该包括整个水利枢纽各种建筑的场地。所以在坝址选择时除了考虑主体建筑物拦水坝的地质条件外，还应研究包括溢洪、引水、电厂、船闸等建筑物的地质条件，为规划、设计和施工提供可靠依据。

坝址选择，一般按照"面中求点，逐级比较"的方法进行。即首先了解整个流域的工程地质条件，选择出若干个可能建坝的河段，经过地质和经济技术条件的比较，制定出梯级开发方案，并确定首期开发的河段或坝段。进一步研究首期开发段的工程地质条件，提出几个供比选的坝址，经过工程地质勘察和概略设计之后，对各比选坝址的地质条件、可能出现的工程地质问题及各建筑物配置的合理性、工作量、造价和施工条件等进行论证，选定一个坝址。坝址比选是一项十分重要的工作，它决定了以后的勘察、设计、施工的总方针，因而需要地质、水工设计及施工等人员相互配合、详细讨论后决定。然后，在选定的坝址区再提出几条供比选的坝轴线，进行详细的勘察和各种试验，为设计提供各种必要的地质资料和参数，并主要由地质条件确定施工的坝线。

在自然界中，地质条件完美的坝址很少，尤其是大型的水利枢纽，对地质条件的要求很高，更不能完全满足建筑物的要求。所谓"最优方案"是比较而言的，最优坝址在地质上也会存在缺陷。所以在坝址选择时，也应当考虑不同方案为改善不良地质条件的处理措施。因此，地质条件较差、预计处理困难、投资高昂的方案，应首先被否定。

坝址选择时，工程地质论证的主要内容包括区域稳定性、地形地貌、岩土性质、地质构造、水文地质条件和物理地质作用以及建筑材料等，还要预计到可能产生的工程地质问题和处理这些问题的难易程度、工作量大小等，下面分别论述。

1. 区域稳定性

区域稳定性问题的研究在水利水电建设中具有特别重要的意义。围绕坝址或要开发的河段，对区域地壳稳定性和区域场地稳定性进行深入研究是一项战略任务。特别是地震的影响直接关系着坝址和坝型的选择，一般情况下，地震烈度由地震部门提供，但对于重大的水利枢纽工程要进行地震危险性分析和地震安全性评价。因此，对于大型水电工程，在可行性研究阶段，应组织专门力量解决区域稳定性评价。

2. 地形地貌

地形地貌条件是确定坝型的主要依据之一，同时，它对工程布置和施工条件有制约作用。狭窄、完整的基岩 V 形谷适合修建拱坝，所以坝址通常选在河流峡谷段。但是河谷过于狭窄，则对枢纽和施工场地布置不利，给施工导流也增加难度。所以一般宜选择宽度适中的峡谷河段作为坝址，这样坝体工作量既不过大，枢纽和施工场地的布置及施工导流也都比较方便。峡谷段较长时，以接近峡谷进、出口段比较有利。但峡谷段河流冲刷能力强，有时可能形成局部深槽、深潭；或因冰川、泥石流、崩塌等地质作用，在河谷底部堆积身后的松散沉积层，这在勘察工作中也是需要特别注意的。

丘陵地区河谷横剖面形态往往较复杂，河谷也较宽阔，两岸谷坡通常较缓；或形成一岸陡峻，另一岸平缓的不对称河谷。河床覆盖层一般较厚，以砂砾石为主，阶地比较发育，天然建筑材料丰富。在这类河谷中选择坝址要因地制宜，具体分析，一般宜选择地形相对完整，宽度适中的河段。宽高比大于 2 的 U 形基岩河谷区宜修建混凝土重力坝或砌石坝。宽敞河谷地区岩石风化较深或有较厚的松散沉积层，一般修建土坝。

不同地貌单元其岩性、结构有其自身的特点，如河谷开阔地段，其阶地发育，二元结构和多元结构往往存在渗漏和渗透变形问题。古河道往往控制着渗漏途径和渗漏量等。因此在坝址比选时要充分考虑地形、地貌条件。此外还应当充分利用有利地形条件，布置水电站或施工导流、泄洪、通航等建筑物。这样可以减少主体工程施工时的干扰，今后运行也较方便。

3. 岩土性质

岩土性质对建筑物的稳定来说十分重要，对坝址的比选具有决定性意义。因此，在坝址比选时，首先要考虑岩土性质。修建高坝，特别是混凝土坝，应选择坚硬、完整、新鲜均匀、透水性差而抗水性强的岩石作为坝址。我国已建和正在施工的 70 余座高坝中，有半数建于强度较高的岩浆岩地基上，其余的绝大多数建于片麻岩、石英岩和砂岩上，而建于可溶性碳酸盐岩和强度低易变形的页岩、千枚岩上的极少。在世界坝工建设史上，由于坝基强度不够，而改变设计、增加投资，甚至发生严重事故者不乏其例。例如，美国圣弗朗西斯科（St.Francis）坝是一座高 62.6m 的混凝土重力坝，坝址岩石为云母片岩和红色砾岩，二者在右岸斜坡上呈断层接触。砾岩泥质胶结，并穿插有石膏细脉，强度低且易饱水软化崩解。水库于 1926 年初开始蓄水，至 1928 年年初突然垮坝，右翼首先被水冲溃；继之左翼也坍垮，仅残留河床中部 23m 长的一个坝段。后经查明，垮坝的原因是右岸红色砾岩中石膏脉的溶解和岩石软化崩解以及左岸云母片岩顺片理滑动。我国黄河干流上的八盘峡水利枢纽坝基岩石系白垩纪红色砂页岩，岩性软弱，由于勘察和选坝工作粗糙，未查清坝基地质条件就施工，第一期基坑开挖后才发现有两条顺河大断层切穿坝基岩体，在进一步勘察过程中又查明了坝基内顺层的缓倾角软弱泥化夹层分布广，抗剪强度低，对坝基抗滑稳定影响极大。此外，断层带及软弱泥化夹层有发生渗透变形的可能。经计算，原设计断面已不能满足稳定的需要。为改善地基条件被迫炸毁三段导墙，将坝线上移 103m，使开挖量和混凝土浇筑量加大、工期延长。

下面将不同成因类型岩土的建坝适宜性及其主要问题作简要概述。

侵入的块状结晶岩体，一般致密坚硬、均一、完整、强度大、抗水性强、渗透性弱，是修建高混凝土坝最理想的地基，其中尤以花岗岩类为最佳。这类岩石需注意它们与围岩以及不同侵入期的边缘接触面、平缓的原生节理、风化壳和风化夹层的分布，选坝时应避开这些不利因素。

喷出岩类强度较高、抗水性强，也是较理想的坝基。我国东南沿海、华北和东北有不少大坝坐落在这类岩石上。喷出岩的喷发间断面往往是弱面，存在风化夹层、夹泥层及松散的砂砾石层，还有凝灰岩的泥化和软化等，对坝基抗滑稳定性的影响不可忽视。此外，玄武岩中的柱状节理，透水性很强，在选坝时也须注意研究。桑干河干流上的山西省册田水库大坝坝基为新生代的玄武岩，柱状节理极发育，坝基及绕坝渗漏严重，影响水库蓄水效益。

深变质的片麻岩、变粒岩、混合岩、石英岩等，强度高、抗水性强、渗透性差，也是较理想的坝基。但是在这类岩体中选坝址，必须注意片理面的各向异性及软弱夹层的存在，选坝时，应避开软弱矿物富集的片岩（如云母片岩、石墨片岩、绿泥石片岩、滑石片岩）。在浅变质岩的板岩、千枚岩区，应特别注意岩石的软化和泥化问题。

沉积岩中，以厚层的砂岩和碳酸盐岩为较好的坝基。这类岩石坝基较岩浆岩、变质岩的条件复杂。这是因为在厚层硬岩层中常夹有软弱岩层，这些夹层力学强度低，抗水能力差，易构成滑移控制面。碎屑岩类如砾岩、砂岩等，强度与胶结物类型有关，一些胶结物在水的作用下可能产生溶解、软化、崩解、膨胀等。在构造变动下往往发生层间错动，经过次生作用易于发生泥化。在坝址比选时必须十分注意这一问题。此外，碳酸盐岩的岩溶洞穴和裂隙的发育，可能会产生严重的渗漏。

另外，在坝址比选中，河床松散覆盖层具有重要意义。修建高混凝土坝，坝体必须坐落在基岩之上，若河床覆盖层过厚，就会增加坝基的开挖工程量，使施工条件复杂化。所以其他条件大致相同时，应将坝址选择在覆盖层较薄的地段。有的河段因覆盖层过厚，只得采用土石坝型。比选松散土体坝基的坝址时，须研究渗漏、渗透变形和振动液化等问题，而且应避开如淤泥类土等软弱、易变形土层。

4. 地质构造

地质构造在坝址选择中同样占有重要地位，对变形较为敏感的刚性坝来说更为重要。

在地震强烈活动或活动性断裂发育的地区，选坝时应尽量避开或远离活断层，而位于区域稳定条件相对较好的地块上。在选坝前的可行性研究时，应进行区域地质研究，查明区域构造格局。尤其要查明目前仍持续活动或可能活动断裂的分布、类型、规模和错动速率，并预测发生水库诱发地震的可能及震级。国外有些水坝就因横跨活断层而坝体被错开或致垮坝。例如，美国西部位于圣安德烈斯大断裂上的晶泉坝和老圣安德烈斯坝，在 1908 年旧金山大地震时分别被错开 2.5m 和 2m。1963 年洛杉矶附近鲍尔德温山水库大坝的溃决，则是因通过库区和坝下的断层活动，水沿断层渗流使坝基中粉砂、细砂层发生渗透变形所致。经研究，断层的最大错距达 150mm。我国新丰江水库 1982 年 3 月 6.1 级诱发地震发生后，更重视了选坝中对区域稳定条件的研究。

地质构造也经常控制坝基、坝肩岩体的稳定，在层状岩体分布地区，倾向上游或下游的缓倾含层中存在层间错动带时。在后期次生作用下往往演化为泥化夹层。若有其他构造结构面切割的话，对坝基抗滑稳定极为不利，在选坝时应特别注意。因为缓倾岩层的构造变动一般较轻微，容易被忽视。陡倾甚至倒转岩层，由于构造形变强烈，岩石完整性受到强烈破坏，在选坝时更要特别注意查清坝基内缓倾角的压性断裂。总之，要尽可能选择岩体完整性较好的构造部位做坝址，避开断裂、裂隙强烈发育的地段。

5. 水文地质条件

在以渗漏问题为主的岩溶区和深厚河床覆盖层上选坝时，水文地质条件应作为主要考虑的因素。

从防渗角度出发，岩溶区的坝址应尽量选在有隔水层的横谷，且陡倾岩层倾向上游的河段上。同时还要考虑水库是否有严重的渗漏问题，岸区最好是强透水岩层底部有隔水岩层的纵谷，且两岸的地下分水岭较高；当岩溶区无隔水层可以利用的情况下，坝址应尽可能选在岩溶发育微弱、岩石渗透性不强烈的河段。硅质灰岩、内云岩或白云质灰岩，比同样条件下的石灰岩岩溶发育程度要微弱。构造断裂不发育，河谷近期强烈下切的河段，岩溶发育也相对要差一些。

6. 物理地质作用

影响坝址选择的物理地质作用较多，诸如岩石风化、岩溶、滑坡、崩塌、泥石流等，但从一鸣水库失事实例来看，滑坡对选择坝址的影响较大。

在河谷狭窄的河段上建坝可节省工程量和投资，所以选择坝址时总希望找最窄的峡谷地段。但是，峡谷地段往往存在岸坡稳定问题，一定要慎重研究，如法国罗曼什河上游一坝址，地形上系狭窄河段，河谷左岸由花岗岩和三叠纪砂岩及石灰岩构成。右岸是里亚斯页岩，表面上看来岩体较完整，后经钻探发现页岩下面为古河床相的砂砾石层，表明了页岩是古滑坡体物质，滑坡作用将河槽向左岸推移了 70m，因而只得放弃该坝址而另选新址。我国江西某水电站勘察中也遇到类似的情况，原拟在下游的茶子山河段上建坝，经勘察发现由花岗岩及变质砂岩组成的右岸高陡岸坡岩体已发生变形移位、危岩耸立。于是不得不放弃该坝址而在上游另选罗湾坝址进行勘探。

滑动堆积区是具有强烈透水性的，若在滑坡体上建坝不但会产生强烈的渗漏，而且滑坡体还有可能重新滑动，危及大坝的安全。因此选坝址时应尽量避开滑坡地段，如必须在滑坡处建坝，则应对比工程处理的难易程度，慎重进行坝址选择。

近坝库区若在蓄水后，甚至施工期间。有发生大规模崩滑的可能，也会严重威胁大坝的安全。意大利瓦力昂水库的崩滑，就是这方面最著名的例子。

7. 天然建筑材料

天然建筑材料也是坝址选择的重要因素。坝体施工常常需要使用当地材料，坝址附近是否有质量合乎要求、储量满足建坝需要的建材，如砂石、黏土等，是坝址选择应考虑的；天然建筑材料的种类、数量、质量及开采条件和运输条件对工程的质量、投资影响很大，在选择坝址时应进行勘察。

三、溢洪道工程地质勘察

溢洪道是渲泄水库正常高出水位以上多余的洪水，以保证大坝安全的泄水建筑物。溢洪道在整个枢纽中的地位十分重要，有时甚至可能左右坝址和坝型的选择；溢洪道在修建及运行过程中经常遇到的主要工程地质问题有：高边坡稳定问题，溢洪道闸基（堰槛段）的地基稳定问题和陡槽段、消能段的地基稳定问题。前两个问题已有论述，现仅分析溢洪道陡槽段和消能段的地基稳定问题。

1. 陡槽段地基稳定分析

当溢洪道底板不衬砌时，陡槽段岩体的破坏主要由高速水流的冲刷所致。岩体的抗冲刷性能，既与岩性有关，又与构造破坏和风化作用的影响有关。如果岩体新鲜、坚硬、完整，受断裂构造影响较小，则抗冲刷性能较好，冲蚀破坏较小。若岩体软弱或胶结不好；或受断裂构造影响较大，节理发育，岩体破碎；或受风化作用影响岩体强度下降，则易遭受高速水流冲刷破坏。

陡槽内水流速度过高时，不但能冲毁破碎的岩体（或软弱岩体），有时竟连混凝土板也一起冲走。为了防止陡槽段底板被水流冲毁，所用的砌石护料要有足够重量，砌护面板厚度不应太薄。

对于有衬砌的溢洪道，渗透水流对陡槽段底板稳定的影响，是一个必须注意的问题。渗透水流的扬压力作用在底板下面，减轻了底板的重量，若底板与岩体之间胶结不良，其间存在缝隙或底板下排水不畅，底板的刚度又不够，则可能被鼓起，甚至鼓裂，或者产生滑动。渗透水流还可将裂隙中细小颗粒带出，造成底板下土体的潜蚀，导致底板下面被掏空，致使溢洪道遭到破坏。

为了减少地下水对溢洪道底板的渗透压力，施工时常在护面板（即底板）底下设置纵横方向的排水沟，沟内充填砂、碎石等反滤料，排走面板底下的地下水，保证面板正常工作和稳定; 陡槽地基岩土的冻胀作用,也常使冬季严寒地区的底板破坏。因此, 在这些地区应将陡槽段放在不易受冻胀影响的岩（土）体地基上, 或采用处理措施保证其不受冻胀破坏。

2. 出口消能段地基稳定问题

溢洪道出口消能段的地基岩体,若过于软弱,或风化破碎,或其中软弱结构面（特别是有缓倾角的）形成不利的组合, 在洪水巨大推力下容易失稳, 其回流水的冲刷, 还有可能危及坝基稳定。在采用挑流消能时, 下游冲刷坑能否扩大而危及挑流鼻坎基础稳定, 亦是必须研究的问题之一; 因此冲刷坑的位置应尽量设置在坚硬、新鲜、完整的岩体上。冲刷坑距离工程基础的保证一定的安全距离。

3. 溢洪道位置的选择

溢洪道的布置应根据不同的地形、地貌、地质条件和不同坝型的要求, 因地制宜。一般重力坝和拱坝常采用坝顶溢流方式, 或者坝顶加底孔溢洪, 这样虽能使枢纽布置紧凑, 管理方便, 但往往会出现坝下游的冲刷问题。土坝、堆石坝和多数的支墩坝, 一般不允许坝顶溢流, 必须在坝体以外设置旁侧溢洪道, 或者开凿溢洪隧洞。为了避免坝下游产生剧烈冲刷, 重力坝和拱坝也有布置这类溢洪道的。

在选择溢洪道位置时, 应尽量使溢洪道长些、宽些, 因为水流在溢洪道内高速下泄, 冲刷能力极强, 这样可以减轻冲刷。同时应尽量避免深挖方, 因为开挖边坡过陡, 边坡容易失稳; 开挖边坡过缓, 则工程量太大。溢洪道也不宜和断层、岩层的走向平行。

溢洪道应尽量设置在坚硬完整的岩体上, 避免从节理裂隙发育、风化作用强烈的地段通过。也不应从第四系松散覆盖层厚度很大, 或是滑坡、泥石流、岩溶等物理地质现象发育的地段通过; 溢洪道进口段地形要开阔些, 以保证水流畅通。出口处则应离坝址要有一定距离, 避免回流掏蚀坝址。

为避免施工和运行时的相互干扰, 溢洪道应尽可能不与放水洞、发电洞及船闸布置在同一侧, 也不宜离坝体太近。有条件利用坝体附近的垭口地形, 布置溢洪道最为理想。这样既不影响大坝和其他建筑物, 开挖量又小。但垭口处往往地质条件比较复杂, 对垭口式溢洪道要特别注意堰槛基础的稳定。若山体单薄, 尚需注意渗漏和地下水对陡槽段基础渗透破坏问题。

四、施工导流建筑工程地质勘察

在河床中修建水利枢纽, 必须引导河水绕过施工场地流至下游。常用的导流方式有: 隧洞导流、明渠导流、涵管导流、渡槽导流、河床分段导流、坝体底孔或缺口导流等多种形式。总的来说可以分成两大类: 一类是另辟水道, 让河流暂时绕流; 另一类则是利用原有河道的一部分进行导流。采用合理的施工导流方式, 不但能使施工顺利，工期缩短，还能节省工程投资。导流方式选用不当或不重视导流建筑物的勘察，就有可能导致施工过程出现重大问题，不仅要延长工期，增加投资，甚至还能使施工中的工程全部毁灭，造成巨大的生命财产损失。因此水利水电工程建设，应当高度重视施工导流建筑物的勘察设计。施工导流条件是比选坝址的一个重要方面。

1. 施工导流常用方式

（1）隧洞导流。在峡谷河段，只有在岸边挖掘导流隧洞作为新的水道，并用上、下游围堰拱截河流，使河水经由导流隧洞下泄，然后将基坑内水排干，开挖清基，进行基础处理和主题建筑物的施工。

隧洞的断面需根据河流的流量来确定，由于大坝施工时间往往长达数年，在这几年中，就有可能遇到很大的洪水。流量较大的河流，不仅需要大断面的导流隧洞，甚至需要多条导流隧洞才能满足要求。为了加大洞内水流的流速以减小隧洞断面，隧洞往往有较大底坡或作成有压隧洞，这就要求上游围堰有较大的高度，才能形成所需水头；隧洞导流一般来说工程量大，工期长，技术复杂，而且要求有合适的工程地质条件，要求岸坡岩体坚硬完整，作为隧洞围岩的地下岩体结构稳定。为了缩短隧洞长度，隧洞最好放在河流凸岸，或者利用河弯进行导流。

（2）明渠导流。在河岸开挖明渠，再用围堰阻断河流，河水即经由渠道下泄。明渠开挖方便，施工较快，对地质条件的要求较低，能通过较大流量，故优于隧洞导流。采用明渠导流要求河谷稍宽，至少有一岸谷坡较缓，或有较宽的阶地、漫滩。明渠的主要工程地质问题是内侧高边坡稳定问题、明渠外导墙的基础稳定问题和基坑的渗漏问题。

（3）河床分段导流。利用上下游围堰和连接它们的纵线围堰将一部分河床先围住，抽水后形成第一期施工基槽，河水则由河床的另一部分下泄。待第一期工程大坝修到一定高程后，再将河床另一部分围住，同时拆除仪器工程上下游围堰，让河水经由一期工程预留的底孔或缺下泄，而在河床的另一部分进行二期工程的修建。

采用河床分段导流，河谷应比较开口，而且最好要有修建纵向围堰的有利地形、地质条件，如河床覆盖层不厚或有心滩、孤岛。葛洲坝水利枢纽的导流工程就是利用了长江河床中的黄草坝、葛洲坝这两个河心洲滩，修建了长度超过 1000m 的纵向围堰。

2. 围堰及其地质要求

围堰是导流工程中用以围护基坑，保证建筑物能不在水中施工的临时性挡水建筑物，在完成导流任务后，一般都要立即拆除，所以结构通常都比较简单，修建和拆除都比较容易，常用的围堰形式为土围堰或土石混合围堰，它可以利用挖方弃土直接在河水中填筑。

　　由于围堰是在河水流动的情况下修建的，堰基的河床覆盖层无法挖除，所以河床覆盖层的性质对围堰基础的稳定和渗漏至关重要。为此要求覆盖层较薄，透水性较小，颗粒级配条件不致引起渗透变形。需要用混凝土防渗墙进行堰基防渗处理的，要求覆盖层中大块石要小、要少。覆盖层中若有细粉砂层，容易在地震和高压水流的作用下发生液化或产生流沙，也会危及堰基和基坑开挖边坡的稳定。

　　在布置围堰时，除考虑地质条件外，还应考虑基坑的范围，围堰坡脚距基坑开挖边线要留有一定距离，这样既对围堰稳定有利，又能为施工期间根据基坑开挖后所暴露的地质情况，加深基坑开挖或修改摆动坝轴线带来方便。因为原来设计的建基高程及坝轴线位置是在旬河水及河床覆盖层的情况下通过勘探来决定的，与实际情况往往会有些出入，所以这种调整在工程实践中是常有的；也有些大型工程由于各种原因需要修建较高的混凝土围堰，这就要按坝的要求进行勘察。

五、枢纽工程地质勘察要点

1. 规划勘察阶段

　　规划选点阶段的勘察工作，首先是搜集规划河流及其邻近地区的区域地质资料，包括航空照片和卫星照片，只在已有资料不能满足要求的情况下，才开展沿河的区域地质工作，必要时范围还可扩展到相邻河流。在此基础上，研究河流规划方案，拟定各规划方案的勘察工作计划。

　　各规划方案枢纽的工程地质勘察工作，以地质测绘为主，配合必要的轻型山地工作和物探工作。测绘比例尺，峡谷区比例尺一般采用1:1万~1:5000，平原区1:2.5万~1:1万。

　　对近期开发工程的坝段，通过工程地质测绘和物探工作，应选出一个或几个代表性的坝址，每个坝址可布置一条勘探剖面。剖面上钻孔的深度应超过覆盖层和风化层，并打到相对隔水层，其中河床部分，应有深孔控制，以了解岩性、构造或岩溶发育状况。基岩钻孔应进行压水试验，河床覆盖层厚度较大时，应尽量作单孔抽水试验。平原松软地基的钻孔尚应进行标准贯入试验和取样等工作。各主要坝址的代表性岩、土、水样的取样试验工作，可视具体需要布置。

2. 初步设计勘察阶段

（1）初步设计第一期工程地质勘察工作的布置

　　本期勘察工作，首先应针对影响坝址选定的关键性问题进行布置。工作中应注意及时淘汰那些有明显重大缺陷的比较方案，对各自存在的主要工程地质问题的查明深度应大致相同。该期勘察工作的布置原则如下：

工程地质测绘的比例尺，在峡谷区宜采用 1：5000 ～ 1：200，平原区宜采用 1：1 万～ 1：2000。测绘范围应能满足研究和阐明各比较坝址工程地质条件的需要，岩溶地区的测绘范围应视具体情况可适当扩大。

对主要的比较坝址，一般应布置 2 ～ 3 条勘探剖面，各种勘探工作（包括钻孔、探坑、探槽、平洞、竖井及物探工作）的布置，应视地质条件的复杂程度、建筑物形式和规模而定。钻孔间距一般为 100 ～ 200m，局部地层变化复杂地段应适当加密，并应控制主要地貌和地质构造单元。正常高水位以下的基岩钻孔段应全部进行压水试验。遇砂砾石层或其他主要含（透）水层时，应分层进行抽、注水试验。

各比较坝址的有关岩（土）层，应分层取样进行物理力学性质试验，方法一般以试验室测定为主。必要时，应对主要的软弱夹层进行野外试验。

在坝址区选有代表性的钻孔和泉，对地下水动态进行长期观测，岩溶区尚应进行岩溶洞穴间的连通试验。对工程有影响的不稳定岩体，也应开展长期观测工作。

溢洪道工程地质勘察，以工程地质测绘为主，比例尺一般采用 1：5 万～ 1：2000。测绘范围视其距坝远近，可单独测绘，也可包括在坝址工程地质测绘的范围内。溢洪道地段的勘探工作，主要布置探坑和探槽，必要时也可布置少量钻孔，孔深一般达到底板高程以下 10 ～ 15m，特殊情况下还应适当加深；结合枢纽区的勘察，还应论证各比较坝址的施工导流方案的工程地质条件。必要时也可单独布置物探和钻探工作，查明施工导流建筑物的主要工程地质问题。

（2）初步设计第二期工程地质勘察工作的布置

本期勘察工作的布置，应按选定坝址的地质条件、坝高、水工布置等情况而定。基岩波谷区的勘察工作布置原则如下：

工程地质测绘的范围，应包括该坝址的有关建筑物（包括上下游围堰和导流工程）地段及对施工和运转安全有重要意义的地段，比例尺一般采用 1：2000 ～ 1：1000。

沿坝轴线必须有勘探剖面，上、下游必须有辅助剖面（可结合截水墙、防渗帷幕设置）。在溢流坝段、厂房坝段应有纵（顺河）剖面。勘探点的位置、深度和相互间距，应结合建筑物类型、坝高（或基础宽度）、地质条件等具体确定。河床部分钻孔的孔深，除少数控制性深孔以外，一般为坝高的 2/3 ～ 1 倍，中低坝或闸基，一般为坝高或闸底板宽度的 1 倍左右。

为了查明风化带、断层带、软弱夹层、卸荷裂隙、岩溶洞穴和滑塌体等情况，应考虑在坝基、坝肩或有关地段布置平硐、竖井或大口径钻孔等重型勘探工作，均应达到新鲜或完整岩石内一定深度，必要时，对拱坝的坝肩，应每隔一定高度布置一层平洞。

　　布置的各种勘探工作，应尽量利用原有的地质成果来进行物探、钻孔电视、孔壁取样、现场岩体力学试验等。所有勘探工程均应用文字和图表进行编录，并尽量用彩色照片和录像把最要地质资料己录下来。不留作长期观测或其他用途的勘探工程，均应做好回填处理，以免破坏地基的完整。

　　岩（土）物理力学试验研究工作应以室内试验和野外试验相结合的原则。取样深度应达到坝基以下 1/2 ~ 1/3 坝高的深度范围。水文地质试验主要集中在坝基、坝肩和帷幕线上，对断层破碎带或岩溶区的溶蚀裂隙夹泥，应进行潜蚀（管涌）试验。岩溶暗河上进行连通试验，继续进行地下水动态长期观测，研究其变化规律。不稳定岩体的变化观测也要继续进行。

　　对平原区河谷，初步设计第二期坝址工程地质勘察工作的布置原则如下：地质测绘工作一般不再进行；勘探剖面应结合坝（闸）轴线、防渗线、减压井、消能建筑物、翼墙、闸墩等布置，土石坝轴线剖面开始宜控制在 50 ~ 100m 内；辅助剖面 100 ~ 200m 内，并根据土层变化的复杂程度适当加密或减稀；混凝土建筑物或地质条件比较复杂地段，宜控制在 20 ~ 50m，局部地段还可适当加密。孔深一般为 1.5 ~ 2 倍坝高或 1.5 ~ 2 倍闸基宽度。如地基中隔水层较浅时，孔深一般打到这些岩层中一定深度。如埋藏很深时，应设置部分控制性深孔；持力层范围内的每一土层，均应取原状土样，测定其物理力学性质指标。还应针对不同土层的工程地质问题布置各种野外试验，如混凝土拖板（抗剪）试验、软土层的十字板剪力试验、砂土地基的振动液化试验、砂卵石层的管涌试验和湿陷性黄土的试抗浸水试验等；钻探时应注意划分含水层与隔水层，测定各含水层的初见水位和静止水位，并进行野外渗透试验、地下水动态观测、水质化学分析等工作。

　　初步设计第二期溢洪道工程地质勘察工作的布置原则如下：溢洪道若离坝较远，则应单独进行工程地质测绘，比例尺采用 1：2000 ~ 1：1000；勘探工作应沿溢洪道、溢流堰（泄洪闸）、消能建筑物等中心线以及有复杂工程地质问题地段布置。勘探方法以钻探为主；根据建筑物要求，并结合地质情况进行必要的试验和长期观测。主要溢流堰地基岩石的抗剪试验、钻孔压水试验和地下水动态、边坡稳定性的长期观测。

　　围堰和导流工程的勘探工作，应充分利用坝（闸）址和其他枢纽地区建筑物的勘探试验资料。如资料不足，应沿上、下游围堰轴线和导流明渠中心线布置必要的勘探剖面，开展有关岩土的物理、力学性质和渗透性能的试验工作。

　　（3）施工详图设计阶段

　　施工图设计阶段的工程地质勘察工作，主要围绕着选定的坝轴线地段进行。其任务是校核初步设计阶段的地质资料，查明新提出的工程地质问题。因此这一阶段的勘察工作主要是勘探和试验的补充性工作，以平洞、竖井和大口径钻探为主。由于在本阶段施工准备工作和施工导流工程往往已经开展，这就十分有利于本阶段勘察工作的进行，所以应尽量利用先期施工开挖出来的剖面和导洞。

为了补充和验证岩土的有关指标，必须进行补充性试验工作，包括某些现场大型试验。配合设计、施工和科研等有关单位，进行地基基础处理和其他有关试验。继续进行长期观测工作，并根据新的情况对观测项目和观测程序进行调整。在施工图设计阶段，还应进行施工临时建筑工程和附属企业，如施工便桥、混凝土拌和楼、机械修配厂等的地基勘察工作。

（4）施工地质工作

施工地质工作的主要任务是及时观察、描述、记录和测量在施工开挖过程中节理的各种地质现象，编制相应的图件和文字说明；预测其发展趋向，及时提出有关工程地质预报和处理建议；参加地基验收工作。

施工地质编录工作是对施工开挖过程中和建基面上所暴露的各种地质现象，进行系统的观察、记录和测量。基坑的编录一般都分块进行，通常用1∶100 ~ 1∶20比例尺进行素描的方法绘制基坑地质图。编录时要特别注意软弱结构面、断层破碎带、岩体风化、岩溶等重要地质现象的细微变化。

在施工开挖期间，还要定期或不定期地对由于爆破、基坑排水、灌浆、围堰壅水等可能引起的地基岩体膨胀回弹、岩体开裂、边坡变形、围堰松软基础的流土管涌现象以及易风化岩体的风化速度，进行认真细致的观察；在基坑内还应采集代表性岩石标本，特别是泥化夹层标本，进行编号建档，永久保存。必要时可取原状样进行试验室复核试验。

施工过程中，如发现地基的实际情况与原勘察结论有较大出入，或发现有新的不利地质因素，或由于施工方法不当使岩体稳定性遭到破坏时，均应及时向设计和施工单位反映，以便修改设计或采取其他有效措施。

基坑验收也是地质施工的一项重要工作，其目的是确保开挖工作的质量，使建基面的岩体性质能满足建筑物稳定性的要求。具体工作如下：

检查基坑开挖深度是否已达到设计标高，风化、破碎和松动、软弱岩体是否已按规定清除；已达到建基面标高的岩体，其强度和完整性是否已达到预期的标准；建基面岩体表面清理是否达到要求，岩屑是否已冲洗干净，裂隙中的充填物是否已冲洗掉，岩体表面凿毛和起伏情况是否符合要求；岩溶洞穴、裂隙、深槽、深潭及勘探坑孔清理回填的质量是否满足要求等。只有在基坑开挖处理质量满足要求后，才能签字验收。

施工也质工作期间，应编写施工地质日记。施工地质工作结束之后，应编写施工地质报告。施工地质报告是对工程地质条件的全面、系统和概要性的总结，内容包括地基开挖的地质情况、存在问题、主要结论、最后处理措施及其效果等的论述，并附以施工地质图件。还应包括"运转期间地质观测工作大纲"，以便出运转负责单位进行水文地质和地基变形、边坡稳定情况等的长期观测工作。

为了总结经验教训，提高工程地质勘察工作的理论和技术水平，应通过施工开挖对有关工程地质问题的勘察研究方法进行探讨，同时对施工地质工作的指导思想、工作方法、不利地质问题处理等方面的经验进行总结，提出改进的建议，编写工程地质勘察技术总结。

第三节　水库区工程地质勘察

水库区工程地质勘察工作及其对库区地质构造的了解，不仅能为讨论水库区工程地质问题提供地质依据，而且由于水库区范围往往很大，特别是一些大型水库可长达数十千米，因而也为论证坝区的工程地质问题提供了较为广阔的地质背景资料。而某些库区的工程地质问题有时可能影响到坝址的选择和工程规模的确定。

由于水库区面积大，工程地质测绘是最主要的勘察手段。必要时在重点地段也可布置少量勘探、试验和长期观测工作；水库蓄水后，周边水文地质条件发生剧烈变化，因此常引起一些工程地质问题。水库常见工程地质问题有水库渗漏、库岸稳定、库周浸没、水库淤积等，如果这些问题不予以解决，后果将不堪设想。本节主要讨论水库渗漏与浸没、水库塌岸的工程地质勘察。

一、水库渗漏和浸没勘察

水库渗漏主要与地形地貌条件、分水岭地区的水文地质条件、岩石性质、地质构造和岩溶发育状况等地质条件有关，因此水库渗漏的工程地质勘察工作也总是围绕这几个方面进行的。

研究水库渗漏问题时，应先了解水库周围有无高程低于水库正常高水位的低洼地形（包括河流、沟谷、湖泊和洼地等）。在水文网切割密度和深度都比较大的山区，容易具备有利于渗漏的地形地貌条件，具体渗漏方向可以是向邻谷渗漏或通过河弯向下游渗漏。

中小型水利水电工程，为了获得较高的水头或能控制较大的灌溉面积，往往在相对高程比较高的地方建库，并与附近的低洼地距离较近，因而水力梯度也就比较大。因此对这种地上需要测定分水岭的高度和宽度。一般来说分水岭越高大宽厚，渗漏的可能性就越小。水库的渗漏还与地层岩性和地质构造有很大的关系，因此必须搞清可能渗漏段的地层岩性及地质结构，透水岩层的空间分布；有无断层从这里通向库外，断层的性质、规模和胶结情况；有无古河道通向库外；若系岩溶地区，还应进一步了解该岩溶地区的发育规律，有无岩溶通道通向库外，必要时应进行专门的岩溶调查与测绘。通过这些工作来判断地形上可能渗漏的地段有无漏水通道。若存在漏水通道，则应对该地区进行水文地质调查，必要时进行专门的水文地质测绘，来了解有无地下分水岭。若不存在地下分水岭，或地下分水岭的高程低于水库正常高水位，则还应进行水文地质试验，测定其渗透系数，以便计算渗漏量，研究防渗处理措施。勘探孔应顺着渗漏方向布置，其中有些孔应考虑留作长期观测孔，以研究地下水位的变化。在分水岭地区钻探，孔深往往较深，交通运输不便，供水困难，工程比较艰巨，因此这类勘探孔的布置要特别慎重。

水库的浸没需要有一定的地形地貌、岩性构造和水文地质条件。水库的浸没主要发生在库岸平坦开阔的地区。平原地区往往利用低洼地或湖泊，在四周筑堤修建水库，库水位往往高出周围地面，导致库周地下水位的上升，浸没问题就比较严重。山区水库一般浸没问题不大，但若有高出水库正常高水位不多的开阔阶地或库周有低洼地带，也可能产生较严重的浸没问题。此外在库岸岩体透水性较好的情况下，也有可能使库周附近的矿井、隧洞或其他地下工程建筑涌水量增加。

浸没问题的勘察，在平原地区应对地貌和第四系沉积物进行认真的研究，因为浸没与岩土的水理性质有很大关系。若库岸由不透水或透水较微弱的岩层所组成，则可限制地下水的上升，不易发生浸没现象。在透水性较大而毛细性又较强的土的分布地区，则不但地下水位易上升，而且还要考虑毛细水上升高度。因此预测水库的浸没问题时，还必须对库周的岩土类型及其水理性质进行深入的研究。

浸没的影响还和水文地质条件有很大关系，应当很好调查库周的地下水位和它的排泄条件。当库岸地下水位高于水库正常高水位时，则不会发生浸没现象；当地下水位很低时，浸没可能造成的影响也不大；若地下水排泄条件较好，地下水位不易上升，则浸没影响也比较小。因此，测定地下水位及其变化幅度对研究浸没问题十分重要。

浸没问题的调查，一般结合库区工程地质测绘进行。对由于浸没而可能对国民经济产生较大影响的地段，应开展专门的研究。除测绘外，还应进行必要的勘探试验工作。勘探坑孔宜垂直库岸布置，查明地下水的埋藏深度和隔水层的埋藏深度及产状；进行水文地质试验确定岩土的渗透系数，对土体还应测定毛细管水上升高度；对地下水动态进行长期观测，为浸没的预测及防护工作提供工程地质资料。

二、水库塌岸勘察

水库蓄水后，岸边的岩石、土体受库水饱和、强度降低，加之库水波浪的冲击、淘刷，引起库岸坍塌后退的现象，称为塌岸。塌岸将使库岸扩展后退，对岸边的建筑物、道路、农田等造成威胁、破坏，且使塌落的土石又淤积库中，减少有效库容。还可能使分水岭变得单薄，导致库水外渗。

塌岸一般在平原水库比较严重，水库蓄水两三年内发展较快，以后渐趋稳定。

影响水库塌岸的因素主要有水文气象、地形地貌、地质条件三个方面。因此，水库塌岸的工程地质勘察工作，首先应收集库区的有关水文气象资料。主要包括全年的主要风向和风力；刮风的时间和持续时间；主要风向上库面的宽度；全年气温情况，水库冬季是否结冰，结冰的厚度；水库的各种水位，各种水位的持续时间及变化速度。这些都是水库塌岸的动力条件，必须充分掌握。

水库岸线的形态、库岸坡度和相对高度、岸边沟谷切割情况对水库塌岸也有很大影响。再通过库区工程地质测绘，搞清库岸的岩土类型和地质结构，结合库区水文气象和地形地貌资料的分析，就可预测可能发生严重塌岸和一般塌岸的地段及塌岸带的范围。

对于山区水库要特别注意查明库区大塌滑体、大松散堆积体和其他不稳定边坡在水库蓄水后的稳定条件。通过对地层、岩性、各种结构面、斜坡形状、变形破坏迹象等的调查，判断库内有无发生崩滑的可能。近坝库区发生大规模的崩滑，对大坝安全威胁极大，在选择坝址时，也要必须考虑这个问题。

对有可能发生崩滑的地段，应进行大比例尺工程地质测绘，同时还应测制斜坡剖面。对有可能威胁大坝或其他重要建筑物安全的可能崩滑地段，应进行专门性的工程地质勘察，顺滑动方向布置勘探坑孔（若规模较大时，应布置勘探网），研究滑动面的情况，研究地下水位及其变化，测定岩土体的抗剪强度必要时也可布置平硐、竖井等重型勘探工作和长期观察工作，监测研究边坡的动态，测定滑动面的确切位置，为稳定性计算和处理提供地质资料。

三、水库淤积问题

水库建成后，上游河水携带大量泥沙及塌岸物质和两岸山坡地的冲刷物质，堆积于库底的现象称水库淤积。水库淤积必将减小水库的有效库容，缩短水库寿命。尤其在多泥沙河流上，水库淤积是一个非常严重的问题；工程地质研究水库淤积问题，主要是查明淤积物的来源、范围、岩性及其风化程度及斜坡稳定性等，为论证水库的运用方式及使用寿命提供资料。防治水库淤积的措施主要是在上游开展水土保持工作。

四、水库泄洪雾化问题

21世纪随着对资源的开发利用，我国迅速成为世界高坝大水库的建设中心。以二滩水电站为起点，我国相继设计和建设了一大批接近300m或超过300m的高坝和超高坝。如小湾水电站，坝高292m；溪洛渡水电站，坝高278m；锦屏一级水电站，坝高305m等。这些水利水电工程多数位于我国西南地区，具有"高水头，大泄量，陡岸坡，窄河谷"的特点，每遇泄流，坝下游相当大的范围内会出现有如狂风暴雨、水雾迷漫现象。这种泄水建筑物泄水时所引起的一种非自然降雨过程与水雾弥漫现象成为泄洪雾化问题，是近20多年来水利、水电工程中所提出的一个新课题。

目前研究认为，雾化源主要来自两个方面：一是水舌空中掺气扩散，二是水舌入水喷溅。对于上下或左右两股水对冲效能情况，其雾化源也来自水舌空中碰撞。其中，水舌在空中运动形成的雾化强度较低；而水舌入水喷溅所形成的雾化更为强烈，是雾化的主要来源。

泄洪雾化造成电站无法正常运行，甚至出现停电、淹没厂房等事故；有的因雾化水流导致库交通或居民生活受到影响，以至于不得不迁移部分建筑物；有的因雾化水流导致下游两岸山坡失稳。

泄洪雾化的研究重点是雾流的影响范围和降雨强度。目前主要有三种研究方法：原型观测、物理模型和数值计算。原型观测时认识洪流雾化的重要手段，也是进行物理模型试验和数值计算工作的基础。但由于这种资料匮乏，因此很难得到精确数据。通过对一些大坝泄洪时的原型观测和研究，就泄洪雾化影响范围和降雨强度有以下共识：

（1）在整体上，最大降雨强度和泄洪流量、泄洪落差、泄洪集中程度成正比关系。

（2）对于某一点的研究，最大降雨强度和泄洪流量、泄洪落差、泄洪集中程度不一定成正比关系。因为在这个泄洪过程中，该点可能会移出强暴雨区。

（3）陡坡对降雨强度的影响。同样的泄洪条件，在水舌下游相同距离的点，若该点靠近陡坡则降雨强度大，远离陡坡则降雨强度小。

（4）冲沟对降雨强度及雾流范围的影响。当冲沟发育，而水舌入水激溅范围又在冲沟附近时，水雾沿冲沟向上爬行，爬升高度较高，降雨强度较大，形成的径流集中从沟内下泄，可能形成较大流量。

（5）风向的影响。相同泄洪条件，水舌下游的同一测点，当自然风与水舌风同向时降雨强度大，反之则小。

目前对泄洪雾化范围的估算，都处于经验阶段，仅考虑坝高的影响，是不充分的。从科学的角度、定量化的分析和研究泄洪雾化现象还需要更多的研究。

五、水库区工程地质勘察要点

水库区的工程地质勘察主要在规划选点和初步设计阶段进行。

1. 规划阶段工程地质勘察

其任务是对库区的工程地质条件取得全面的认识。基本了解库区存在的主要工程地质问题：有无严重的渗漏问题；大规模的库岸塌滑问题；有无影响到重要工矿区、城镇和农田的浸没问题，平原地区还应注意有无可能引起库岸周围土地盐碱化或沼泽化的问题；有无诱发水库地震的可能性；固体径流的主要来源及对其可能采取的防治措施等。本阶段的勘察工作，应以收集区域地形、地质资料及航片，卫片进行分析判断为主。结合河谷地质地貌调查，了解主要工程地质问题，编制小比例尺工程地质图，对重点工程地质问题所在地区，应根据具体情况，开展测绘工作，如在有可能渗漏的分水岭及邻谷地段，进行比例尺为 1：10 万～ 1：5 万的水文地质及工程地质测绘，有重要控制意义的点的高程要用仪器测定。

对影响方案成立或控制工程规模的最大工程地质问题，在本阶段也可开展少量的物探和钻探工作，初步查明这些问题，为工程的可行性研究提供依据。

2. 初步设计第一期的工程地质勘察工作

应全面查清库区所有工程地质问题，并对其严重程度作出评价，提出处理措施和意见。应当论证水库诱发地震的可能性；岩溶地区应着重查明岩溶发育的程度和规律性；相对隔水层的分布，有效厚度和构造封闭情况；地下分水岭的位置、高程；地下水的补给排泄条件；分析可能的渗漏地段、渗漏通道，对其严重性和处理的可靠性作出初步估算。峡谷型水库应查明大的塌滑体，大规模松散堆积体的分布范围和体积，分析其对水库，大坝及坝下游的可能影响。

平原型或盆地塑水库，应初步查明库岸的地貌和地质特征、地下水位和发生浸没的地下水临界深度，对水库塌岸和浸没的可能范围作出初步评价。

本阶段勘察方法，以工程地质测绘为主，比例尺一般为 1：5 万～ 1：1 万。测绘范围，峡谷水库一般应测到两岸坡顶，若两岸坡顶很高，应测到谷坡变缓的谷肩部位；盆地或平原水库一般应测到水库盆地边缘坡麓，或水库正常蓄水位以上第一个阶地的全部宽度。在有可能向邻谷渗漏的单薄分水岭地段，测绘范围应包括整个分水岭地区，并适当向一邻谷延展。岩溶地区或构造不稳定地区，还应根据实际情况和需要适当延展。对威胁水库寿命、大坝及坝下游安全的大塌滑体和不稳定边坡，应进行较大比例尺的工程地质测绘，测绘范围应能满足分析评价工程地质问题的需要。

勘探、试验和长期观测工作应布置在有重大工程地质问题的地段，主要用来查明影响方案成立和坝址选择的重要工程地质问题。勘探工作布置原则见表 13-2。

表 13-2　勘探工作布置原则

原则	内容
塌滑体	一般沿塌滑体的纵横方向布置剖面，孔深应穿过滑动面，深入到稳定的岩土体
岩溶渗漏带	一般沿垂直于地下水分水岭或平行于地下水流向布置剖面，孔深应打到可靠隔水层或岩溶发育相对下限以下的适当深度
浸没区	一般沿垂直宽或平行于地下水流向布置剖面，孔深视具体情况而定，其中孔深必须打到隔水层，浅孔或试坑应打到地下水位以下适当深度
场岸预测剖面	一般垂直库岸布置，靠近岸边的孔应打到水库消落水位以下 5 ~ 10m 或陡坡脚的高程，其余坑孔深度可按具体情况确定

自本阶段起应有计划地进行下列长期观测和试验研究工作：

（1）坍塌体或不稳定边坡位移的观测和滑动面抗剪指标的试验研究。

（2）岩溶渗漏地带，还必须进行地下水动态观测和水化学性质的研究。有条件时应进行岩溶系统的连通试验、地下暗河流量测定和水量均衡研究工作等。

（3）在重点浸没区，应进行地下水位定期观测，测定地下水的化学成分、溶解性总固体（旧称矿化度）和各土层的渗透系数、给水度、饱和度、毛细管上升高度、水溶盐含量等。

（4）为研究水库塌岸问题，应注意调查地质条件相似的河、湖产库岸的天然稳定边坡和浪击带的坡角，测定有关土层的物理、力学性质。有条件时，应进行岸边击浪对塌岸带浅滩形成影响的模拟试验。

在地质构造复杂并有活动性断裂，或地震活动较为频繁，基本烈度较高的地区，还应结合水库工程地质测绘进行区域地质和地震调查，以了解坝区构造体系，论证区域稳定性问题。

3. 初步设计第二期库区工程地质勘察工作

这阶段的工作应集中在前一阶段勘察工作中提出的，需要进一步作专门性勘察或需要采取防护措施的重点地段上进行。按照选坝后确定的设计正常高水位所存在的库区工程地质问题，作出最终的确切的论证和评价，并为防护工程的设计提供地质资料。

该阶段的主要任务有：对库区的大滑体、大松散堆积体或其他不稳定边坡地段，应在选坝阶段工作的基础上，补充必要的勘探和试验工作，查明其边界条件，确定滑动面的抗滑指标和其他有关参数，进行稳定分析，并预测蓄水后的稳定性和一旦发生破坏时对工程建筑的影响，配合设计提出防治措施；对浸没和塌岸区，应根据水库特征水位及水库运用中的变化幅度，预测浸没区域塌岸带的宽度及其发展速度，进一步查明需要防护地段的水文地质及工程地质条件；对已初步确定的水库渗漏地段，应进一步查明渗漏的条件和范围，计算渗漏量，评价渗漏引起的后果，并和设计人员共同研究防渗处理措施。

这一阶段的工程地质勘察工作主要以勘探为主，配合必要的试验和长期观测工作。只是在必要的时候，在重点地段进行 1 : 1 万 ~ 1 : 2000 的较大比例尺的工程地质测绘。

勘探工作的布置应根据研究地段的重要性和地质问题的复杂程度决定。大面积浸没或塌岸预测剖面的间距一般控制在 2 ~ 5km 以内。在城镇和重要工矿企业所在地段，应有专门的预测剖面。

长期观测工作和试验研究工作，应根据库区实际存在的各种工程地质问题的严重性和已经查清的程度，接着上一阶段观测研究工作继续进行。对于防护工程设计中需要的岩土的物理力学指标，则应进行专门的勘探和试验工作。对于地震烈度在 1 度以上的地震区，应商请有关部门设置地震台网，进行地震活动性观测，有条件时，应进行地应力和活动性断裂的观测工作。

第四节　地下建筑物的工程地质勘察

水利电力工程中的地下建筑物主要有各种地下洞室如地下厂房、地下变电站、调压井、闸门井、交通隧洞等，以及各种水工隧洞，如引水隧洞、施工导流隧洞、泄洪隧洞、尾水隧洞等。

和地面建筑物相比，地下建筑物的勘察技术要求高、费用大，一般中小型地下工程主要是加强地面测绘工作，搜集同样地质条件下的已建工程的资料，在施工过程中加强施工地质工作，边施工边收集地质资料。但比较重要的工程，地质条件比较复杂的地区或埋藏较深的情况下，必须要运用一定的勘探手段来了解地下建筑物所在部位的岩性、构造和地下水活动的特点，并配合各种现场试验来查明其工程地质条件。

地下建筑物的工程地质勘察主要查明的问题见表 13-3。

表 13-3　地下建筑物的工程地质勘察主要查明问题

问题	内容
围岩参数选择	根据地质条件及观测试验资料，参照已建工程选择确定地下工程设计和施工所需要的某些地质数据如山岩压力、岩体的抗力、外水压力和围岩最小厚度等

问题	内容
围岩稳定问题	地下洞室围岩的稳定取决于围岩的初始应力状态、岩石性质、地质构造、地下水的活动等自然因素，也与地下建筑物的形状、大小和施工方法等人为因素有关
预报施工过程中可能出现的不良地质问题	地下工程施工的安全与地质的关系极为密切，必须根据地质条件选择施工方法，并及时预报可能出现诸如塌方、岩爆、涌水、有害气体等不良工程地质现象及其对施工产生的危害，协同有关方面及时采取防护措施以保证施工安全
地下建筑物位置的选择	在工程设计许可的范围内，根据地质条件尽量选择洞口和洞身工程地质条件都比较良好的位置

一、地下建筑物位置的选择

1. 洞口的选择

地下建筑物的进出，处于地下和地面的交接处，受力条件复杂，尤其是有压隧洞的进出，更为复杂。因此选择良好的洞口位置，对保证工程的顺利施工和正常运转影响极大。

洞口应选择在稳定的、坡度较陡的斜坡上，避开斜坡岩体不稳定地段，尤其要避开可能发生滑坡的地方。一般说来，陡坡岩体通常较完整，风化作用较弱，而且进洞方便，"切口"很短，有利于洞脸和两侧边坡的稳定。

若条件不具备，则应尽量选择风化层较薄、岩体完整程度较好的位置，并采取适当的工程措施，保证洞脸及两侧边坡岩体的稳定。同时还必须注意上覆松散沉积层的厚度及其稳定性，必要时应当采取措施，防止上覆松散沉积层滑落堵塞洞口。洞口还应尽量避开断层和其他破碎带，附近也不应有滑坡和泥石流活动。

2. 洞身位置选择

地下建筑物洞身的位置，应考虑工程特点和设计要求，从地貌、岩性、地质构造、水文地质条件分析入手，把洞身选在较为稳定或容易处理的岩体内。

（1）地形地貌。浅埋隧洞应当尽量避开深切河床、冲沟、山垭口，因为这些负地形往往是断层和其他破碎带之所在，隧洞经过这里，容易出现洞顶围岩太薄，岩体风化破碎厉害，雨季地面水大量渗入等不利情况。通过隧洞上方的河流、冲沟有深厚覆盖层时，应查清底部基岩的标高。若标高过低，不能保证洞顶围岩有足够的厚度时，应将洞轴线上游适当移动。对穿越分水岭的长隧洞来说，还应注意选择有利地形开辟支洞和竖井，以利施工和通风。

傍山隧洞不要靠山坡太近，不能放在风化卸荷裂隙发育的不稳定地带内，也不要通过斜坡岩体不稳定地段，尤其是有压隧洞，以免隧洞渗水引起滑坡。

（2）岩性。岩性对围岩稳定性影响很大，所以地下建筑物应尽量放在坚硬岩体之中。花岗岩、闪长岩、流纹岩等岩浆岩以及片麻岩、石英片岩、厚层的白云岩、石灰岩、妈质胶结的砂岩、砾岩等都是良好的建洞岩类，当为完整块状结构时，一般对埋深不超过300m的地下洞室，岩体强度是不成问题的。

而在千枚岩、泥质板岩、泥岩、凝灰岩、泥质胶结的砂岩和烁岩等软岩中修建地下工程，施工过程中岩石坍塌的可能性要大得多，加固费用也要高得多。对层状岩石，岩层的层次越多，每层的厚度越薄，且夹有软弱夹层时，对围岩稳定是不利的。

（3）地质构造。洞身应尽量避开断层破碎带及节理密集带，无法避开时，应尽量使洞身轴钱与之成较大交角通过。若交角也很难增大时，尽量争取从受断层破坏影响较轻的一处通过。

在褶皱构造中，应把洞室布置在岩层产状变化较缓的部位，一般情况下宜放存褶曲的翼部。因为轴面附近岩石通常比较破碎，尤其向斜轴部地下水十分活跃，更应避开。但若在箱型褶皱中，轴部反较两翼完整，就不宜再把洞身布置在翼部。

在软、硬岩层相间地区，则不论地层产状是水平的还是倾斜的，应尽量地把坚硬完整的岩层放在洞顶。因为围岩的失稳一般最容易发生在洞顶。当岩体中只有一组结构面（如层面）最发育时，宜将洞轴线垂直于该组结构面的走向；当岩体内有两组主要结构面或软弱结构面时，洞轴线宜取这两组结构面走向交角的平分线方向。

（4）水文地质条件。地下水对围岩和衬砌结构的稳定十分有害，因此地下建筑物若能放在地下水位以上的包气带中，就可大大减轻地下水的危害。若洞室必须布置在地下水位以下时，则尽量在裂隙含水层中通过，不要放在孔隙含水层中。因为孔隙含水层往往有较好的水力联系，水量大，对施工和围岩稳定不利。

地下洞室还尽量不要通过承压含水层，必须通过时应查明地下水压力大小、补给来源、排泄地上以及岩体的渗透系数等。当洞顶上面有隔水层时，应充分利用它防止地下水危害。要避免在强烈透水层的底部和相对隔水层的接触部位布置地下建筑物，因为这里地下水活动特别强烈，对施工及围岩和衬砌的稳定不利。在可能的情况下，若隔水层较厚，可以把洞室高程适当降低，以便布置在隔水层中。若隔水层很薄，则可适当提高洞室高程，以避开其接触带。

岩溶地上应注意不要把洞室布置在地下水的季节性变动带中，因为这里水气交换强烈，岩溶发育条件最好，容易发育大的溶洞和暗河。在岩溶地区应在掌握当地构造、岩性、地下水活动的特点以及与地表水的联系的基础上，寻找地下水活动较弱、岩溶发育相对较差的地方布置地下工程。

利用围岩天然洞穴建设地下工程时，应清楚其水文地质条件和论证其围岩的稳定性。在工程实践中，地下建筑物，尤其是水利、水电工程地下建筑物，位置的选择由于受到工程设计的限制，不能单纯依靠地质条件来选择，即使有条件根据地质条件来比选，也不可能做到面面俱到。因此在实际工作中，应当根据具体情况，在工程设计允许的范围内，综合权衡利弊，选择相对比较有利的位置。

二、地下建筑物工程地质勘察要点

1. 规划和初步设计勘察阶段

规划选点阶段；一般不单独进行地下建筑物的工程地质勘察，而是结合整个枢纽区的工程地质勘察，综合区域地质条件，初步了解几个工程地质概况的可能方案，作为进一步工作的基础。

初步设计第一期地下洞室的工程地质勘察以工程地质测绘为主，隧洞区比例尺一般为1：1万～1：5000，测绘范围应根据各地具体情况而定，为了方案比较和轴线摆动的需要，测绘范围不应过窄。并应注意各比较方案之间有关地质现象的侧向衔接问题，测绘范围应尽可能连成一片。

在隧洞进出口段，地形低洼处以及厂房、调压井、闸门井等主要建筑物区，应布置必要的物探、探坑、探槽、钻孔和平洞，并取样进行有关试验。以了解地下洞室所在地段的松散覆盖层和风化岩的厚度，地下岩体的岩性、构造，分析围岩及斜坡岩体的稳定条件。孔深宜达到洞底以下10～15m，钻孔数量根据实际情况确定。

初步设计第二期，在地下洞室轴线确定之后，勘察工作应重点布置在洞口、交叉段、地下厂房轴线等建筑物地段。对洞口段、傍山浅埋段或其他地质条件复杂地段，必要时应补充比例尺1：5000～1：1000的专门工程地质测绘，地下厂房区的比例尺为1：2000～1：1000。

钻孔打到洞线高程附近，一般均应进行压水试验。平洞可结合施工导洞布置，深度具体视具体情况而定。地下厂房的纵横轴线应布置一定数量的钻孔，厂房顶拱和边墙附近应布置平洞，洞深应超过厂房，必要时，还应增加支洞。

勘探平洞应进行岩体弹性模量、弹性抗力系数、某些软弱结构面的岩石抗剪强度试验。必要时还应进行山岩压力和地应力的测试。

2. 施工工程地质

地下建筑工程的施工地质工作特别重要，这是因为地下建筑物大多数埋藏较深，受力条件复杂，即使做了大量勘察工作，往往还不能完全反映地下围岩的实际情况。为了作出正确的设计和保证施工的安全，就需要在施工阶段加强施工地质工作，及时地通过地质编录、测绘、观察工作，全面系统地收集围岩地质资料，掌握所揭露的地质情况，验证前期的勘察工作，核定主要地质数据如山压、弹性抗力系数和井水压力的修正系数等。同时进行某些采样和试验工作，修正对围岩的分类和分段，对围岩地质条件作出更确切的评价，必要时还应补充进行勘探工作，及时修正设计。

同时，还应预测施工期间可能出现的有害工程地质问题，会同有关方面一起协商研究，提出正确和切实可行的处理措施。

（1）施工地质编录与测绘工作

地下建筑物开挖之后，大多需要立即补砌，因此地质编录和测绘工作应随开挖进行，不能拖延，否则就会影响工程进度或者遗漏重要地质资料。此外，运转期间出现与地质有关的问题时，也要依靠编录测绘所得到的地质资料来研究分析，因此施工地质的编录与测绘工作十分重要，不能忽视。

地质编录工作应该详细收集地下洞室本身各个部位和进出口洞脸及两侧边坡的下列资料：

地层岩性、产状、风化带厚度，岩体（围岩）稳定状况，断层破碎带、节理裂隙的发育情况及组合关系，充填物的情况，开挖后围岩松动情况，地下水活动情况，以及施工期间发生的不良地质现象。

还应收集开挖爆破对围岩的影响，测定围岩松动圈范围和对围岩的各种处理措施及处理效果方面的资料。

（2）施工阶段的地质测绘工作

施工阶段的地质测绘工作主要有以下几项：进出口洞脸及两侧边坡开挖后的地质平面图及纵横剖面图，比例尺一般为1∶500～1∶100。

隧洞一般应绘制洞壁展视图，每隔一定距离加测横剖面图，比例尺一般为1∶200～1∶50。另外还需要测洞轴线纵剖面图，比例尺一般为1∶1000～1∶100。在有导洞的情况下，应编制导洞工程地质展视图。

大型洞室一般需要测绘四周边墙和顶拱展示图，底板平面图，比例尺一般为1∶200～1∶50。必要时加测预拱拱座切面图，比例尺可为1∶500～1∶100。

测绘时通常采用丈量结合地质素描的方法。重要的地质现象，如断层破碎带、节理密集带、软弱夹层、围岩塌方、取样试验点等都应拍摄彩色照片。重要地段应进行洞壁连续摄影，有条件时也可采用照相成图法，加快测绘工作的进度。

地下工程施工期间还应进行地质采样工作，以存档备查和进行必要的补充试验工作。对各洞段代表性的岩石及主要断层、软弱夹层、岩脉等应取样包装归档。

有条件时，应利用洞室已经开挖出来的有利条件，在现场和室内进行下列试验工作：围岩弹性抗力试验，原位变形试验，滑动面抗剪试验，代表性岩石的物理力学性质试验，渗水量的测定和水的物理化学性质分析，地应力、山岩压力和地温的测试，配合有关方面进行喷锚试验、灌浆试验以及围岩松动范围的测定等。

（3）不良工程地质问题的预报和处理

为了保证地下工程施工的安全，对有害施工和影响围岩稳定的不良地质现象应及时作出预报。在进行预报时，应对下列部位特别注意观察：洞顶及拱座存在产状不利的断层、岩脉、软弱夹层或夹泥裂隙的洞段；洞顶及洞壁透水、滴水、涌水洞段；围岩特别破碎的洞段；洞壁有与洞轴线交角很小的陡倾角断层或软弱夹层的洞段；洞顶围岩特别薄的洞段。

地下工程施工时常见的不良工程地质问题主要有以下几点：

①塌方。地下洞室在开挖过程中，或虽已开挖但尚未衬砌之前，岩体由于种种原因失稳而造成的掉块、崩落、滑动甚至冒顶通称塌方。塌方主要发生在洞顶，也可发生在洞两侧壁。塌方不仅危及施工人员和机具的安全，而且还会使围岩失稳，甚至发生冒顶，增加了施工难度和衬砌费用。因此施工中要及时作出预报，采取措施防止塌方发生。

在施工过程中，若发现有小块岩石不断下落，洞内灰尘突然增多，临时支护变形或连续发出响声，渗水量突然增大或者变浑，岩体突然开裂或原有裂隙不断变宽等现象，都是可能发生塌方的预兆，大雨之后尤其可能发生塌方。

在围岩地质条件较差地段内施工时，要注意采用适当的施工方法，控制炸药用量，甚至不用炸药。有条件的情况下可以在开挖前进行灌浆或冷冻处理。开挖后及时支撑、锚固或者喷射混凝土也可有效地防止塌方的发生。

施工过程中若发现有大塌方的预兆应及时报告有关方面，若来不及处理时，应立即组织施工人员和机具撤离现场。

②涌水。大量地下水突然涌出称为涌水，地下工程只要不是位于强透水岩层，涌水问题往往只是一个局部性问题，只在断层破碎带和其他构造破碎带、节理密集带发生，裂隙地下水虽有时也可能具有很高的压力，但水量一般较小。而岩溶地下水则既可具有较大流量又可具有较大压力。大量地下水的突然涌出，不仅严重影响围岩的稳定，而且还会淹没施工巷道、冲走施工设备、危害施工人员，因此必须及时进行预报以便采取必要的措施。首先在施工之前，应当根据工程所在区域的水文地质条件，搞清地下水的活动规律，预测可能出现涌水的地段。施工过程中要及时注意观察裂隙和炮眼的出水现象，在有疑问的地方，最好能打超前水平钻孔，以提前发现问题，避免盲目施工，造成打穿高压含水层、岩溶或破碎带含水层出现突然涌水现象。探明问题后，应立即会同设计、施工人员共同研究采取冻结、排引或灌堵等办法处理。

③有害气体。地下工程开挖时，有时会遇到各种有害气体，一般通称为"瓦斯"。常见的有害气体主要有沼气、二氧化碳、硫化氢和一氧化碳等。这些气体有的对人

体有害，有的易燃易爆，对施工危害很大。

沼气（CH_4）主要产自含煤、含油、含沥青地层及炭质页岩地层。碳酸盐类岩石与酸性水相遇能分解出 CO_2，有机物氧化也可形成 CO_2。在不充分氧化的情况下易产生 CO。硫化氢主要是硫化矿物在还原环境下的产物。

地下建筑物在掘进之前，应根据沿轴线地质剖面，结合这些气体的产生和运移条件，预测可能出现有害气体的地段。特别要注意那些本身虽不能产生有害气体，但有裂隙和产气地层相通的地层。在施 X 过程中加强检测防范措施，是可以避免事故发生的。

④地温。当地下洞室埋深超过 500m 时，或通过地热异常地区，有时会因地下温度过高而影响施工。地下温度通常是每向下 33m 增加 1℃。但这个数字随地质构造、地层岩性和地形条件的不同而有所变化。当地下洞室埋藏较深时，应注意收集当地的地热情况，在勘探时测定不同深度处的温度，查明热异常区的特点和分布，预测地下洞室的温度。当施工到高温时，应采取加强通风、制冷等降温措施，保证施工人员的健康和混凝土补砌的养护质量。

参考文献

［1］李杰，费秀奇.测绘工程技术发展探析［J］.科学技术创新，2011（15）：168-168.

［2］李超.测绘工程技术的发展与应用的探讨［J］.科技与企业，2013（19）：222-222.

［3］孙锰茹.浅析测绘工程技术在地籍测量中的应用研究［J］.工程技术：引文版，2016（12）：00262-00263.

［4］张睿.现代测绘工程技术发展［J］.民营科技，2011（12）：56-56.

［5］曾望春.浅谈测绘工程技术在地籍测量中的实践应用［J］.工程技术：全文版，2017（1）：00221-00221.

［6］李洪斌.浅谈测绘工程技术在地籍测量中的实践应用［J］.商品与质量，2017（9）.

［7］殷邵刚.浅谈现代测绘工程技术及其发展趋势［J］.城市建设理论研究：电子版，2013（3）.

［8］贾永基，胡志胜.浅析现代测绘工程技术发展［J］.网络导报·在线教育，2011.

［9］黄华明.测绘工程管理［M］.测绘出版社，2011.

［10］陈文南.测绘工程管理数据库设计与构建思路研究［J］.城市建设理论研究：电子版，2012（35）.

［11］张倬元.工程地质勘察［M］.地质出版社，1981.

［12］丁剑.工程地质勘察中水文地质问题的危害性分析［J］.科技展望，2015（4）：48-49.

［13］秦宁.岩土工程地质勘察中控制质量的因素分析［J］.城市地理，2014（16）：176-176.

［14］李宁新.工程地质勘察学若干理论问题探讨［J］.人民珠江，2005，26（4）：70-73.

［15］张明国.建筑工程地质勘察与基础设计存在的问题及对策［J］.工程技术：

文摘版：00327-00327.

［16］乔平，柳忠杰，李德柱.工程地质勘察信息资源研究与应用［J］.铁道工程学报，2007，24（2）：13-16.

［17］鞠世健，竺维彬.复合地层盾构隧道工程地质勘察方法的研究［J］.隧道建设，2007，27（6）：10-14.

［18］李广升.工程地质勘察现状及发展［J］.内蒙古煤炭经济，2009（2）：2-2.

［19］张淑杰.岩土工程地质勘察中控制质量的因素分析［J］.黑龙江科学，2014（10）：176-176.

［20］秦美前，刘晓军，商南南.岩溶地区的工程地质勘察与稳定性分区［J］.采矿技术，2004，4（1）：67-68.